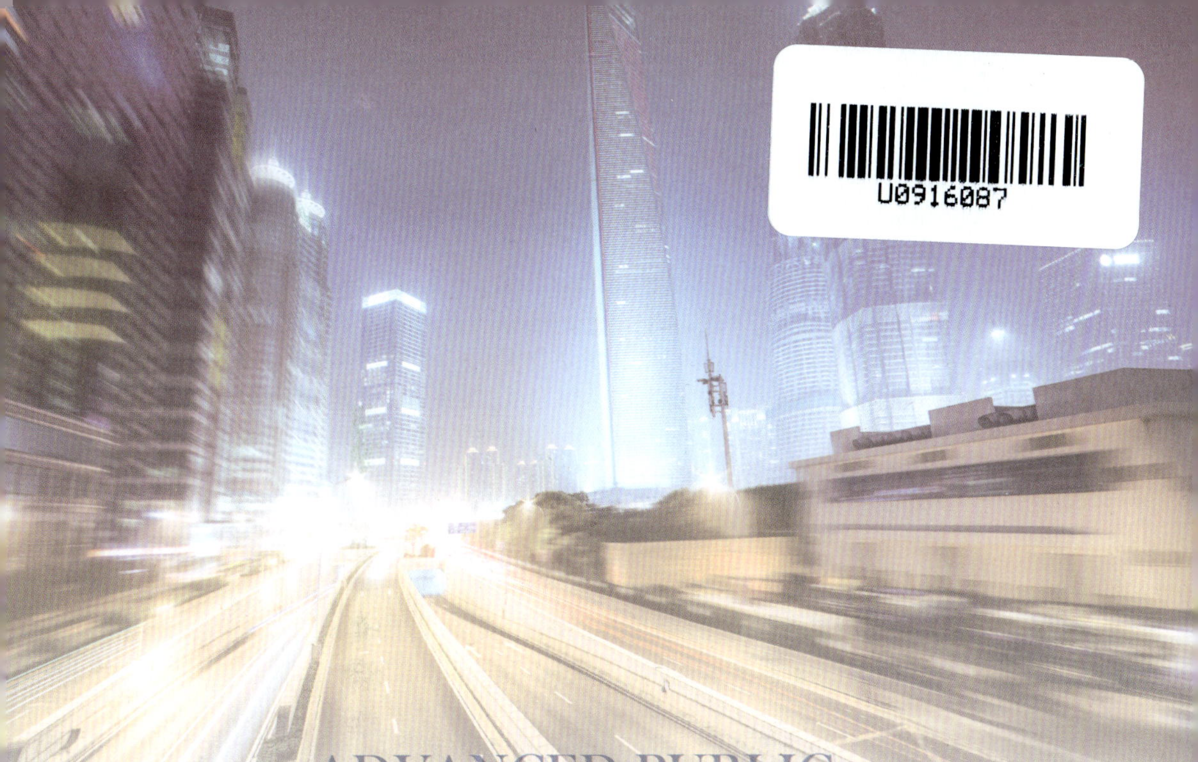

ADVANCED PUBLIC TRANSPORTATION SYSTEMS

RESEARCH AND PRACTICE

城市公共交通智能化

研究与实践

刘好德 刘向龙 滕 靖 编著

内 容 提 要

本书系统综述了国内外城市公共交通智能化研究与应用现状，提出了城市智能公共交通系统体系框架，介绍了城市公共交通运行状态信息采集与监测技术。同时基于体系框架，还介绍了城市公共交通智能调度与运营系统、城市公共交通运营监管信息系统、城市公共交通出行信息服务系统，以及城市公共交通智能化标准规范、系统建设与运营管理方面的内容。并结合信息技术发展与应用需求的变化，对城市公共交通智能化应用发展做了趋势预测和展望。

本书可供城市公共交通管理部门、运营企业以及智能公共交通系统研发部门阅读，也可供从事城市公共交通信息化与智能化应用研究工作的人员参考。

图书在版编目 (CIP) 数据

城市公共交通智能化研究与实践 / 刘好德，刘向龙，滕靖编著 . -- 北京 : 人民交通出版社股份有限公司，2015.12

ISBN 978-7-114-12659-8

Ⅰ . ①城… Ⅱ . ①刘… ②刘… ③滕… Ⅲ . ①城市交通系统 – 智能系统 – 研究 Ⅳ . ① U491.2

中国版本图书馆 CIP 数据核字 (2015) 第 287659 号

书　　名：城市公共交通智能化研究与实践
著 作 者：刘好德　刘向龙　滕　靖
责任编辑：杨丽改
出版发行：人民交通出版社股份有限公司
地　　址：（100011）北京市朝阳区安定门外外馆斜街 3 号
网　　址：http://www.ccpress.com.cn
销售电话：（010）59757973
总 经 销：人民交通出版社股份有限公司发行部
经　　销：各地新华书店
印　　刷：北京市密东印刷有限公司
开　　本：787 × 960　1/16
印　　张：16.5
字　　数：254 千
版　　次：2015 年 12 月　第 1 版
印　　次：2015 年 12 月　第 1 次印刷
书　　号：ISBN 978-7-114-12659-8
定　　价：60.00 元
（有印刷、装订质量问题的图书由本公司负责调换）

编 委 会

主　　任：崔学忠

副 主 任：刘好德　江玉林

委　　员：吴洪洋　彭　虓　杨新征

编 写 组

组　　长：刘好德

副 组 长：刘向龙　滕　靖

成　　员：钱贞国　吴忠宜　李　成　马万经　郑　宇　彭　虓
李香静　冯立光　郭　忠　宣毛毛　王寒松　田春林
谷云辉　姜文华　尹志芳　余　坤　徐　畅　安　健
王　磊　吴　骏　于海洋　徐　彦　郭建国　李松刚
李　聪　张琳波　孟　悦　刘荣先

前 言

Preface

随着我国社会经济的高速发展，城镇化和机动化进程不断加快，交通拥堵问题日益严重，并由此带来了城市交通运行效率降低、环境污染严重、能源与资源消耗增大、交通安全形势严峻等问题，严重影响了城市居民生活品质和社会经济发展，成为阻碍城市进一步可持续发展的“城市病”。

近些年来，我国各级政府对城市公共交通的发展投入了大量的财政资金支持，基础设施、车辆装备条件不断改善，城市公共交通客运量逐年增长，基本满足了城市的主体客运需求，为保障我国城镇化快速发展时期的城市旅客运输、缓解城市交通拥堵，起到了关键性作用。然而，城市居民出行需求不断增长，人们对出行服务质量要求进一步提高；同时，由于城市交通运行环境日益复杂，城市公共交通运营企业面临着更加严峻的运行环境。如何进一步科学优化配置城市公共交通资源，统筹规划公共交通发展，对城市公共交通行业管理部门也提出了更高的要求。应用信息化、智能化技术建设先进的城市公共交通运输系统，成为近年来提升城市公共交通运输效能、服务质量、运营效率与管理水平的一个重要手段。

APTS（Advanced Public Transportation Systems）概念最早来源于美国城市公共交通管理局启动的智能公共交通系统项目，其主要研究基于动态公共交通信息的实时调度理论和实时信息发布理论，以及使用先进的电子、通信技术提高公共交通效率和服务水平的实施技术。我国在“十五”科技攻关期间，开展了国家智能交通系统体系框架研究，引入了 APTS 概念并将智能公共交通系统作为一个子系统开始科研应用研究。在 2002 年科技部正式确定的 10 个首批全国智能交通系统应用示范工程试点城市中，北京、上海、青岛、杭州、中山等城市率先开展了智能公共交通领域的应用示范。在此期间城市公共交通智能化应用示范的显著特征是“科研驱动”，系统建设主要以科研项目的形式开展，重点在于将现代通信、信息、电子等高新科术应用于公共交通系统运行调度与管理，以实现对城市公交车辆的监控、调度为主要目标，为信息科学技术在公共交通领域的全面应用打下了坚实的基础。

2008 年，国务院“大部制”改革以后，我国各种城市旅客交通运输方式管理体制实现基本统一。城市公共交通的运营管理与行业管理信息化应用建设由“科研驱动”向“业务驱动”转变。系统建设的目标也由早期的实现“车辆调度”转变为“运营调度”，面向车辆、人员、物资、维修、油料等运营生产过程中的各类生产要素，实现城市公交运营生产调度的智能化。“十二五”期间，交通运输部启动了“城市公共交通智能化应用示范工程”，这是我国行业主管部门负责的第一次面向城市公共交通行业管理、运营及信息服务的应用层面的大规模示范工程，覆盖了全国37 个主要城市。其旨在建设基于统一的车载、场站智能终端，实现公共交通业务数据与运行信息的动态采集，围绕政府行业管理部门、公众、运输服务企业的三方需求，建设统一的城市公共交通数据资源中心、行业运行监管与决策分析平台、出行信息服务平台等。

本书主要编著者作为“城市公共交通智能化应用示范工程”的技术支持团队，负责和参与了该示范工程的规划、顶层设计、标准规范制修订以及部分城市试点工程的前期研究和工程设计工作，协助主管部门起草了《城市公共交通智能化应用示范工程建设指南》（厅运字〔2014〕105 号文印发）等纲领性技术文件。在示范工程的实施过程中，编著者深切地体会到，面对新的城市客运压力与挑战形势，新的信息技术背景及产业发展环境等对城市公共交通运营企业与行业管理部门的技术人员和管理人员的智能化应用技术知识，提出了更高的系统性要求。基于此，编著者们在从事相关科研项目的基础上，结合参与示范工程的实践经验，编著整理了本书。

本书中有关科研工作的完成得益于中央级公益性科研院所基本科研业务费项目（20144803）、国家自然科学基金（50908173、41471459、71501014）的大力资助，得益于“城市公共交通智能化技术交通运输行业重点实验室”的实验条件支持，得益于瑞典沃尔沃研究与教育基金会（Volvo Research and Educational Foundations,VREF）“中国城市交通数据库研究”项目的资助，以及该项目国际专家顾问团队的指导和帮助，谨此致谢！

本书的章节框架、内容选择以及统稿工作由交通运输部科学研究院刘好德博士、刘向龙博士以及同济大学滕靖副教授负责，审稿由刘好德完成。特别感谢同济大学马万经教授、北京交通发展研究中心安健博士和长沙市交通信息中心王磊博士在编著过程中的无私帮助。特别感谢郑州天迈科技股份有限公司郭建国、李松刚、李聪等对本书第五章部分编著内容的贡献。另外，吴骏、于海洋还参与了全书的排版、校稿工作，在此对他们表示衷心的感谢！在本书的编著过程中，得到了交通运输部科学研究院石宝林院长以及交通运输部运输服务司蔡团结处长的鼓励、支持与帮助，在此表示衷心感谢！

尽管城市公共交通智能化应用理论研究与技术应用还不够成熟，本书亦不乏纰漏之处，但希望本书能抛砖引玉，吸引更多的科研人员及管理人员致力于城市公共交通智能化应用研究与实践工作，以促进其发展。

编著者

2015 年 8 月

目 录

Contents

第一章　绪　论

国际建筑协会于1933年8月在雅典会议上制定了一份关于城市规划的纲领性文件——《城市规划大纲》（以下简称雅典宪章）。雅典宪章提出了城市功能分区和以人为本的思想，认为城市的主要作用是保障人类居住、工作、游憩与交通四大功能活动的正常进行。

人类的基本生存活动离不开衣食住行，而“行”牵动着人类生活的各个方面，这点在城市中显得尤为重要。人类交通运输的发展离不开交通工具的进步，最原始的交通工具是人的双脚，然后以人力、畜力和风力作为动力的交通工具曾经占据了人类历史的绝大部分时间，直至蒸汽机的出现，人类交通工具的发展才进入飞速发展阶段，之后，汽车、飞机也应运而生，成为现代社会交通工具的主流。整个交通运输业的发展可划分为四个阶段和三次革命，每个阶段以一种或几种运输工具为标志，对人类社会的发展产生深远地影响。

1600年在英国伦敦街头第一辆出租马车亮相，标志着城市公共交通的出现，从此城市公共交通发展的序幕被拉开。随着电和内燃机的发明，有轨电车、普通公共汽车以及无轨电车陆续走向城市街头，城市公共交通进入稳定发展时期。城市公共交通自17世纪出现以来，已逐步成为城市交通乃至整个城市系统中不可或缺的主要部分；它是保证城市各类社会经济活动正常运转的动脉，而且对城市各产业的发展，经济、文化事业的繁荣，城乡间联系等起着重要的纽带和促进作用。

随着社会经济的快速发展，现代城市规模不断扩大，城市居民出行更加依赖于交通系统。交通拥堵、环境污染严重制约了城市交通的运作效率，这些问题已经成为人们关注的焦点，亟待解决；而优先发展城市公共交通已成为世界公认的解决城市交通问题的有效途径。中国政府为鼓励城市公共交通发展，先后出台了一系列政策，其中，2012 年由国务院颁布的《关于城市优先发展公共交通的指导意见》，对城市公共交通发展提出了明确要求。交通运输部积极贯彻国家优先发展城市公共交通的战略部署，开展了“公交都市示范工程”、“城市公共交通智能化应用示范工程”等一系列工作，各地方政府也积极深化落实国家公交优先发展战略，推动城市公共交通快速发展。

第一节　城市交通与智能交通系统

城市交通系统由城市对外交通系统、城市客运系统和城市货运系统三大部分组成，各子系统的组成如图 1-1 所示。

智能交通系统（Intelligent Transportation System，简称 ITS）是随着交通需求以及现代高新技术的发展而产生的，是多门类、跨学科的系统工程。ITS 最初是在以监控为主体的交通工程基础上发展起来的，一开始只是进行道路和车辆智能化的研究，而现在已扩展到交通运输的全过程及其相关部门，研究范围目前已经涉及铁路、水运、航空、公路等各种交通方式，旨在形成一套为用户及交通运输管理部门提供交通信息服务的新型交通运输体系。

广义上 ITS 应该包括实现交通系统规划、设计、实施与运行管理的智能化；而狭义 ITS 则主要指交通运输管理和组织的智能化，其实质就是利用现代高新技术综合解决交通运输问题。从学科技术来看，高新技术的 ITS 是将先进的信息融合技术、导航定位技术、数据通信传输技术、自动控制技术、图像分析技术以及计算机网络和处理技术等有效地综合运用于整个交通运输体系，在系统工程综合集成的思想指导下，建立起一种在一定范围内发挥作用的实时、准确、高效的交通运输管理系统。

1995 年 3 月，美国交通运输部首次正式出版了《国家智能交通系统项目规划》，明确规定了智能交通系统的 7 大领域和 29 个用户服务功能和开发计划。其中智能交通系统 7 大领域包括：出行和交通管理系统、出行需求管理系统、公共交通运营系统、商用车辆运营系统、电子收费系统、应急管理系统、先进的车辆控制和安全系统。

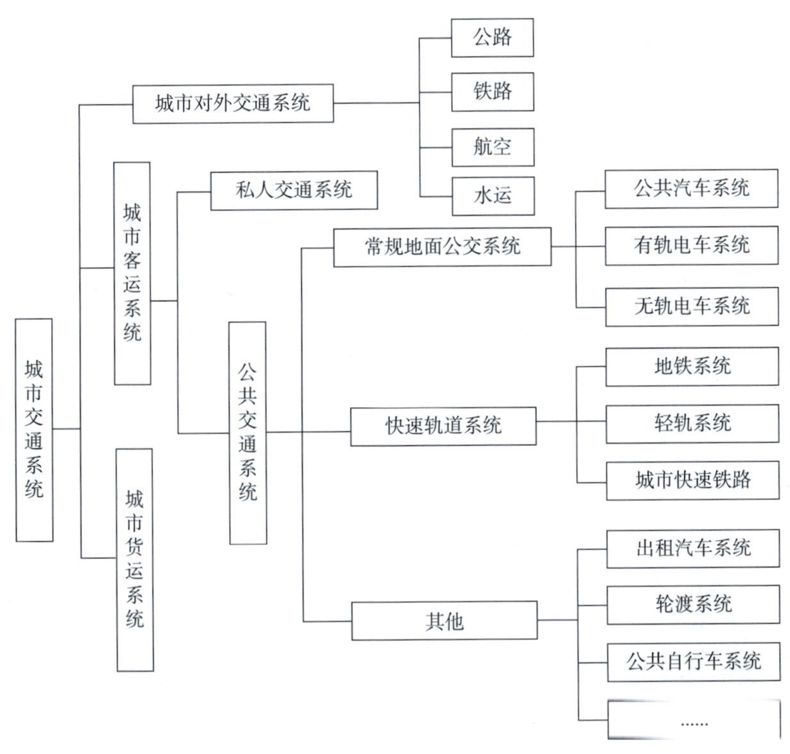

图 1-1 城市交通系统的组成

日本于 1996 年 7 月制定了《日本 ITS 框架体系》。该框架体系由 9 个系统构成，9 个系统下设 21 个项目、56 个专题、172 个子专题。9 个系统是：先进的车辆导航系统、自动收费系统、安全驾驶系统、交通组织优化系统、高效的道路路政管理系统、先进的公共交通系统、专业运输车辆的管理系统、行人辅助系统、紧急车辆运行系统。

我国国家智能交通系统工程中心组织研究编制了我国的 ITS 体系框架，共分为 8 个服务领域，分别为交通规划与管理、电子收费、出行者信息服务、车辆管理、紧急事件和安全、运营管理、综合运输、智能公路，涵盖33项服务与161项子服务，其中运营管理领域包括了公交规划、公交车辆监控、公交运营管理等服务。

第二节　城市公共交通智能化研究与应用

一、城市公共交通智能化研究范畴

从各国智能交通系统的体系框架可以看出，智能公共交通系统作为智能交通系统的一部分，其主要目的是采用各种智能技术促进公共运输业发展，使公共交通系统实现安全、便捷、经济、运量大的目标。

城市公共交通（Urban Public Transit）是城市中供公众使用的经济型、方便型的各种客运交通方式的总称，狭义的公共交通是指在规定的线路上，按固定的时刻表，以公开的收费标准为城市公众提供短途客运的系统。在国内，公共交通系统主要指常规地面公共交通汽、电车和近年来在许多城市高速建设发展的快速公共汽车交通、轨道交通，此外出租汽车在客运交通中扮演了多重角色（服务对象有公众性、但行驶是自由的）。本书中所研究的公共交通系统指常规地面公交系统，主要是公共汽、电车。后文如无特别说明，公共交通均简称公交。

所谓智能公共交通系统（Advanced Public Transportation Systems, 简称 APIS），就是在公交网络分配、公交调度等关键理论研究的前提下，利用系统工程的理论和方法，将现代通信、信息、电子、控制、计算机、网络、全球定位系统（简称GPS）、地理信息系统（简称GIS）等新技术集成应用于公共交通系统，通过构建现代化的信息管理系统和控制调度模式，实现公共交通调度、运营、管理的信息化、现代化和智能化，为出行者提供更加安全、舒适、便捷的公共交通运输服务，从而吸引出行者选择公交出行，缓解城市交通拥挤，有效解决城市交通问题，创造更大的社会和经济效益。

针对我国城市公共交通存在的问题，本书围绕公共交通智能化的关键基础理论和实施技术进行研究。主要包括以下 6 个部分的研究内容。

（1）系统体系框架研究。研究智能公交系统的结构框架和实施框架。

（2）信息采集与监测技术。系统研究城市公交信息化与智能化应用的信息技术基础，从信息采集、传输到监测应用，研究技术手段的基本原理与适用性问题。

（3）面向智能调度与运营的应用技术。公交运营参数如发车间隔、车队规模、车型选择等的优化问题是智能公交系统实际运行过程中必须解决的问题。研究公交智能化调度系统的软硬件设计过程，包括调度中心软硬件设计方法、车载机和电子站牌的硬件设计方法，以及调度中心与车载机、电子站牌的通信手段等。

（4）面向行业监管的应用系统技术。以建设行业级的数据资源体系、监管信息平台手段为目标，为行业管理部门提供管理、决策的技术支持。

（5）面向出行信息服务的应用技术。为出行者建立便捷的出行服务信息获取渠道，提供准确、及时、全面的出行信息。

（6）面向系统建设的配套保障技术。满足系统的可持续建设要求，从标准规范体系建设、人才培养、资金筹措、建设维护模式等方面研究城市公共交通智能化建设实践问题。

二、城市公共交通智能化应用领域

城市公共交通智能化应用旨在以现代信息化技术为手段，规范城市公共交通行业管理，改进运营调度和监管模式，增强行业决策与安全应急指挥能力，提升城市公共交通系统的运输服务效能，满足公众快捷、安全、方便、舒适的出行需求，增强公共交通的吸引力与出行分担率，有效缓解城市交通拥堵，降低能源消耗与排放，实现交通与城市的良性互动、协调、可持续发展。

城市公共交通智能化应用系统建设应基于统一的车载、场站智能终端，实现公共交通业务数据与运行信息的动态采集，围绕政府行业管理部门、公众、运输服务企业的三方需求，建设统一的城市公共交通数据资源中心、行业运行监管与决策分析平台、出行信息服务平台，实现城市公共交通运行状态的宏观监测，发展水平评价，服务质量评价，多样化、一体化的公共交通出行信息服务，以及企业智能运营调度与规范化管理，并考虑实现与城市内其他相关部门，省级、部级交通运输主管部门间的互联互通与信息共享。

城市公共交通智能化应用系统应满足城市公共交通运输服务企业、行业管理部门、公众的不同需求，具有业务管理、运营监管、应急指挥、行业决策、出行服务、企业运营调度与管理等功能。面向公共交通企业，通过建设企业公共交通监控调度与企业资源管理系统，实现对所属车辆进行实时监控、排班调度、安全规范、日常考勤、培训管理、信息发布、营运统计分析等功能。面向行业管理部门，实现对公共交通车辆、线路、客流、场站等动态监测与安全应急指挥调度；实现对公共交通营收与成本、客流等数据的统计分析，为行业管理部门对公共交通的运力投放、定价机制、服务质量、燃油补贴、节能减排等监管和决策提供支持。面向乘客，通过车内、场站信息终端，网站、移动终端，服务热线等多种方式为旅客出行前、出行中获取全方位的站、线静态信息，换乘信息，车辆位置等动态信息；满足公众对公共交通发展的建议与投诉要求。

第三节　城市智能公共交通系统建设的必要性和意义

随着我国经济高速增长和城市化进程的发展，各城市对公交出行的需求与日俱增，不仅对公共交通工具的数量需求急剧增长，而且对公共交通的服务质量也提出了更高要求。建设安全、便捷、高效、舒适、低碳的现代“公交都市”，需要科学规划、精细布局，并在各种公共交通资源整合的基础上提供更便利的出行信息服务。

在我国当前大交通、城乡客运体制基本统一的背景下，交通运输管理部门的工作范围扩大，职责变得更加重要，这在体制方面为发展综合交通运输体系提供基本条件的同时，也对各地方交通运输管理部门的监管水平提出了更高的要求。城市公共交通智能化建设可为进一步理顺地方交通运输主管部门的职责，发挥“大交通”的协同能力，提供一定的工作基础。

当前，我国各城市公共交通发展不均衡，部分城市公交企业众多、所有制多元、规模不一，公交企业管理能力和服务水平差别较大。城市公共交通智能化建设能够为公交企业提供一套统一的、功能强大的企业管理与服务平台，提高企业对运营车辆、驾驶员、乘务员的精细化管理水平，节约企业运行成本，同时，通过建设统一的监管和智能调度平台，可以在满足公众出行需要的同时，最大限度地提高公交车辆利用率和公交服务运行效率。

第二章　城市公共交通智能化研究与应用现状

智能公共交通系统是智能交通系统（ITS）的重要组成部分，是利用系统工程的理论和方法，将现代通信、信息、电子、控制、计算机、网络、GPS、GIS等高新技术应用于公共交通系统，通过构建现代化的信息管理系统和控制调度模式，实现公共交通调度、运营、管理的信息化、现代化和智能化，为出行者提供更加安全、舒适、便捷的公共交通运输服务，从而吸引公共交通出行，缓解城市交通拥挤，有效解决城市交通问题，创造更大的社会和经济效益。发展智能公共交通系统的实践表明，其应用已经使公共交通的服务、运营质量得到显著改善。

第一节　国外城市公共交通智能化研究与应用现状

一、总体发展状况

美国、日本、加拿大、英国、法国、韩国、新加坡等国家都投入了较大的人力和物力从事智能公共交通系统研究，在国际上处于领先地位，并已取得了显著的成果。在20世纪90年代初，计算机和通信技术的进步有力促进了ITS的发展，许多国家的公共交通部门开始应用先进的信息与通信技术进行公共交通车辆定位、车辆监控、自动驾驶、计算机辅助调度及提供各种公共交通信息，以提高公共交通运输服务水平，特别是要在安全和效率方面得以提高。

美国城市公共交通管理局（UMTA）启动了智能公共交通系统项目——Advanced Public Transportation Systems（简称 APTS）。经过现场试验，UMTA 对 APTS 的评价是："APTS 可以显著提高公共交通服务水平，吸引更多乘客采用公共交通和合伙乘车的出行模式，从而带来了减少交通拥堵、空气污染和能源消耗等一系列社会效益"。根据 1998 年美国交通运输部的联邦公共交通管理局出版的《APTS 发展现状》，美国的 APTS 主要研究基于动态公共交通信息的实时调度理论和实时信息发布理论，以及使用先进的电子、通信技术提高公交效率和服务水平的实施技术，具体包括车队管理、出行者信息、电子收费和交通需求管理等方面的研究。其中车队管理主要研究通信系统、地理信息系统、自动车辆定位系统、自动乘客计数、公交运营软件和交通信号优先；出行者信息主要研究出行前、在途信息服务系统和多种出行方式接驳信息服务系统。2006 年，美国在北卡罗来纳州实施了实时发布单线路公共汽车运行信息系统。在芝加哥、密尔沃基等地区开发了"伊利诺斯运输枢纽"智能化服务系统，提供网络层面的乘客信息服务。2009 年 12 月，美国交通运输部发布了未来 5 年的 ITS 战略研究计划的重点：通过连接子系统，整合建设国家交通系统。该战略研究计划的目的是实现多式联运地面交通系统，即车辆间、基础设施和乘客的便携式设备互联，该系统发展的目标是提升地面交通运行安全性、快捷性和环保性。2012 年 8 月，美国交通运输部推出对包括公交车辆在内的近 3000 辆路面车辆组成的交通系统进行长达一年的试点研究，目的是测试车路协同技术提高交通流量的能力，以及通过车车通信技术来辅助驾驶员避免交通事故的发生。这项研究的成果对 ITS 的未来影响深远。

日本公共交通智能化发展经历了 3 个阶段：20 世纪 70 年代末开始应用公共汽车定位系统；20 世纪 80 年代初开始应用公共交通运行管理系统，其中包括乘客自动统计、运行监视和运行控制；进入 20 世纪 90 年代，由于机动车数量的增长和严重交通拥堵的影响，要保持正常的行车速度十分困难，由此引起的公共交通不便性和不可靠性导致乘客数量急剧减少，东京都交通局开发了城市公共交通综合运输控制系统（简称 CTCS），旨在改进公共交通服务，重新赢得乘客。在 CTCS 中，公共交通运营管理系统是一个基本的框架，其目的是通过掌握运行情况以及积累乘客数据，实现精确平稳的公共交通运营服务。它将运营中的公交车辆和控制室之间建立信息交换，并利用诱导和双向通信的方法，将服务信息提供给公交车辆运营人员和驾驶员，同时这些信息也进入枢纽控制中心支持出租汽车、公交对轨道交通的接驳服务。

欧洲，如英国和法国等国家，通过实施公交优先政策，设立公交专用道，为公交车辆提供优先通行信号，布设智能公交监控与调度系统等措施，显著提高公交车辆运营速度，使得在通勤高峰公共交通服务能与小型汽车形成有力竞争，从而吸引公众乘坐公共交通，有效缓解城市交通压力，取得了明显的社会和经济效益。

二、业务应用关键技术

（一）美国

为了提高公共交通服务的效率、有效性、可靠性和安全性，根据美国交通运输部发布的《Advanced Public Transportation Systems：The State Of The Art Update 2006》，将先进的 APTS 技术框架内容分为车队管理（Fleet Management）、电子收费与支付（Electronic Fare Payment）、乘客信息服务（Traveler Information）、交通安全与保障（Transit Safety and Security）、交通需求管理（Transportation Demand Management）、智能车辆系统（Intelligent Vehicle Systems）6 部分，APTS 体系框架如图 2-1 所示。

1. 车队管理

车队管理的优势在于提供车辆位置的远程监控、实时状态信息（各种车辆机械系统的状态）及调度，主要功能是车队运行服务监督和车辆维护管理，此外还提供各种实时事件管理。

智能车队管理涉及车载系统、地面系统和运营中心的管理。整合了多种技术，如自动车辆定位（AVL）、无线通信、自动乘客计数技术（APC）、计算机辅助调度技术（CAD），为车队管理提供最新的车辆在途位置信息并向乘客提供路况状态；维护技术允许自动搜集和报告车辆维护状态信息。此外，上述技术获取的大量历史数据有助于现在和未来对运输规划进行改进和优化。

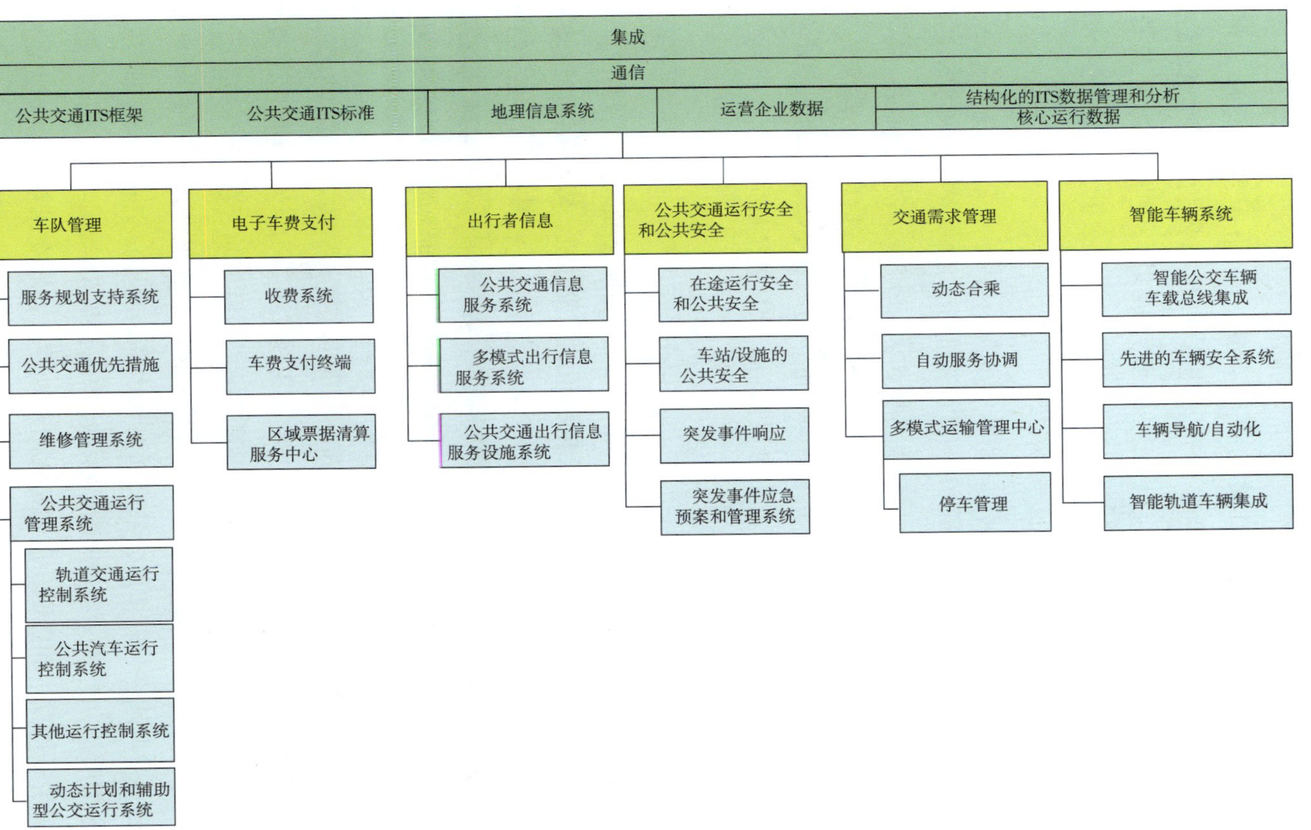

图 2-1 美国 APTS 体系框架

2. 电子收费与支付系统

电子收费与支付是一种自动化售票方法，应用于公共交通。乘客使用磁条卡、智能卡、信用卡等来付费。电子收费与支付系统由收费系统、付费系统和结算系统构成。与此相关的研究成果是美国交通付费卡标准（UTFS）项目，该项目由美国交通运输部资助和美国公共交通协会（APTA）协调完成。

3. 乘客信息服务系统

乘客信息服务系统对于乘客和运输管理者都是十分重要的。对于乘客而言，该系统帮助他们了解和使用已有的公共交通服务；对运输管理者而言，该系统有效削减了相关工作的员工数量和电话设备使用数量。乘客信息服务系统提供的数据包括静态数据和动态数据。静态数据如票价、时刻表；动态数据如预计实时到达时间、线路延迟、交通状况等。整合数据后，该功能能够向公众提供网络层面的信息服务以及个性化信息服务。

4. 交通安全与保障

交通安全与保障能够提高运营过程中的安全性，防止或减少涉及员工、乘客、设备设施的事故和意外伤害，该技术长期用于监测发动机、传动系统、制动系统、车轮和轮胎的工作状态。视频及其他技术用于监督天气和其他运输状况的安全。无线电通信系统、视频监控系统、自动车辆定位系统和其他先进技术能够掌握行驶中车厢内和车辆本身的安全状况，从而预防和应对犯罪和暴力行为。其中，数字视频通信技术大大提高了公共运输的安全性。

5. 交通需求管理

交通需求管理（TDM）的定义是“通过某些方法影响人们交通出行行为，从而减少其对道路交通的影响”。交通需求管理策略能够影响、改变乘客的出行方式、规模和分布，旨在提高公众对公共交通的认识和成本效益。运营管理、信息发布、多模式服务协调战略可以增加公共交通的利用率。此外，交通需求管理能提供个性化的定制服务，能够积极引导乘客的交通需求，在不影响乘客流动性的前提下，有效地减少运输成本和费用，从而最大限度地提高区域交通基础设施建设的投资回报。

6. 智能车辆系统

在联邦智能车辆机构（IVI）的主导下，智能车辆系统（IVS）技术不断发展，并逐步进入公共交通系统领域。最新的智能车辆系统提供车辆预警和电气故障警示，整合了相互独立的车载系统信息、车载设备管理、自适应控制、路线引导、后端碰撞警告和自动报站系统。除此之外该系统还包括自动检测充气不足的轮胎（能够导致轮胎故障或事故）、低能见度下增强视野范围、持续车道援助等。智能车辆系统可以与其他的车载系统共同提供优质的服务，其应用可以减少燃料消耗、运营时间和维护成本。智能车辆系统可以警告疲劳驾驶的驾驶员，提供车辆不佳状态、偏离预计时刻表和路线的情况，还可以帮助驾驶员保持车辆行驶在车道的中心内并与其他车辆保持安全距离，从而避免发生碰撞。

美国 APTS 技术体系框架见表 2-1。

美国APTS技术体系框架　　表2-1

序号	类别	系统 / 技术分类	技术内容
1	车队管理	服务计划支持系统	自动乘客计数系统（APC）； 自动车辆定位（AVL）； 路线和模拟追踪工具； 外场数据输入至调度； 客运计划工具； 报告和可视化工具； 运营商分配管理工具； 电子调度系统
		公交优先处理	车辆与路边通信； 信号控制； 中心—场地通信； 中心—中心通信
		维护管理系统	电子检查辅助； 流体管理系统； 库存管理系统
		维护管理系统	交互式维护培训系统； 远程车辆诊断； 维护记录管理系统； 交互式电子零件手册； 保障监控和管理； 电子元件标签； 车辆状况监控； 电子故障卡

续上表

序号	类别	系统 / 技术分类	技 术 内 容
1	车队管理	交通运营系统	轨道运营控制系统； 公交车运营系统； 其他运营系统； 动态调度和辅助运营系统
2	电子收、付费系统	收费系统	电子费用收集系统； 基于智能卡的收费系统； 新市场和动机选项； 非交通机构合作系统； 残疾人公交应用
		付费产品（媒体）	磁条卡； 智能卡
		结算中心 / 区域服务中心	资金池管理； 结算； 资金分配程序； 规则和规章； 安全； 报告； 变化管理
3	乘客信息系统	公交线路信息系统	—
		多式联运信息系统	
		公交线路运行信息基础设施	技术特点； 数据集成； 区域调度考虑
4	交通安全与保障	车载安全与保障	语音通信技术； 视频评估系统
		车站 / 设施安全与保障	—

续上表

序号	类别	系统 / 技术分类	技 术 内 容
4	交通安全与保障	事故响应	检测与评价； 响应与疏散； 通信技术
		事故和灾难计划支持系统	事件跟踪数据库
5	交通需求管理	动态合乘	—
		自动化服务协同	—
		多式联运管理中心	—
6	智能车辆系统	智能车载集成系统	—
		先进的车辆安全系统	道路偏离预警系统； 车道偏离警告系统； 侧翻预警系统； 侧倾稳定性控制系统； 障碍物检测系统； 碰撞预警系统； 防撞系统； 碰撞通知系统； 驾驶员警觉性监测系统； 车辆视觉增强系统； 预碰撞抑制部署系统
		车辆导航 / 自动化系统	导航和路线引导系统； 精密对接系统； 自适应巡航控制系统； 耦合 / 去耦系统； 车道保持辅助系统

资料来源：Advanced Public Transportation Systems：State of The Art Update 2006.

（二）欧洲

1985 年，以欧洲共同体 19 个成员国为主的政府与民间企业组织合并，共同推进ITS的发展，总投入50亿美元来实施“欧洲车辆安全专用道路基础设施计划”，主要研究交通需求管理、交通和旅行信息、城市间综合交通管理、辅助驾驶、车队管理、公共交通管理等先进交通管理系统。此外，欧洲国家由于历史悠久，城市街道普遍狭窄，所以通过实施公交优先政策、设立公交专用道，为公交提供优先通行信号；布设智能公交监控与调度系统等措施，提高公交车辆运行速度与公交服务质量以吸引公众乘坐公交出行。

由于欧盟作为一个包括多个国家的组织所具有的特殊性，其ITS发展重点则落在标准的制定、促进标准化和一体化发展上。欧洲ITS研究的特点是：

（1）在广泛的ITS交通领域都进行着研究与开发；

（2）欧洲共同体发起组织的ITS研究着重技术的部署与评价，具有高度的研究连贯性，但是与实际的应用部署存在差距；

（3）欧洲在公路上广泛部署了车辆专用电台，可以向用户提供声音或编码信息（有多种语言广播，可接受实时交通状况报告）；

（4）将公共交通视为重要的研究内容，公交优先和公交乘客信息系统已投入使用。

关于公共交通信息化系统在欧洲国家的应用有如下典型案例：

1. Ali-Scout——公共交通路径诱导服务系统

Ali-Scout系统是由西门子公司和博世／蓝宝公司联合开发的。该系统包括车内设备和车外设备两部分。车内设备有定位设备、导航设备、磁场传感器、车轮转数计、带有键盘和方向指示器的操作面板、行程时间测量仪、红外发射器、红外接收器和目标存储器等；车外装备有信标红外发射器、信标红外接收器、信标控制器和交通路径诱导计算机。Ali-Scout系统在车上装有一个终端，其核心是导航设备。磁场传感器的作用是确定车辆行驶的方向，车轮转数计用来测量行驶的距离，方向和距离数据都被送到定位设备，以确定车辆的位置。车辆通过信标双向红外通信方式与外界交换信息。信标安装在路口两旁，典型的是与交通信号灯安装在一起。

2. 公交车站实时信息系统

公交车站实时信息系统（Countdown系统）是为方便公交车乘客而设计的一

种公交车站实时信息系统，包括车辆定位、无线通信、一个中央计算集群、一个数据库服务器、大量车辆修理点及公交车站显示牌。通过公交车站的显示牌为公交车乘客提供公交车辆的到达次序、车辆路线号码、终点站名及到站所需时间等信息。

3. 公共交通信息系统

在英国南部的汉普郡，人们可以通过下公共交通信息系统（TRIP lanner 系统）终端机来合理安排他们的旅游行程。TRIP lanner 系统向出行者提供最新的公交信息和最佳乘车及行程路线。

4. 公共交通网络潜能挖掘和信息支持系统

公共交通网络潜能挖掘和信息支持系统（SMARTBUS 系统）可以用来为公交车辆及有轨电车网络中的车队进行管理，并且也被德国、西班牙、意大利、瑞士等国的许多公共交通管理部门所采用。SMARTBUS 提升了车队的运营效率和安全，不论乘客是在车辆上、在公交车停靠站、在汽车站或者在家里，都能把最新的信息明确地传达给乘客；同时由 SMARTBUS 设备依次记录的信息产生出大量重要的数据，可以用来进行战略管理评估。

（三）日本

日本的 ITS 起步较晚，但由于日本政府的重视，其智能交通系统的发展取得了快速进步。总体来讲，日本的 APTS 发展经历了 3 个阶段：20 世纪 70 年代末，开始应用公共汽车定位系统和公共汽车接近显示系统；20 世纪 80 年代初，开始应用公共交通运行管理系统，其中包括乘客自动计数和运行监控；20 世纪 90 年代初，开始应用综合交通管理系统，通过掌握运行情况以及累积乘客数据，实现精确平稳的公共交通运营服务，并将后勤业务改进和经营支援系统纳入其中。日本智能交通体系中对公共交通系统的支持凸显在两方面的用户服务需求：一是提供公共交通信息（Provision of Public Transport Information），二是辅助公共交通运营与管理（Assistance for Public Transport Operations and Operations Management）。日本智能公共交通系统体系框架—信息服务如图 2-2 所示，日本智能公共交通系统体系框架—辅助公共交通运营与管理如图 2-3 所示。

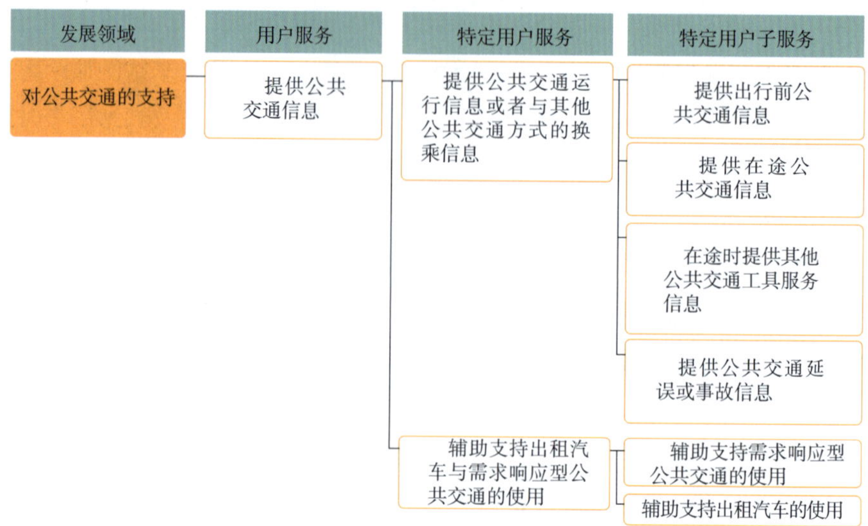

图 2-2　日本智能公共交通系统体系框架—信息服务

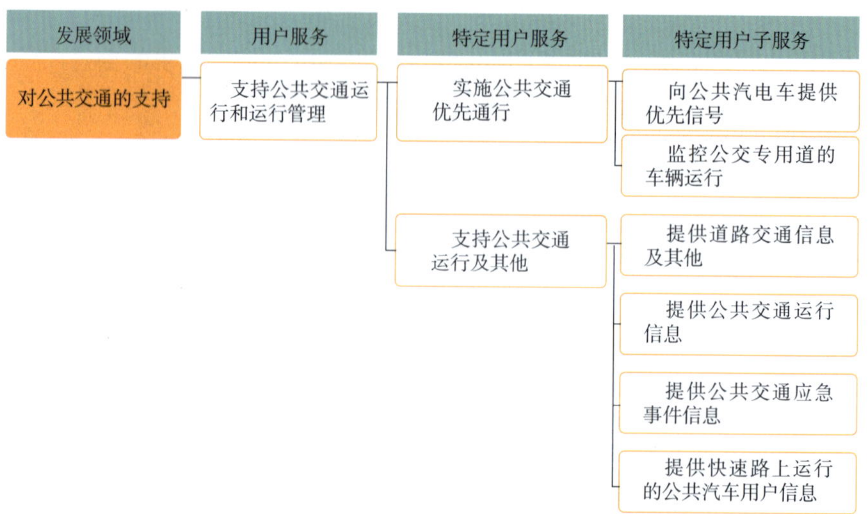

图 2-3　日本智能公共交通系统体系框架—辅助公共交通运营与管理

为了实现上述功能，日本政府开展了一系列的智能公交建设项目及实践工作。

1. 全国范围内部署高速公路公共汽车定位系统（Nationwide Deployment of Highway Bus Location System）

高速公路公共汽车服务随着快速路的建设而发展，涵盖 177 家公共交通运输企业、1592 条线路、8346 万用户（截至 2003 年 3 月）。高速公路公共汽车定位系统作为日本国土资源部优先项目之一，试图通过实施车辆定位系统振兴公共交通服务。2005 年 2 月，综合公共汽车信息系统数据格式标准委员会（Council on Standard Data Format Necessary for Comprehensive Bus Information System）进行了一项实验，验证定位系统的用户收益和技术问题，调查了综合公共交通信息系统的标准数据格式。同时，公共汽车定位系统采集的浮动车辆数据也可以用于先进的道路管理系统，例如评估交通拥堵造成的经济损失。

2. 日立市公共汽车运营信息系统（Hitachi City Bus Operation Information System）

在 2004 年 1 月至 2005 年 3 月期间，采用问卷调查的方式对日立市公共汽车运营信息系统（图 2–4）进行了测试，评价系统的效用。之后从 2005 年 7 月至 2006 年 3 月对原先的 8 条公交线路、新增加的 5 条公交线路（替代之前的日立轨道线路）再次进行了测试。

3. 需求响应公共汽车系统（Demand–responsive Bus System）

随着机动车保有量的增长，高知县中村市的公共汽车用户逐年下降，主要原因是公共汽车非直线系数高、候车时间长导致公共汽车出行时间过长。为了提高公共汽车的使用率，中村市开始运营名为“中村町公共汽车”的需求响应型公共汽车系统，线路按照城市路网呈网格状布设。在 2000 年的 4 月 10 日至 6 月 30 日期间，公交车辆均根据实际需求来运营。乘客通过电话、传真和信息终端告知运营者期望的乘车时间、上下车站名称，然后交由计算机处理乘客请求，制订公交车辆的调度计划，然后将汇总了乘客请求的公交汽车运行时刻表发送给乘客。该系统极大地改善了公共汽车服务的便利性，乘客数量增加了近 4 倍。由于实验的成功，该项服务从 2000 年 7 月开始全面投入正式运营。

三、应用领域研究成果

智能公共交通发展了几十年，早期的研究成果已经逐步转化到应用之中，以下四类技术发展日益成熟。

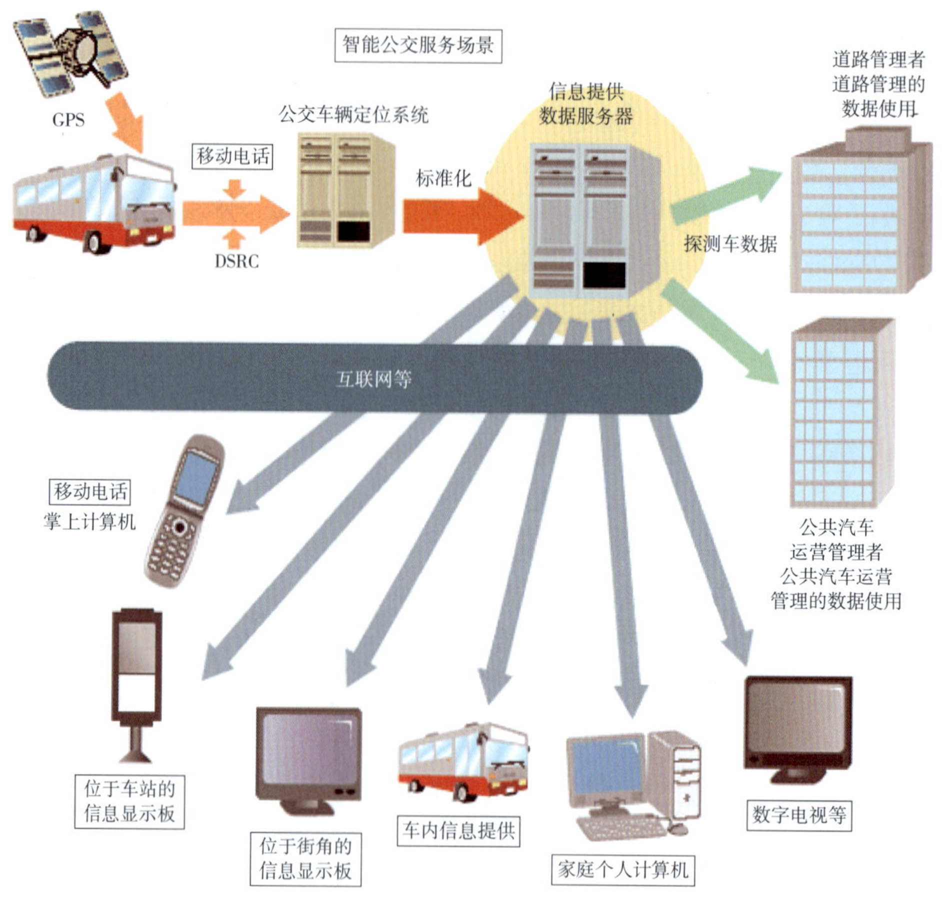

图 2-4　日立市公共汽车运营信息系统

（一）信息采集

北美运输合作研究计划（Transit Cooperative Research Program，简称 TCRP）113 号报告中指出 AVL-APC 能够显著地提高交通运输管理和绩效。AVL 系统主要用于支持实时监控、对突发事件的调查。AVL-APC 组合使用能够评估乘客的等待时间和断面拥挤程度。AVL-APC 历史数据能够用于辅助优化车行计划。AVL-APC 技术应用框架见表 2-2。

AVL-APC技术应用框架 表2-2

类别	技　术	表　　现
AVL	定位技术	最新技术：车载 GPS； 较老技术：航位推测法（适合固定线路）； 结合技术：以 GPS 为主，当 GPS 信号丢失时用航位推测法代替
	线路和时刻表匹配（AVL 系统结合 CAD 来实时报站）	（1）运行线路数据和驾驶员签到：通过开关门的位置核实车站位置；基于时刻表和地图信息，记录各班次实际执行情况。 （2）精度基础地图：通过移动 GPS 在地图上实测车站位置；使用基于航拍图校准的 GIS 地图减少实测的工作量；维护临时和常设车站的位置变化信息；对于车站位置信息可以有 4 种表达方式：交叉口或路标、交叉口象限、线路坐标（通常跟随道路中心线）、靠近公交车站的路边坐标。 （3）整合时刻表：AVL 系统会每天在车辆驶出前通过车载计算机重新载入全日运营计划。 （4）安排控制调度变化：当出现车辆损坏、临时区间运营或为了控制间隔而跳站运营，线路和时刻表将会变得复杂，有时需要人工介入。 （5）线路结束的鉴别：终点站的鉴别比较困难，因为大部分都在枢纽内部，GPS 信号不良，因此进出枢纽可使用 RFID 技术进行精确定位
整合其他设备	自动乘客计数（APC）	主要技术包括压力敏感垫，水平光线，头顶红外传感器； APC 狭义只指乘客计数，广义还包含了与 AVL 的集成功能； 设备包括了传感器和一台专用车载计算机，也称为 APC 分析机，把传感数据转换为乘客数； 通过将 APC 数据集成输入 AVL 系统，其边际成本大幅下降
	里程计（传送传感器）	计算行驶里程和速度； 可以检测到转向信息，从而支持航位推测法为车辆在规划线路外进行导航
	门动开关	帮助识别车辆是否停站、区别一般性停车动作
	票费收集设备	传统的电子收费设备具有有限的数据储存容量，只记录了每次单程上车和收费信息； 最近发展了新的电子收费设备，可以存储加入时间的记录，如果收费设备与智能公交系统联网，数据可以作为 AVL 的一部分上传； Metro Transit 引入智能卡技术，通过将智能卡读取器应用到车辆定位系统中，整合收费系统和车辆定位系统
	其他设备	无线控制头； 乘客信息系统：包括终点签到，下站通告，可以整合到车辆定位系统； 轮椅升降梯； 无声警报； 机械传感器
整合其他设备	整合和标准	（1）智能公交车设计：最重要的集成是将 APC 和 AVL 系统集成；最新的发展是将 AVL、APC 和自动报站系统等整合，共享一个车辆定位系统和车载计算机。 （2）整合和标准：公交通信协议（Transit Communications Interface Profiles，简称 TCIP）；定位导则（Location Referencing Guidebook，简称 LRG）；公交 GIS 新技术（FTA National Transit GIS Initiative）；行车恢复时间、乘客等待时间、乘客拥挤度测量标准

续上表

类别	技　术	表　　现
AVL-APC数据应用	数据更为丰富：管理工具的革命	聚焦极值； 基于消费者导向的服务标准和运营调度； 运营控制计划； 道路拥挤的解决方法； 预测运输需求趋势

资料来源：TCRP report113：Using Archived AVL-APC Data to Improve Transit Performance and Management.

（二）运营计划

公交企业为了适应客流要求变化、提高公交服务效能，一般会对调度计划和发车频率进行调整，成本效益和服务是首要的目标。成本效益是指通过调整运输能力提高运能使用率，包括载客能力标准和运能分布，另外还需要增加公交车数量和员工的利用率。调度计划和发车频率对运输服务质量影响较大，这与乘客预计等待时间和制订出行计划直接相关。运营计划的智能化编制可实现提高服务的可靠性、降低乘客等待时间、降低乘客焦虑；通过这些调整，可以使公共运输服务更具有吸引力、增加乘客数量和调整载客率。

北美运输合作研究计划（Transit Cooperative Research Program，简称 TCRP）95 号报告中从响应战略类型、潜在的乘客响应因素、相关信息和影响等方面进行了分析，运营计划内容见表 2-3。

运营计划内容　　表2-3

类别	子　项	内　　容
响应战略类型	公交频率	增加和减少发车数量而提供相应的发车频率，延长或缩短等车时间，这项调整适用于高峰和低峰时段
	服务时间	通过延长或缩短服务天数来增加或减少服务范围，如星期日和夜间运行
	受票价影响的发车频率	发车频率影响票价，发车频率低票价高，反之亦然
	联合服务频率	联合不同的运输服务，满足乘客多样需求。如为乘客订制便捷出行计划，换乘在同一站点，换乘时刻表协调以降低候车时间、得到优先服务
	规范的计划	制定规范的车辆时刻表，以便于乘客掌握发车时间等信息
	可靠性	车辆预计到达和离开的时间不准确，会导致乘客错过换乘车辆或延长等待时间，可靠性指减少乘客等待时间、车辆延迟时间和车辆到站不确定性

续上表

类别	子　项	内　　容
潜在的乘客响应因素	节约等待和在途时间	减少车外时间（out-of-vehicle time）的影响比减少车内时间（in-vehicle time）更有效
	自然环境、操作环境、经济环境因素	自然环境（气候变化、天气状况等）对乘客乘车等待时间和换乘有不同程度的影响； 操作环境对乘客出行频率有影响； 经济因素影响乘客出行频率，经济环境差抑制出行响应
	其他因素	服务时间的调整可能会无法为潜在的乘客提供服务
相关信息和影响	新的乘客资源和模式的变化	发车频率变化及新的运行模式可能吸引新的乘客
	出行时间类别	高峰时期、非高峰时期、周末
	乘客响应时间滞后	服务时间和票价的变化导致乘客调整出行路线和方式
	车辆行驶里程、能耗和环境	车辆运输频率的改进对节能减排有影响
	成本和收益	车辆运输频率的增加，可以增加售票收入，从而减低运输成本

资料来源：TCRP report 95：Traveler Response to Transportation System Changes Chapter 9—Transit Scheduling and Frequency.

运营计划优化与智能编制的研究内容体现在 4 个方面：发车频率与发车间隔的确定、时刻表的编制、车辆行车计划的编制和驾乘人员排班。

发车频率与发车间隔的确定主要基于最大客流（站点调查）方法和断面客流（跟车调查）方法。其中基于最大客流确定发车频率的方法包括日最大客流断面和小时最大客流断面方法，基于断面客流确定发车频率的方法是基于载客公里数据来确定发车频率的下界或发车间隔上界，和通过限制客流量大于期望拥挤度的线路占线路长度的比例来保证服务水平。

时刻表优化的方法研究成果较多，有单线路时刻表优化方法、区域多线路时刻表优化方法、考虑枢纽换乘线路协调的时刻表优化方法等。

车辆行车计划的编制包括固定行车计划和可变行车计划。固定行车计划需要解决确定单线路车队规模、多线路车辆调度以及有场站约束的车辆行车计划编制的问题。可变行车计划包括发车时间窗口调整、发车序列的调整、可变行车计划条件下的车队规模下限确定等问题。

驾乘人员的排班计划是在不违反劳动合同和法规的同时，对人力资源进行有效利用的组织方法。优化目标通常包含：所需人员最少，轮班的总成本最小，最大轮班持续时间最短和工作、休息天数平衡等。

（三）动态调度

动态调度是日常公交运行指挥的基本内容，自适应控制是基于 AVL-APC 技术的智能化调度方式，技术内容见表 2-4。

动态调度：自适应控制技术内容 表2-4

<table>
<tr><th>类别</th><th>分类</th><th>模型与技术</th><th>技术内容</th></tr>
<tr><td rowspan="8">现状技术发展回顾</td><td rowspan="3">公交线路控制</td><td>减少公交车站数量</td><td>—</td></tr>
<tr><td>公交车优先路权规定</td><td>—</td></tr>
<tr><td>线路上公交车行驶控制</td><td>公交时刻表调整；
期望发车间隔调整；
增加机动车辆等</td></tr>
<tr><td rowspan="3">公交车辆信号优先</td><td>信号控制</td><td>SCOOT——实时适应性网络控制系统；
SCATS——实时适应性网络控制系统，强调区域分级控制；
SCRAM——是 SCATS 的增强版，加强了公共交通优先控制功能；
SPPORT——整合了交通响应信号控制和道路交通中公交车辆的运营管理；
UTOPIA——综合考虑控制私人汽车和整个公共交通运营，并对交通适应控制系统进行了分层，分宏观层面（决策支持）和微观层面（信号控制）</td></tr>
<tr><td>增强的线下控制</td><td>PREEMPT——用于测试公交优先支持运营管理的可行性</td></tr>
<tr><td>其他仿真和延误</td><td>TRANSYT 分为 BUS TRANSYT 和 BASIC TRANSYT，评估运行时间延误和车辆燃油消耗</td></tr>
<tr><td rowspan="7">公交车站的公交车行驶控制模型</td><td rowspan="2">公交车行驶仿真模型描述</td><td>模型的输入输出</td><td>—</td></tr>
<tr><td>公交车站的控制策略</td><td>基于行车间隔的控制；
基于时刻表计划的控制</td></tr>
<tr><td rowspan="5">公交运行控制模型影响因素</td><td>公交运营规则</td><td>—</td></tr>
<tr><td>乘客等待时间和旅行时间</td><td>—</td></tr>
<tr><td>公交行程时间</td><td>—</td></tr>
<tr><td>公交载客率的影响</td><td>—</td></tr>
<tr><td>公交运营中交叉口信号的影响</td><td>—</td></tr>
</table>

续上表

类别	分类	模型与技术	技术内容
公交车站的公交车行驶控制模型	公交运行控制模型影响因素	每小时运营成本	—
	控制策略	目标函数和控制参数的最优化组合	—
		基于发车间隔和基于时刻表计划调度策略的比较	—
公交车的自适应信号控制模型	基于信号的交通运营成本	乘客车辆延误	—
		车辆停驶的次数	—
		公交车辆的延误	—
		交通运营成本	—
	基于信号的公交车优先控制	基本假设	—
		信号控制模型的策略	—
		相位调整的有效范围	—
		目标函数	—
		TOC 最小化程序	—

资料来源：Adaptive Control of Transit Operations，1995.

常见的动态调度策略包括：基于行车间隔的控制、基于时刻表的控制、区间运行和跳站运行等临时控制，归纳以往研究和实验分析结果如下：

（1）基于时刻表（各站都有准确到站时刻表）的控制可以明显改进公交车的行驶规律，提升车队运行的有序性，通常适用于发车间隔较大、道路行驶环境良好的条件。

（2）相比基于计划调度的控制，基于行车间隔的控制策略，在改进公交车行驶规则和减少等待时间上有优势。它的缺点是会降低公交车运营车速，相应增加乘客在途时间。因此，基于行车间隔的控制，必须权衡等待时间和在途时间。此外，基于行车间隔的控制要求实时知晓各辆公交车的位置和离站时间。所以，公交车上需要配备合适的通信设备。

（3）跳站控制可以用来提高公交车的行驶速度并调整行车间隔。密集的停站—跳站控制会增加乘客平均等待时间。从载运因素和发车间隔的多情景测试结果发现，跳站控制没有明显减少使用者成本或总成本，因此该控制方式有一定使用局限性。

（4）公交车通行在交叉口时不一定需要信号控制系统给予绝对优先，保障行车计划是基本原则。

（5）动态控制对于发车频率和载客率越高的情况会放弃越多的利益。对于低载客率和低发车频率的情况，非控制性的运营方式并不会比控制性运营方式更差。此外，好的公交调度规则不一定仅和较低乘客成本正相关，公交车辆运行的有序性是非常重要的，能够吸引更多的潜在客流。

（四）信息服务关键技术

基于全球定位系统（GPS）技术的自动车辆定位技术是使用最普遍的信息服务系统，为公交车辆实时到达的信息发布提供了基础，也有很多运输机构使用路标技术作为预测的基础数据来源。信息服务的形式是通过 LED 屏幕实时显示即将到站车辆的实时信息，包括路线编号、目的地和预计到达时间。大多数 LED 显示屏还显示重大的延误信息、重新安排的运营计划、安全公告、其他区域信息。互联网、电话和无线设备也有此项功能。

在实时信息系统预测模型中，最简单的是使用循环—应答器技术，最复杂的是采用卡尔曼滤波技术进行预测。实时车辆到站系统可以提高服务水平、增强乘客满意度等。公交车辆定时到站信息系统技术内容见表 2–5。

公交车辆实时到站信息系统技术内容　　表2–5

实时信息的分布	公交车辆实时到站信息通过 LED、液晶显示器（LCD）显示，为乘客提供所需的车辆定位服务。系统从安装在车辆上的移动数据终端接收信息，将收集的数据处理后存储在数据库中，用于预测计算。2003 年，美国已经实现电子屏幕显示预测信息，包括显示当前的时间和日期、车辆路线号和终点站、等待时间（倒计时格式和时间范围）、服务中断或其他重要的信息。逐渐，互联网、掌上电脑、移动电话和语音识别系统也得以应用

续上表

实时预测、预测精度和可靠性	公交车辆实时到站准确预测的关键是预测算法和模型，以及输入数据。部分研究如下：在弗吉尼亚州布莱克斯堡，Lin 和 Zeng 开发了基于公交车辆实时到站时间的第四代 GPS 算法，联邦交通委员会（FTA）对基于该技术的乡村乘客信息系统进行测试，以整体精度、鲁棒性和稳定性为标准测得每个算法的性能。洛杉矶交通运输局（The Los Angeles Department of Transportation，简称 LADOT）开发了公交到站信息系统，该系统是洛杉矶大都会交通运输局快速公交运输系统的一部分。Dailey-et-al. 通过互联网、移动电话和北门交通中心（Northgate Transit Center）LCD 显示屏向金县地铁（King County Metro）提供实时公交车辆到站信息，该算法还用于波特兰 Tri-Met 车辆的到站预测，其时间序列包括时间—地点序列，即用最优滤波框架（卡尔曼滤波）统计历史数据去预测未来到站数据。Welch 和 Bishop 描述卡尔曼滤波是一套数据方程，提出有效的最小二乘法的计算方法

资料来源：TCRP synthesis48：Real-Time Bus Arrival Information Systems，2003.

第二节　国内城市公共交通智能化研究与应用现状

一、国内城市公共交通智能化研究与应用现状

（一）总体发展现状

20 世纪 90 年代，我国多个城市开始了智能公共交通系统的研究与实践。“十五”期间，国家智能交通系统技术工程研究中心承担了《智能交通系统体系框架及支持系统开发》研究项目。

2002 年，科技部正式确定北京、广州、中山、深圳、上海、天津、重庆、济南、青岛、杭州等 10 个城市为首批全国智能交通系统应用示范工程试点城市，开展智能交通相关领域的建设示范，与智能公共交通相关的内容有：在公共交通运营中引入先进的技术和设备，研发计算机化的指挥调度系统和信息预报系统。

为筹备 2008 年奥运会，北京公共交通控股（集团）有限公司（以下简称北京公交集团）建设了公共交通智能化调度平台，是国内最早投入运营的智能公共交通系统。为筹备 2010 年世博会，上海全面建设了世博智能公共交通信息服务系统，兼顾轨道交通和地面公交，覆盖上海全市，在上海世博会期间向社会提供高效、实时、动态的全方位多模式公共交通信息服务。

2011 年，国家公共交通行业管理部门——交通运输部陆续出台了一系列关

于“十二五”智能公共交通发展相关的规划政策,《交通运输“十二五”发展规划》提出要在全国选择30个城市实施“公交都市”建设示范工程，开展城市客运智能试点示范工程。在“十二五”科技发展规划中提出科技研发的主要任务之一是基于物联网的城市智能交通关键技术研发及应用，其中与公共交通相关的重点技术是：城市客运智能车载终端设备研发；公交线路优化及信号优先保障技术；公共交通动态信息采集监测、服务及安全预警技术；公共交通信息综合管理与决策支持技术；城市交通共用信息平台建设、运营与服务技术；城市客运综合枢纽换乘服务及客流诱导技术；城市交通出行电子支付技术；推进物联网、云计算等新一代信息技术在交通运输领域的研发与集成应用，重点研究智能车路协调技术；交通流信息智能化采集、传输、处理技术与设备;基于北斗卫星导航系统（BeiDou Navigation Satelite System，俗称BDS）二代卫星的定位导航应用关键技术等。

2012年,交通运输部在公布第一批“公交都市”示范城市基础上,启动建设“城市公共交通智能化应用示范工程”，郑州、北京、哈尔滨、长沙、大连、济南、深圳、西安、南京、重庆等首批10个城市均得到交通运输部1000万工程建设补贴资金。2013年,交通运输部发布“2013年交通运输节能减排资金支持项目清单”,40余项智能公交项目获得财政补助，合计金额达到4118万。

2013年，为了充分发挥信息化、智能化在引领交通运输转型升级，推动交通运输现代化发展中的重要作用，交通运输部科技司提出到2020年要基本形成目标一致、功能协调、运转高效、有机衔接的交通运输信息化、智能化发展总体格局，交通运输信息化普及程度大幅度提升，重点领域智能化发展取得突破，交通运输信息化智能化发展水平显著提高。具体目标是：基本建成全面高效的交通基础设施和载运工具运行状态感知体系，公共与专用相结合的信息通信网络满足发展需要；基本建成行业数据中心体系和信息资源互通共享的开发应用体系，信息系统间互联互通和信息资源综合利用水平显著提升；基本建成统筹协调的业务管理系统和快捷、准确、全面的信息服务体系，物流信息服务和公众出行信息服务满足社会需求，交通运输信息消费规模快速增长；基本建成适应信息化、智能化发展要求的技术支撑体系和可信可控的网络与信息安全保障体系;在运输组织、公众出行、城市客运管理、安全应急保障和交通电子支付等领域，智能化水平显著提升。

2013 年,交通运输部在公布第二批“公交都市”示范城市基础上,继续开展“城市公共交通智能化应用示范工程”,第二批示范城市为石家庄、上海、广州等 27 个城市,建设快速公共汽车交通系统(BRT)运行监测系统的城市交通运输部补助 1200 万元,无 BRT 建设内容的城市交通运输部补贴 1000 万元。

2014 年 6 月,北京公交集团启动 1.04 亿元的公交车辆智能化运营调度系统工程项目,该项目建设内容为安装 7796 套北斗、GPS 双模车载卫星定位设备和 20243 台车载控制器,对现有公交车载定位设备、刷卡机、报站器等设备进行软件升级和设备连接施工集成,实现定位、刷卡、控制器局域网络(CAN)等各类车载数据的实时采集传输;升级完善智能调度和业务数据处理应用软件系统,包括通信接入系统、智能运营调度系统、公交卡业务数据处理系统;完善公交智能运营调度系统软硬件支撑平台,包括系统软硬件、网络设备和安全设备。这标志着我国城市智能公共交通系统发展与应用实践达到一个新的高度。

(二)业务应用关键技术

我国智能交通系统技术体系与美国的技术体系有相似性,智能公共交通系统的服务内容包含了电子收费、出行者信息和运营管理等服务领域,见表 2-6。

国家ITS框架中智能公共交通服务相关的领域　　表2-6

序号	服务领域	服务
1	电子收费	电子收费
2	出行者信息	出行前信息; 行驶中驾驶员信息; 途中公共交通信息; 个性化信息; 路径诱导及导航
3	运营管理	公交规划; 公交运营管理; 车辆监视

续上表

序号	服 务 领 域	服 务
4	交通管理与规划	交通法规监管与执行； 交通运输规划与支持； 基础设施维护与管理； 交通控制； 需求管理； 事件管理
5	车辆安全与辅助驾驶	视野的扩展； 纵向防撞； 横向防撞； 交叉路口防撞； 安全状况（检测）； 碰撞前乘员保护
6	紧急事件和安全	紧急情况的确认与安全； 紧急车辆管理； 公共出行安全； 道路使用者的安全措施； 交汇处的安全

资料来源：杨兆升著《城市智能公共交通系统理论与方法》。

在该框架的电子收费、运营管理、出行者信息、交通管理与规划四个服务领域，与公交系统相关的研究已经广泛开展，并取得一系列应用成果。在车辆安全与辅助驾驶、紧急事件和安全两个服务领域，与公交系统相关的研究成果和国外相比尚存在一定差距。

（三）应用领域研究成果

面向工程应用，我国智能公共交通应用方向可归纳为7类：公交信息采集与数据融合技术，公交运营管理决策技术（面向企业），公交信息服务技术（面向出行者），公交线网规划、设计辅助决策支持技术（面向政府和企业），公交服务评价与监管决策支持技术（面向政府），公交优先通行技术（面向交通管理者），公交企业资源计划管理技术。

1. 公交信息采集与数据融合技术

公交信息包括基础信息和实时信息。基础信息包括公交线网信息、公交站点信息、公交车辆信息、公交通行道路信息和运营企业相关信息；实时信息包括客流信息、车辆位置信息和道路交通流状态信息。这些数据主要由公交企业采集，存储在中央数据库中，结合公交 GIS 平台进行应用。此外，公交车辆行驶记录仪以及 CAN 总线获取的信息，也会被有条件的企业采集，并与其他数据进行融合应用。

信息采集技术。公交信息中非实时的基础信息，主要通过资料整理录入；而实时信息必须借助完善的技术设备进行采集。主要有：

（1）公交车辆定位技术：推算定位方法、全球定位系统、北斗卫星定位技术、惯性导航系统、无线电定位技术、基于车路通信的定位技术。

（2）公交客流量采集技术：分为非自动采集技术和自动采集技术。非自动采集技术：人工采集法、试验车移动调查和摄影法；自动采集技术：电子记录收费箱数据采集技术、IC 卡数据采集技术、乘客自动计数系统（APC）采集技术。

（3）数据融合技术：智能公交系统中信息表现形式多样，信息容量大，对信息处理速度要求高，必须借助先进的技术进行数据融合，以反映公交网络运行状态。数据融合技术的应用情况：对车辆定位数据的融合、时空校准；对客流数据的融合，运用预测技术对不完全信息和完全信息进行处理，获得客流分布信息；对实时工况、油耗数据进行融合，获得车辆运行状态信息。

2. 公交运营管理决策技术

预测技术。预测技术是智能公交运营管理决策的前提，好的预测模型和算法不仅仅能够提供较为精确的预测结果，而且具有较高的运算速度，这样才能满足应用的需要。公交客流量预测研究成果主要集中在回归分析、时间序列预测、神经网络预测、聚类分析等方法。公交车辆运行时间的预测研究成果主要集中在多元线性回归、时间序列分析、卡尔曼滤波、神经网络法、随机排队理论等方法。

运营计划优化技术。运营计划优化的研究涉及时刻表编制、车辆排班、驾驶员排班 3 个方面。时刻表的优化方法研究成果较多，其前提是基于客流量数据划分公交客流高峰、平峰、低峰区间，研究的热点如有序聚类分析方法。车辆排班和驾驶员排班的研究多集中于指派问题各类算法的实现，如何提升搜索速度成为研究热点。

调度决策技术。车辆调度形式的选择决策是以客流预测为基础的，能够识别区间车调度（通过计算断面客流量差和断面不均匀系数的方法确定）、跳站/快车调度（通过计算站点客流集散量不均匀系数和方向不均匀系数确定）、高峰加班车调度（通过计算时间不均匀系数确定）等行车形式。动态调度决策中，主要的应用研究成果与国外研究类同，聚焦在平衡行车秩序的发车间隔控制策略方面，其次是发车调度模型的研究以解决客流异常分布和车辆运行故障等临时问题。

3. 公交信息服务技术

智能公交信息服务的应用研究成果集中在两个方面：出行计划阶段信息服务技术和出行过程阶段信息服务技术。前者的研究难点是信息采集条件下的出行路径搜索，结合各线路时刻表信息对公交换乘路线进行搜索，给出各类出行成本比较，供出行者决策。后者的研究难点是结合一定时间窗内路网状态信息，对出行时间进行预测并给出预测行程时间准确的概率。

4. 公交线网规划、设计辅助决策支持技术

公交线网规划的任务主要是优化线网拓扑和站点分布、提出较为合理的发车频率方案，方法大体可分两种：一种是逐条布线的线网规划方法；另一种是全网最优的线网规划方法。这两种线网规划方法的宗旨都是为了实现公交线网运载的客流量最大，乘客总的出行成本最小等目标。公交线网优化问题可分解为 3 个子问题：道路集选择、线路集选择和发车频率方案确定，通常将 OD 矩阵作为输入需求条件，如进一步考虑可变需求情况的影响，将方式划分与出行分配组合优化，难度将大大增加，但方案更加接近实际。目前国内公共交通线网规划工作广泛应用 EMME/4、Trans CAD、VISUM 等国外软件产品。国内东南大学开发了“交运之星 -Tran Star”软件，其城市版适用于城市公共交通网络规划、城市大容量轨道交通规划的系统分析工作，该系统还在不断完善开发中。

5. 公交服务评价与监管决策支持技术

公交服务评价技术。公交服务评价是政府监管公交企业的主要手段，基于信息采集手段能够得到更加客观、全面的考评结果。公交服务评价包括两方面研究内容：评价指标体系和评价方法。公交服务评价主要方法有层次分析法、模糊评价法、数据包络分析法等。美国和欧盟在公共交通系统评价方面发表了大量的研究报告，用于从国家层面推广公交改善措施和经验；我国于 2013 年成立了城市客运标准委员会，正在积极起草和编制相关的评价标准，并由交通运输部组织建设国家层面的公共交通数据中心，以支撑相关评价工作的开展。

公交监管决策支持技术。服务评价本身是监管决策的重要组成部分，除服务评价之外还需要对企业运营成本进行测算，结合企业服务的投入—产出进行运营绩效的评价。目前该方面的研究成果较少，数据包络分析方法是研究的热点。

6. 公交优先通行技术

公交优先通行技术从交通管理角度对公交车辆可靠运行过程给予保障。该技术整合了交通信号控制技术、车路协同技术，并与公交动态调度技术相互支持。该领域的应用成果多由主导信号控制系统产品的国家取得，如英国、日本和澳大利亚等。近年来我国部分企业与高校联合开展了一系列面向中国城市交通特征的公交优先技术研究，涉及公交专用车道的设置条件、方法与效益研究，公交优先通行交叉口信号控制策略研究两类。前者专注于公交优先通行措施对道路交通的影响和对公交客流输送效率的影响，通过对比设置公交专用车道、专用信号前后道路上车辆的延误时间、乘客的出行时间，给出不同道路交通量下设置公交专用车道的最佳公交车流量比例和客流量比例；后者专注于公交优先信号和交通管理系统的结合方法，成果包括信号被动优先和主动优先各控制方案的优化、评价以及仿真和实验等。

7. 公交企业资源计划管理技术

企业资源计划即 Enterprise Resource Planning（简称 ERP）是现代公交企业生产管理的重要内容。ERP 系统对内可以精益企业生产方式、改造企业生产管理过程；对外则能增加企业运营决策和供需链管理水平。公交企业 ERP 系统包括：客服管理、机务管理、物资管理、维修管理、安全管理、IC 卡和票务管理、人力资源管理、办公自动化管理等模块，对公交企业的人力、物流、资金进行全面的系统管理，并与调度管理系统紧密关联。近年来，我国部分大城市公交企业积极开展了 ERP 系统建设，大大提高了企业内部管理的效率，但有关成果亟待进一步标准化、规范化。

二、国内城市智能公共交通系统建设与发展历程

我国城市智能公共交通系统建设，大致经历了“科研驱动”、“业务驱动”两个发展阶段。

（一）科研驱动发展阶段

科研驱动发展阶段在 2008 年国务院“大部制”改革以前。这一阶段中，城市智能公共交通系统的建设主要以科研项目的形式开展，将现代通信、信息、电子、控制、计算机、网络、GPS、GIS 等高新科技应用于公共交通系统运行调度与管理，成果以实现对城市公交车辆的监控、调度为主，主要实现了对车辆、车队的信息化监控与管理。代表性的科研项目有“十五”期间国家科技攻关“智能交通系统关键技术开发和示范工程”重大专项。2002 年，科技部正式确定北京、广州、中山等 10 个城市为首批全国智能交通系统应用示范工程试点城市，开展智能交通相关领域的建设示范，在北京、上海、青岛、杭州、中山等城市开展了与智能公共交通相关内容。同期，国内多个城市开始了智能公共交通系统建设方面的实践。由于城乡客运管理体制不统一的原因，当时我国指导城市客运的职责在原建设部，城市智能公共交通系统的建设成果也没有与其他交通运输方式实现充分的共享。

（二）业务驱动发展阶段

业务驱动发展阶段在 2008 年国务院“大部制”改革以后，“十二五”以来。这期间，由于城市智能公共交通系统在科研与成果示范方面取得了长足的进展，指导城市客运的职能划入交通运输部，各种城市交通运输方式得到基本统一。城市公共交通的运营管理与行业管理信息化应用建设由“科研驱动”向“业务驱动”

转变。系统建设的目标也由早期的实现车辆调度转变为实现运营调度，面向车辆、人员、物资、维修、油料等运营生产过程中的各类生产要素，实现城市公交运营调度的智能化。而对于行业管理和信息服务，城市公共交通信息化与智能化也从单一、简单、静态为主的信息来源与内容向综合、复杂、动态的方向发展。近年来，城市智能公共交通系统成果推广也从原来的科研示范逐渐转向应用示范。

“十二五”期间，交通运输部启动的“城市公共交通智能化应用示范工程”是我国行业主管部门负责的第一次面向城市公交行业管理、运营与服务应用层面的大规模示范工程，覆盖了全国37个主要城市。城市公共交通智能化应用示范工程系统建设旨在基于统一的车载、场站智能终端，实现公共交通业务数据与运行信息的动态采集，围绕政府行业管理部门、公众、运输服务企业的三方需求，建设统一的城市公共交通数据资源中心、行业运行监管与决策分析平台、出行信息服务平台，实现城市公共交通运行状态的宏观监测，发展水平评价，服务质量评价，多样化、一体化的公共交通出行信息服务等，并考虑实现与部、省间互联互通与信息共享。旨在以现代信息化技术为手段，规范城市公共交通行业管理，改进行业运营监管模式，增强行业决策与安全应急指挥能力，提升城市公共交通系统的运输服务效能，满足公众快捷、安全、方便、舒适的出行需求，增强公共交通的吸引力与出行分担率，促进城市绿色交通出行体系的形成，实现交通与城市的良性互动、协调、可持续发展。

三、国内城市智能公共交通系统建设中存在的问题

虽然国内城市智能公共交通系统建设取得了长足的发展，但是我国不同城市公共交通发展水平存在较大差别，城市公共交通信息化与智能化建设中仍存在较多问题。

（1）对于城市公共交通信息化与智能化仍存在认识方面的差异。城市公共交通信息化应用在我国早期是通过科研项目驱动的，以GPS、GIS等技术的应用为基础，建立公交车辆的定位监控系统，项目或工程通常以信息技术的应用实现为目标，与业务结合度不高，长期以来，造成了信息化项目多数成了科技形象工程。近年来一些城市如郑州、济南、合肥等，以业务为导向，强化信息技术应用满足

业务需求的要求，逐步改变了这一认识。但是随着移动互联网、云计算、大数据技术的到来，行业面临新的认识提升问题。如何发挥信息化在城市公共交通运营、管理与服务方面的集约化、智能化作用，而不是单纯实现从简单的人工操作到信息化管理，是互联网+时代对城市公共交通智能化应用新的认识要求。

（2）发展城市公共交通信息化与智能化仍存在体制方面的问题。城市公共交通信息化应用项目具有工程特点，但是最早又是从科研项目开始，其管理一直参考科研项目的体制，所以管理处在科技管理与业务管理之间。典型的情况是信息化等由科技部门牵头建设完成的系统，不适用于业务部门，最后系统成了业务部门的“鸡肋”、科技信息的包袱。

（3）城市公共交通信息化项目建设还存在不规范行为。目前此类项目在设计、招投标、监理、实施等环节多数参考了工程建设领域的资质和操作规范，生搬硬套，教条主义问题严重。具有土木、结构等工程设计类或者通信类资质的设计、施工、监理单位，对城市公共交通信息化业务了解不多，简单地套用工程管理方法，给项目实施带来了一些问题。

（4）城市公共交通信息化建设资金一直是困扰建设单位的问题。虽然信息化类项目的投资远远低于道路、桥梁等实体工程，但仍不是政府财政投资的重点。而对于运营企业，由于运营效益情况一般，每年拿出部分资金用于信息化建设还比较困难，所以投资一直是实现城市公共交通信息化工程效果的最大制约。近年来也出现了不少市场化融资的渠道和形式，但是由于资金关系处理不当，也出现了不少失败的案例。

（5）城市公共交通信息化标准规范发展滞后，共享程度低、不兼容等问题突出。由于技术发展较快，缺乏统一的信息技术标准，造成了行业、市场上硬件产品和软件系统的无序竞争。不同厂商的终端设备无法信息互通、不同部门的信息数据无法共享，造成了市场的混乱和投资的浪费。

（6）城市公共交通信息化发展一直面临专业人才培养和配置不匹配的问题。对于城市公共交通信息化与智能化，其业务应用相对专业，但是业务人员往往不具备专业的信息技术，实际公共交通运营企业常出现系统运营保障人才跟不上的问题，制约了信息化与智能化系统的常态应用。另一方面，信息技术的推广应用，也给一线的劳动密集型人才带来了冲击。

（7）城市公共交通信息化与智能化工程的运营维护问题一直没有效解决。一方面存在认识方面的问题，认知不到信息化与智能化工程不同于实体工程项目，更加需要建成后期的运营维护；另一方面，多数地方没有建立信息化系统的运营维护预算机制，城市公共交通信息化与智能化工程建成以后都面临着运营维护资金的缺口问题，这些年来很多运营企业努力通过市场手段探索可持续的运营维护机制，也取得了一些成绩，但仍需研究建立稳定的长效机制。

第三节 城市公共交通智能化应用研究的发展趋势

经过了10余年的发展，我国大城市智能公共交通系统的硬件装备已具规模，信息采集、运营监控、信息服务等功能得到了较好地实现。未来的发展更加强调信息网络的建设及对管理业务软件的研发，这也是世界各国智能公共交通系统发展的相同趋势。

（1）系统的体系结构更加成熟、完善。经过20多年的实践，随着智能化技术的应用，适用于我国城市公共交通运营与管理的调度系统更加趋于实用。在行业主管部门顶层设计及示范工程的推动下，城市公共交通智能化应用将从技术应用向业务应用大幅度迈进。

（2）研发更加高效的网络通信、存储、计算技术。构建覆盖乘客、车辆、路况、环境等各类感知节点的感知网络，基于北斗卫星导航系统的定位技术将全面铺开；构建有线无线结合、广域局域网、宏蜂窝和车辆专用短程通信同时存在的立体网络，提升信息交互效率；在云计算架构上发展各种应用，并在ITS框架下进一步加强与交通控制、综合信息服务、交通安全管理、自动收费等系统的互联互通。

（3）研发先进的决策支持技术。决策智能化将覆盖更多管理方面，如客流管理、运营调度、安全管理、驾驶员管理、机务管理、运营计划编制、信息查询等。在云计算、大数据等支撑技术之上，将政府行业管理、企业运营、公众信息服务各项业务更加紧密结合起来，完善基于业务的全流程再造，抓紧各级公共交通行业模型库的建立。

（4）信息技术促进公共交通服务水平的提高并催生新的公共交通服务形态。随着公共交通信息采集与监控的全息化应用，城市公共交通的服务将更加精细、准时、可靠。同时，由于移动互联网技术、4G等新一代通信技术的发展，也将催生“定制公交”等新型便捷公共交通服务形式。

第三章　城市智能公共交通系统体系框架

对于复杂庞大的智能交通（ITS）大系统，为开展系统规划、建设，保证各子系统的扩展与兼容，充分发挥整体效益，减少重复建设，就必须从系统工程的角度出发，对各组成部分关系进行详尽地分析，提供可满足所有用户需求的系统设计。这个系统设计的结果是一个贯穿于智能交通系统结构和标准研究制定过程的指导性框架，为交通运输工作者进行地方ITS框架构架、编制ITS规划、设计ITS各子系统提供指导。美国交通运输部组织编写了《National ITS Architecture》，目前最新版本是7.0。我国在2002年正式启动的国家“十五”科技攻关计划ITS专项中，设立了“智能交通系统体系框架及支持系统开发”项目，基于该项目研究成果形成《中国智能交通系统体系框架（第二版）》。智能公共交通系统是ITS的重要子系统，因此智能公共交通系统体系框架需要遵循ITS体系框架设计的思路和方法。本章将结合近年来智能公共交通系统应用需求和建设经验，以及不同需求主体对智能公共交通系统的需求，对智能公共交通系统体系框架进行设计和介绍。

第一节 城市智能公共交通系统体系框架构建方法

一、ITS 体系框架构建方法

（一）ITS 体系框架

ITS 体系框架主要由以下方面组成：用户主体、服务主体、用户服务、系统功能、逻辑框架、物理框架、ITS 标准和经济技术因素。表 3–1 明确了 ITS 体系框架各组成部分与服务的关系。

ITS体系框架各组成部分与服务关系　　表3–1

组成部分名称	作　用
用户主体	谁将是被服务的对象，明确了服务中的一方
服务主体	谁提供服务，明确服务中的另一方。服务主体与用户主体和特定的用户服务组成了系统基本的运行方式
用户服务	明确系统能提供什么样的服务
系统功能	将服务转化成系统特定的目标
逻辑框架	服务的组织化
物理框架	服务怎样具体提供
ITS 标准和经济技术因素	其他经济技术因素

服务主体（服务提供商）是服务的提供者，它与用户主体是服务、被服务的关系。ITS 的功能就是为完成用户服务需求所必须具有的处理能力，由服务主体提供该功能。

逻辑框架是组织复杂实体和关系的辅助工具，其重点是系统的功能性处理和信息流情况。开发逻辑框架有助于明确系统的功能和信息流动，并能帮助得出对改进系统和新系统的功能要求。逻辑框架通常用分层的数据流图、数据词典和处理说明等来描述，图 3–1 是中国 ITS 体系框架中顶层逻辑框架图。

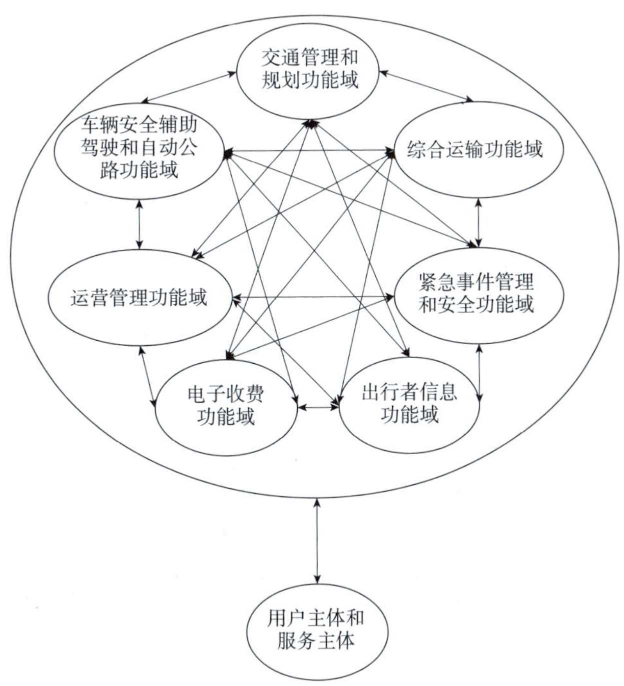

图 3–1 中国 ITS 体系框架顶层逻辑框架

物理框架是关于系统应该如何提供用户所要求功能的物理性表述。物理框架把逻辑框架所认定的“处理”通过映射分配到物理实体上,各物理实体之间的“处理”数据流及其对通信的要求将决定物理实体之间的接口，是制定有关标准和协议的基础，图 3–2 是中国 ITS 体系框架中顶层物理框架图。

（二）ITS 体系构建方法

开发和修订 ITS 体系框架主要有两种基本的方法：结构化分析方法和面向对象的分析方法。结构化 ITS 体系框架设计方法比较完善和成熟，并形成了一整套规范、标准，通常亦作为 ITS 各子系统体系框架设计的基本方法。结构化分析方法的基本思想，可以归纳为分析的层次化、功能的模块化和相互关联 3 个方面，核心是自顶向下逐层分解和抽象，其分析过程包括需求分析、逻辑模型和物理模型 3 个阶段， 3 个阶段以递进关系描述了系统分析和构建过程，如图 3–3 所示。

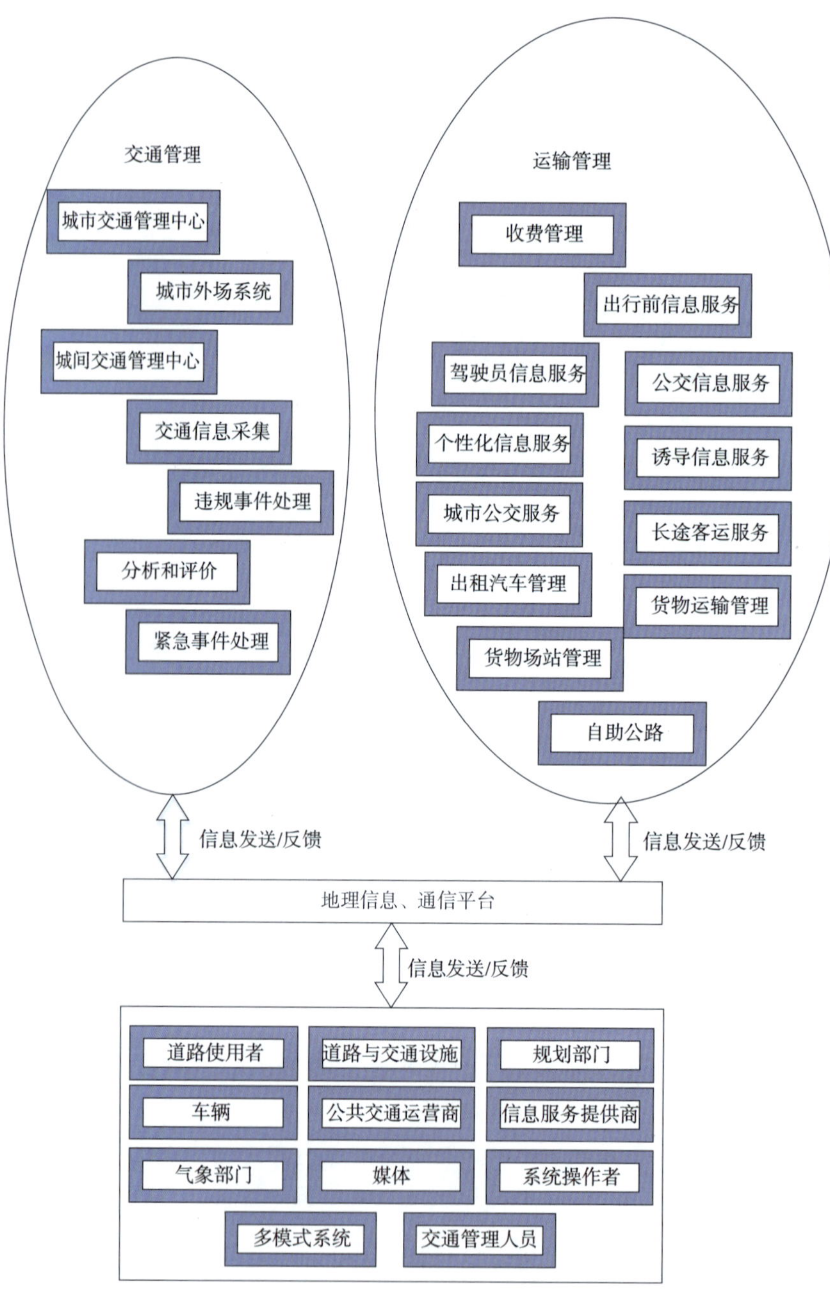

图 3-2　中国 ITS 体系框架顶层物理框架

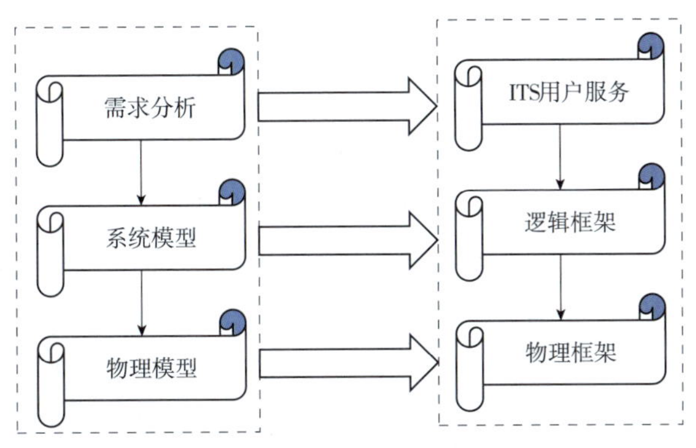

图 3-3 ITS 体系框架设计步骤

二、城市智能公共交通系统体系框架构建流程

城市智能公共交通系统体系框架构建流程同样遵循图 3-3 的思路和步骤。

（一）资料搜集工作

首先需要开展全面的调查和资料收集工作，在国家 ITS 体系框架下紧密结合国家现行公共交通行业管理体制和发展趋势，深入细致地分析国内智能公共交通系统用户基本需求。收集的资料包括：社会经济发展规划、公共交通行业管理体制、公共交通政策及行业发展规划、交通运输信息化设施与设施建设规划、当前的和未来的公共交通出行需求及管理服务需求、使用新技术的可能投资力度、用新技术改进业务工作的设想等。

（二）用户服务需求分析

从用户服务和服务功能出发，进行智能公共交通系统的整体描述。根据资料分析和调查的结果将用户服务进一步细化为用户服务要求，依照技术可行性、市场可行性和投入—产出效率，采用专家决策方法，确定最重要的用户服务实体、用户服务类别、用户服务的优先顺序。

（三）设计应用框架体系的逻辑框架

逻辑框架需要表达系统的功能结构和信息流动，在设计中要结合公共交通系统的用户服务需求对有关功能和信息流程加以改进。逻辑框架是组织复杂实体和关系的辅助工具，不决定由谁来实现系统中的功能，也不考虑实现功能的方式。

逻辑框架通常用分层的数据流图、数据词典和处理说明等来描述。数据流图有四要素：数据流（用箭头表示）、处理（用圆圈表示）、文件（用直线段表示）、外部实体（用方框表示）。用数据词典和处理说明对各用户服务对应的功能和信息流进行详细描述。

（四）设计应用框架体系的物理框架

物理框架是关于系统应该如何提供用户所要求功能的物理性表述。物理框架把逻辑框架所认定的“处理”分配到物理实体上，根据各物理实体所含的“处理”之间的数据流以确定实体之间的“体系框架流”。物理框架与公共交通运营体制有关，物理框架将确定不同的运输管理组织之间期望的通信联系和相互作用。物理框架分两个层次进行描述：运输层显示运输管理组件形成的组织和运作关系；通信层为运输层组件的连接提供通信服务。物理框架确定后就可以着手规划一系列标准化工作，如编制通信接口协议。

第二节　城市智能公共交通系统建设需求分析

一、用户需求分析

随着社会经济的发展，乘客对公共交通的服务要求不仅是出行可达，而是综合了出行效率、便捷性、舒适性、稳定性、可靠性、安全性、环保性及出行成本等多重目标。这就要求公共交通系统为出行者提供更加快捷、可靠的运输过程服务，提供更加全面的出行信息服务，提升乘客出行的整体感受。公共交通服务对象是广大乘客，服务提供者是公交运营企业，服务提供的监管者是政府行业主管部门。

智能公共交通系统的建设以改善上述公共交通服务品质为根本目标，为乘客、运营企业、政府行业监管部门三类用户提供使用服务。智能公共交通系统的服务目的包括改善乘客出行体验、提高运营者的管理效率、支持行业管理者对企业服务质量进行监管，以提升公共交通的服务竞争力、提升公共交通出行分担率。由此提出智能公共交通系统三大服务需求：乘客出行信息服务、城市公共交通企业运营调度管理、行业运营监管与决策。

智能公共交通系统涉及的内外部业务协同关系包括：城市公共汽电车系统与其他城市客运方式（如轨道交通、出租汽车、城市轮渡等）间的运行协调与联动；城市公共汽电车系统与城市对外交通方式（如民航、铁路、长途客运等）间的运行协调与联动；城市客运与其他相关部门（如公安、消防等）间的监管协同与应急联动。此外，智能公共交通系统还涉及城市交通运输主管部门与相关城市公共交通企业间的业务协同，并考虑与交通运输部、省级交通运输主管部门之间的业务对接。用户需求关系来自于业务运行管理机制，如图 3-4 所示。

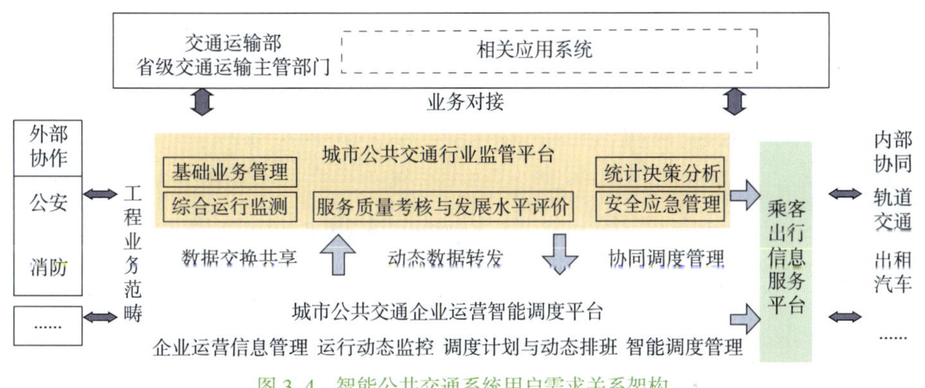

图 3-4 智能公共交通系统用户需求关系架构

二、用户服务分析

（一）服务领域划分

智能公共交通系统作为从行业角度归类的 ITS 子系统，其服务领域覆盖国家 ITS 体系框架，见表 3-2。

服务领域　　表3-2

编号	中文名称	英文名称	缩写
F1	交通管理与规划	Traffic Management and Planning	TMP
F2	电子收费	Electronic Payment Service	EPS
F3	出行者信息	Traveler Information System	TIS
F4	车辆安全和辅助驾驶	Vehicle Safety and Driving Assistance	VSDA
F5	紧急事件和安全	Emergency and Security	ES
F6	运营管理	Transportation Operation Management	TOM
F7	综合运输	Inter-modal Transportation	IMT
F8	自动公路	Automated Highway System	AHS

（二）服务和子服务

我国 ITS 体系框架确定了 34 项服务，138 个子服务。涉及公共交通行业的相关服务主要分布在运营管理、出行者信息、电子收费、紧急事件和安全等领域内，见表 3-3，其他领域内相关内容不再罗列。

服务领域、服务和子服务　　表3-3

领　域	服务名称	子服务名称
紧急事件和安全	公共出行安全	对公共运输设施及车辆的安全监控； 公共出行中紧急事件的报警
运营管理	公交规划	线路优化； 调度规划； 联营服务； 经营计划； 运营效能分析
	车辆监视	监视车辆状况； 信息协商； 实施公交优先
	公交运营管理	公交需求服务； 公交基础设施的监视维护； 公交车辆的调度管理； 公交驾乘人员的管理； 费用管理； 出租汽车的管理

续上表

领 域	服务名称	子服务名称
出行者信息	出行前信息服务	出行前公共交通信息； 出租汽车预约服务信息； 出行规划服务信息； 交通系统当前状态信息
	行驶中驾驶员信息服务	车辆运行状态信息； 交通事件信息； 停车换乘选择； 停车场信息； 交通状况信息； 公共交通调度信息； 交通法规信息； 道路工程施工信息； 收费站信息； 气象信息； 路边服务信息
	途中公共交通信息服务	换乘信息； 车辆运行信息； 调度信息； 票价信息

（三）用户主体定义

上述服务涉及的用户主体见表 3–4。

服务涉及的用户主体 表3–4

编号	中文名称	英文缩写	英文全称
U1	道路使用者	RU	Road Users
U1.1	乘客	P	Passengers
U1.2	驾驶员	D	Drivers
U1.2.2	公交车驾驶员	BUSD	Bus Drivers
U4	运营管理者	OM	Operation Managers
U4.1	道路运营管理部门	ROM	Road Operation Management Departments
U4.1.1	城市公共交通部门（含轨道交通）	UPT	Urban Public Transport Department（Including light–rail transportation）

（四）服务主体定义

上述服务涉及的主要服务主体见表 3–5。

服务涉及的主要服务主体　　表3-5

编号	中文名称	英文缩写	英文全称
SP2	旅客运输部门	PT	
SP2.1	城市公共交通（包括轨道交通）运营商	UPTO	Urban Public Transportation Operators（including light-rail）
SP2.3	换乘枢纽	IJ	Interchange Junctions
SP8	产品服务	PSP	Products /Services Providers
SP8.3	地图制作 / 更新提供商	MMUP	Mapping and Map-updating Providers
SP8.4	基础地理信息生产、更新机构	FGIP	Fundamental Geographic Information Providers
SP8.5	信息提供商	ISP	Information Service Providers
SP9	政府执法部门	LED	Law Enforcement Departments
SP9.1	公安部门	PS	Public Security Department

（五）终端定义

终端是指服务达到的终点，它的选取是按照服务层次和实体性质相同的原则进行的。智能公共交通系统服务涉及的主要终端类型见表3-6。

终端定义对照表　　表3-6

序号	终端名称	英文名称	英文缩写
T1	道路使用者	Road Users	RU
T1.1	乘客	Passengers	P
T1.2	驾驶员	Drivers	D
T1.2.1	公共出行车辆驾驶员	Public Travel Vehicle Drivers	PTVD
T1.3	出行者	Travelers	T
T1.5	公共出行人员	Public Travel Personnel	PTP
T2.6	交通状况	Traffic Status	TS
T2.8	换乘枢纽	Interchange Junctions	IJ
T4	运营管理者	Operation Managers	OM
T4.1	道路运营管理部门	Road Operation Managers	ROM
T4.2	轨道交通运营管理部门	Rail Operation Management Departments	ROMD

续上表

序号	终端名称	英文名称	英文缩写
T4.3	旅游运输部门	Tourist Transportation Department	TTD
T5	公共安全负责部门	Public Security and Safety	PSS
T7	车辆	Vehicle	V
T7.1	一般车辆	Basic Vehicles	BV
T8	公共交通运营商	Public Transportation Operation	PTO
T8.1	城市公共交通运营商	Urban Public Transportation Operators	UPTO
T8.4	公交信息服务提供商	Public Transportation Information Service Provider	PTISP
T9	信息服务提供商	Information Service Providers	ISP
T9.1	交通信息服务提供者	Traffic Information Service Provider	TISP
T9.2	地图更新提供商	Map-updating Providers	MUP
T9.3	基础地理信息生产、更新机构	Fundamental Geographic Information Producing and Updating Provider	FGIPU
T15	执法部门	Law Enforcement Departments	LED
T16	气象部门	Weather Department	WD
T17	媒体	Media	M
T18	服务提供者	Service Providers	SP
T18.1	交易中心	Banks	B
T18.3	清算中心	Clearing House	CH
T18.4	电子支付卡管理中心	Electronic Payment Cards Management Centers	EPCMC
T18.5	客户服务中心	Customer Service Centers	CSC
T18.6	其他服务提供商	Other Service Providers	OSP
T19	系统操作者	System Operators	SO
T19.1	紧急事件系统操作者	Emergency System Operator	ESO
T19.2	紧急事件处理人员	Emergency Personnel	EP
T20	紧急事件通信系统	Emergency Telecommunications System	ETS
T21	安全保障区域	Security Area	SA
T22	多模式系统	Multi-modal System	MMS
T23	交通管理人员	Traffic Management Personnel	TP
T23.2	乘车管理者	Passengers Managers	PAM
T24	消费者	Consumers	CR
T25	收费终端	Toll Collection Terminator	TCT
T26	电子支付卡	Electronic Payment Cards	EPC

第三节 城市智能公共交通系统体系框架设计

一、功能框架

基于国家ITS框架服务定义，本书面向工程应用进行整合归纳，进一步提出智能公共交通系统功能体系包括城市公共交通企业运营智能调度、乘客出行信息服务和城市公共交通行业监管三大系统功能，见表3-7。

城市智能公共交通系统功能　表3-7

<table>
<tr><th></th><th>子系统</th><th colspan="2">内容</th></tr>
<tr><td rowspan="14">城市公共交通系统</td><td rowspan="5">城市公共交通运营智能调度</td><td colspan="2">企业运营信息管理</td></tr>
<tr><td>运行动态监测</td><td>车辆运行监控
客流动态监测
场站动态监测</td></tr>
<tr><td>调度计划与动态排班</td><td>调度计划自动生成
动态排班</td></tr>
<tr><td colspan="2">智能调度管理</td></tr>
<tr><td colspan="2"></td></tr>
<tr><td>乘客出行信息服务</td><td colspan="2">出行前信息服务；
出行中信息服务；
出行后信息服务</td></tr>
<tr><td rowspan="5">城市公共交通行业监管</td><td>基础业务管理</td><td>日常业务管理
服务监督管理
政务信息公开</td></tr>
<tr><td colspan="2">综合运行监测</td></tr>
<tr><td>安全应急管理</td><td>应急资源管理
应急响应管理</td></tr>
<tr><td colspan="2">服务质量考核与发展水平评价</td></tr>
<tr><td colspan="2">统计决策分析</td></tr>
</table>

（一）城市公共交通企业运营智能调度功能

城市公共交通企业运营智能调度功能主要包括企业运营信息管理、运行动态监控、调度计划与动态排班、智能调度管理等。

企业运营信息管理主要包括运营计划、车辆与班次计划、调度系统内各相关要素、运营指标等相关信息的管理和统计分析等功能。

运行动态监控主要包括车辆运行监控、客流动态监测、场站动态监测等功能。

调度计划与动态排班主要包括调度计划自动生成和动态排班功能。

智能调度管理能够支持发车调度、运营过程实时调度、包车调度、维修与抢险调度等功能。能够根据上级管理部门的重大突发事件应急处置需求，进行应急调度。

有关城市公共交通企业运营智能调度的功能将在后续章节中做详细阐述。

（二）乘客出行信息服务功能

乘客出行信息服务功能需要为不同出行阶段的乘客提供动态、多样化的公共交通出行信息服务，并使乘客对城市公共交通发展的咨询、建议、服务评价与投诉等渠道保持畅通。乘客信息服务功能按照所支持的出行阶段可以划分为：

出行前信息服务功能。支持出行者通过网站、移动终端、服务热线等方式获取出行方式、线路、换乘、出行时间、费用、动态路况等出行信息。

出行中信息服务功能。支持出行者在候车时通过站台电子信息服务屏、移动终端、服务热线等信息服务方式查询和获取公共交通线路、车辆位置、首末班车时间、预计到达时间、换乘诱导等出行信息。乘车中通过车厢内电子信息服务屏、语音播报、移动终端等信息服务方式查询和获取公共交通服务信息，如车辆到站信息预报、交通路况、天气情况、运行异动等信息。

出行后信息服务功能。通过网站、移动终端、服务热线等多种形式为乘客提供咨询、服务评价、投诉建议、失物招领等信息服务。

（三）城市公共交通行业监管功能

城市公共交通行业监管功能为交通运输主管部门提供行业监管与决策服务，主要功能包括基础业务管理、综合运行监测、安全应急管理、服务质量考核与发展水平评价、统计决策分析等。

基础业务管理功能。包括日常业务管理，即对企业、从业人员、线路、车辆、场站等要素的相关信息登记、变更与核对等信息化管理；服务监督管理，即对公共交通企业、车辆、从业人员的违规信息管理；政务信息公开，即通过网站等多种方式发布公共交通行业的相关政策法规、办事指南与公告。

综合运行监测功能。面向城市公共交通在运行、安全、服务等方面，进行动态监测与管理，包括车辆运行监测、客流动态监测、场站动态监测，有条件的系统建设可实现路网动态监测功能。

安全应急管理功能。包括应急资源管理，即对城市公共交通的应急救援物资、应急知识库、应急预案、案例库等方面的管理；应急响应管理，即发布应急信息，基于相关应急信息资源，支持辅助会商决策、协同调度方案生成等。

服务质量考核与发展水平评价功能。包括服务质量考核，即根据城市公共汽电车企业服务质量考核相关标准，实现对企业服务质量的考核；发展水平评价，即根据城市公共交通发展水平评价的相关标准，实现对各评价指标的统计分析、计算和整体评价分析；公交都市发展监测，即参考交通运输部印发的《公交都市考核评价指标体系》（交运发〔2013〕387 号）等文件，实现对公交都市建设与发展的整体评价分析。

统计决策分析功能。包括对城市公共交通的运力、客运量、运行安全、效率、能源消耗等方面的统计分析功能，支持输出各类汇总、统计分析报表等功能。

二、逻辑框架

逻辑框架是对系统功能的一种分类，最主要的内容就是描述系统功能和系统功能之间的数据流。它包括功能域、功能、子功能、过程等多个层级及其间的数据流。逻辑框架就是一个系统功能间的相互交互、协调作用的表述，为了达到系统目标而形成的逻辑关系。

城市智能公共交通系统体系逻辑结构框架描述系统关于用户服务的功能及关系。其定义为：

（1）为了满足用户服务要求智能公共交通系统应具备的功能；

（2）规定了各功能间的关系，即需要在各功能间交换的信息流或数据流；

（3）首先通过功能分解过程定义结构体系内外部元素，然后通过数据流图来描述系统的功能结构。

根据前文所述功能框架，进一步理出功能之间的逻辑框架关系，城市智能公共交通系统顶层结构如图 3-5 所示。

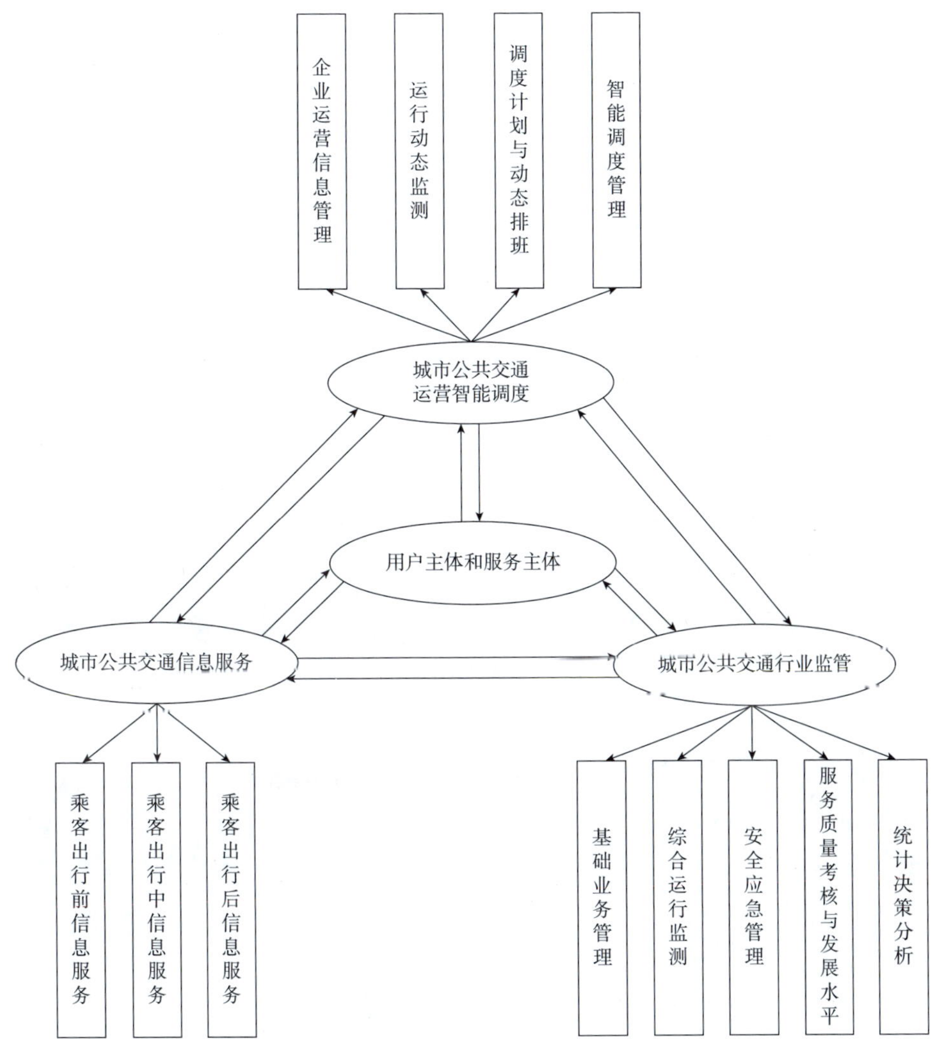

图 3-5 城市智能公共交通系统顶层逻辑框架

三、物理框架

物理框架是由逻辑框架中功能进行组合得到的，其组合原则大致完整地包含逻辑功能，与现实公交客运存在的系统相一致或相似，应具有可操作性。物理框架把逻辑框架中给出的过程分配到各子系统中，并把数据流组合为框架流，这些框架流和它们之间的通信需求定义了各子系统间的界面，作为标准化工作的基础。

物理框架和公共交通运营管理的体制有关。开发智能公交系统的物理框架将确定不同的智能交通系统监管者、运营管理者和使用者之间期望的通信联系和相互作用。物理框架分两个层次进行描述：运输层次和通信层次。运输层次显示运输管理组件形成的一种组织和运作的关系；通信层次为运输层次各组件的连接提供通信服务。据此，根据逻辑框架确定智能公共交通系统各部分职责与功能，结合云计算平台技术及管理上的优势，智能公共交通系统物理框架如图 3-6 所示。

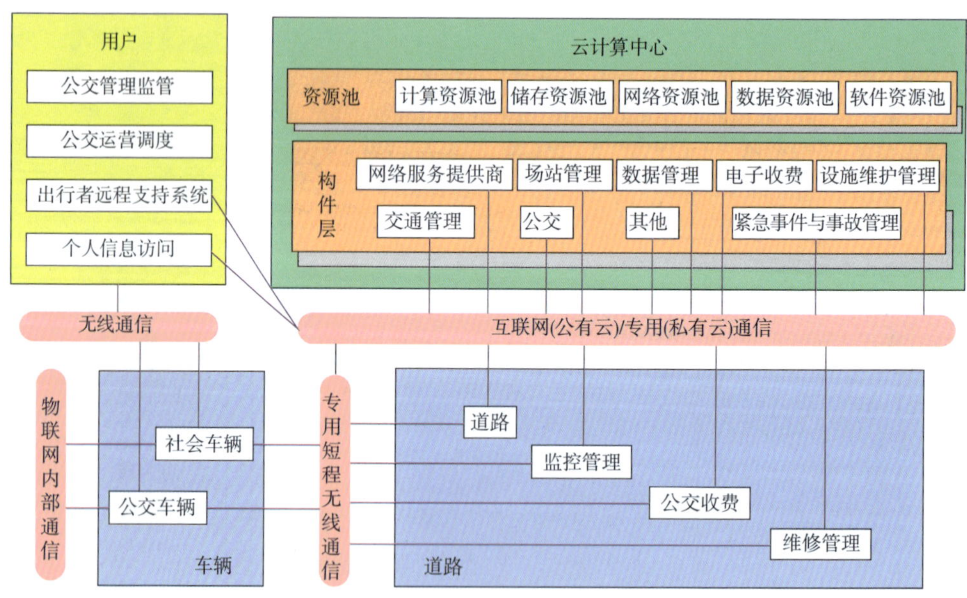

图 3-6　城市智能公共交通系统物理框架

在基于云计算的智能公共交通系统物理框架中，由于使用虚拟化技术构建了计算、存储、网络、数据、软件资源池，使用分布式处理技术使得原有不同部门不同系统中的各类资源被充分利用，充分挖掘现有服务器硬件资源，降低设备功耗，实现自动负载均衡和资源在线迁移扩展。原有的物理架构模型被打破，该物理框架更能够反映逻辑框架体系。用户与智能公交应用系统的开发者，不必去了解具体的数据接口与相关部门的硬件平台架构，只需在（Platform-as-a-Service，简称 PaaS）或（Software-as-a-Service，简称 SaaS）平台中选取并调用相应的服务即可实现应用目的。

第四节　城市智能公共交通系统建设总体框架

一、系统定位分析

城市智能公共交通系统建设应该围绕深化落实公交优先发展战略，支撑现代“公交都市”建设，以城市公共交通运营企业、乘客、城市公共交通行业管理部门为主要服务对象，着重构建省、市两级政府和企业共三级数据资源体系架构的城市公共交通数据库与行业综合管理、决策及服务信息平台。建设应整体规划，资源共享，避免产生信息孤岛。系统建设以完善构建城市公交运行监测体系为重点，加快推进公交行业的运行状态日常监测、服务监管、统计分析与异常预警，实现城市公交系统的协同调度，并提供及时可靠的出行信息服务。

总体而言，城市智能公共交通系统建设的定位应该注重理清政府和企业的关系。首先，应根据当地城市公共交通行业发展状况、管理体制以及企业经营管理模式，合理确定工程业务架构，明晰城市交通运输主管部门及相关业务部门、各城市公共交通企业的业务功能及分工协作关系，构建合理的业务运行管理机制。其次，系统建设应尽可能继承或整合既有数据资源采集条件、设备和通信条件，注重形成高效可靠的数据资源的交换共享机制和采用面向服务的网络架构技术，并考虑在智能交通大系统、智慧城市大系统中的定位及与其他平行系统间的对接关系。最后，在系统的建设中，应该借助政府的影响力在参与公共交通运输各个企业之间搭建起互联互通的数据交换接口，并为长途客运、民航和高铁等多种客运模式数据融合和共享应用搭好框架，构建覆盖更广大交通运输行业的二级平台，同时为新建信息系统、行业已有的其他领域信息系统和未来建设的行业信息系统打好基础。城市智能公共交通系统的定位分析如图 3–7 所示。

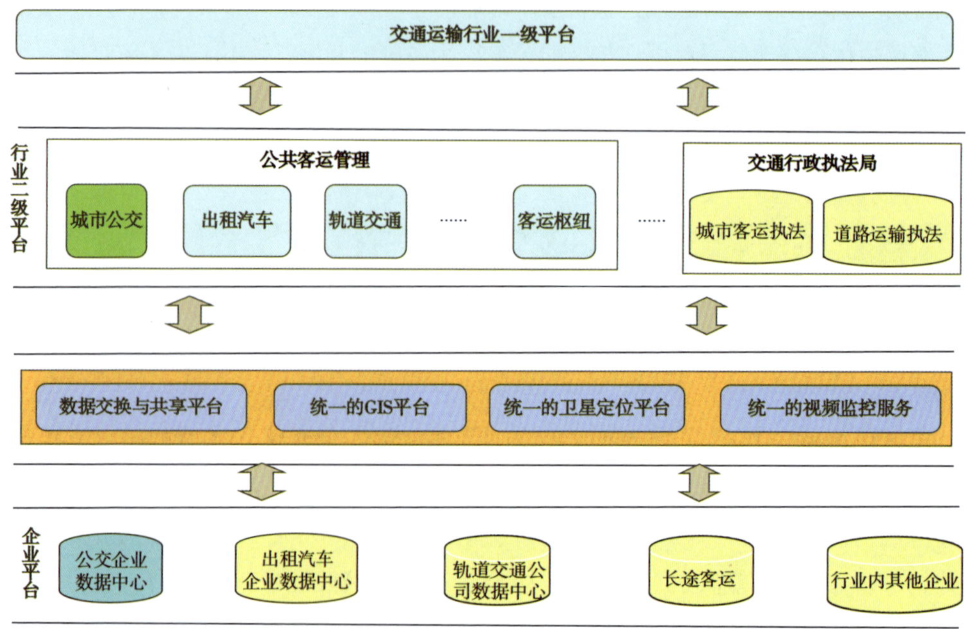

图 3–7　城市智能公共交通系统的定位分析

二、系统技术框架

（一）新兴技术应用

大数据和云计算等新兴技术的发展，为城市公交智能化建设提供了强有力的技术支持。基于大数据技术对海量的多元公交采集数据进行处理、分析、挖掘和利用，是城市智能公共交通系统发展的关键问题。云计算通过虚拟化等技术，整合服务器、存储、网络等硬件资源，优化系统资源配置比例，能实现各项服务灵活应用，同时提升资源利用率、降低总能耗、降低运维成本。通过引入新技术，城市智能公共交通系统应建设成为一个整合的、先进的、安全的、自动化的、易扩展的、服务于城市公共交通全行业的开放性平台。具体体现在：

（1）整合现有资源，并能够针对未来的城市公共交通行业发展整合所需的各种硬件、软件、数据；

（2）动态满足与 ITS 中各应用系统接口的信息交互，针对城市公共交通行业的需求全面提供系统开发资源平台；

（3）具备弹性的扩展能力，以满足将来不断增加的子服务应用需求。

（二）总体技术框架

总体来说，城市智能公共交通系统体系建设包括城市公共交通企业运营智能调度、乘客出行信息服务、城市公共交通行业监管三大应用平台。企业运营智能调度平台原则上应由企业建设，也可由城市交通运输主管部门统一组织集中建设，提供给企业使用；乘客出行信息服务平台可根据服务需求和形式的不同，由企业、交通运输主管部门共同建设；城市公共交通行业监管平台一般由交通运输主管部门建设。

城市公共交通智能化建设的总体技术框架为“一套体系、一个中心、三大平台”。

（1）“一套体系”，建设城市公共交通运行状态成套监测体系。充分发挥现有公共汽电车车载终端以及场站视频监控等终端设备的监控和信息采集能力，建成完善的城市公共交通运行状态监测体系。

（2）“一个中心”，建设城市公共交通数据资源中心。完善建设城市公共交通企业数据资源，通过整合和汇聚企业公共交通数据资源和行业其他相关信息资源，建成行业统一的公共交通数据资源中心，形成城市公共交通企业和交通运输主管部门两个层级的公共交通数据资源体系。

（3）“三大平台”之一，建设城市公共交通企业运营智能调度平台。充分利用现有基础条件，完善建设企业运营信息管理、运行动态监控、调度计划与动态排班、智能调度管理等系统功能。

（4）“三大平台”之二，建设乘客出行信息服务平台。充分发挥现有各类信息发布终端的信息服务能力。由行业、企业共同建设乘客出行信息服务平台，通过多种手段，及时为乘客提供综合公共交通出行信息服务。

（5）“三大平台”之三，建设城市公共交通行业监管平台。实现基础业务管理、安全应急管理、服务质量考核与发展水平评价、统计决策分析等系统功能。

对于城市智能公共交通系统的基本建设框架，应根据系统的应用架构与数据架构，在城市交通运输主管部门、公共交通企业间合理配置相应的数据管理等应用支撑平台、主机及存储系统、通信网络系统、信息安全系统、应用系统、数据采集终端系统等技术资源。根据各个地方的实际情况，以资源节约和功能完善为目标可以合理设置城市智能公共交通系统建设典型布局方案。建议有以下两类典型布局方案可供选择。

第一类典型布局是以政府布局为主的“智慧城市”模式。该方案适用于在“智慧城市”建设中已经拥有一定的资源和基础，而且政府对公交企业统筹能力较强的城市。该方案由当地政府建立面向城市各个领域的综合数据中心，利用集中优势打造“智慧城市”的公有云平台，所有有关“智慧城市”的数据统一存储在云平台中，而参与城市智能公共交通系统的各种企业通过数据接口调用公用云平台中的有关资源的建设模式。典型布局如图 3-8 所示。

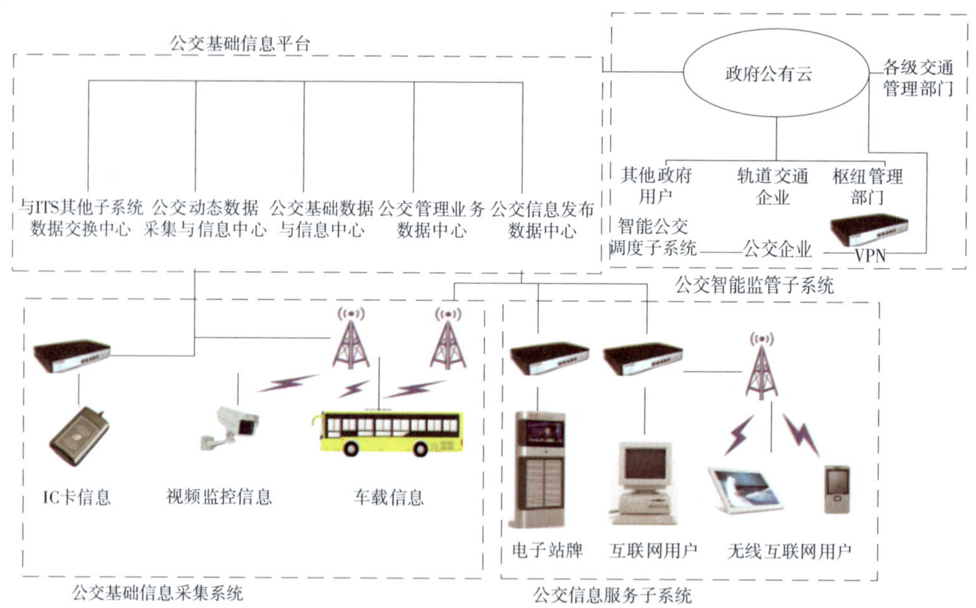

图 3-8　以政府布局为主的城市智能公共交通系统建设框架示意图

第二类典型布局是以企业布局为主的“智能交通”模式。该方案充分发挥了公交企业的自主性，政府的角色转变为只提出公交运营监管要求，适合政府采购服务类型的项目平台建设，符合当下新型政府职能转变的要求。参与城市智能公共交通系统建设的企业根据自己的需求建立独有的智能公共交通数据云平台，而通过数据接口连接政府的监管平台，实现政府对公交企业的监管，同理完成和城市智能交通系统其他各个平台的数据交互和共享。典型布局如图 3-9 所示。

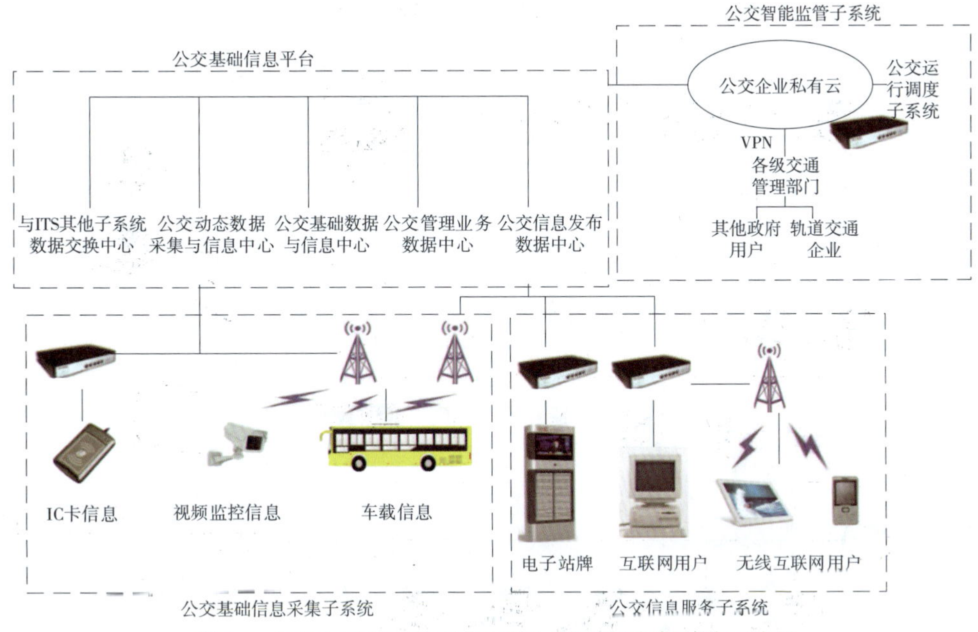

图 3-9 以企业布局为主的城市智能公共交通系统建设框架示意图

（三）监管平台建设框架

根据前文介绍的物理框架的内容，对城市智能公共交通系统监管平台建设中的主要功能模块的具体建设模式提供布局形式的参考。城市智能公共交通系统监管平台建设的典型布局应考虑与交通运输部、省级交通运输主管部门以及城市其他相关部门间的业务对接，形成三级监管主体的用户系统。建议采用交通运输部—省及自治区—城市三级模式的监管信息平台结构（对于直辖市而言为交通运输部—直辖市二级模式的监管信息平台），建设框架示意图如图 3-10 所示。

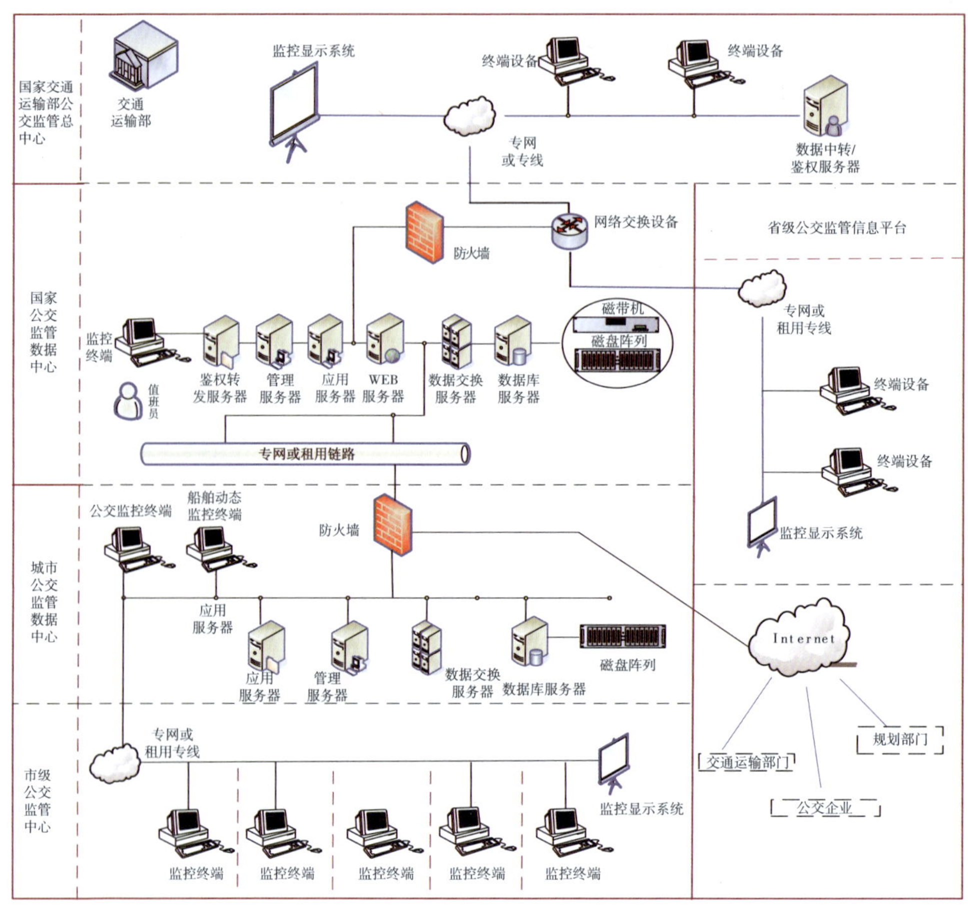

图 3-10　城市智能公共交通监管系统平台建设框架示意图

交通运输部为最高宏观管理机构掌握全国公交信息，国家公共交通数据中心作为监管信息系统数据的存储、备份中心和信息交换中心。省及自治区通过公交监管客户端软件接入国家监管信息系统中心，实现对省（自治区）内城乡公共交通系统的监管。城市为公交监管信息系统的建设单位和运行管理单位。

城市公交数据中心通过专网或者公用网络，横向联系其他城市公交信息系统，纵向联系交通运输部（国家级）、省级、市级公交管理部门，实现区域化的网络互通和数据共享。

（四）调度平台建设框架

公交车辆运营调度的智能化就是将高度先进的信息化技术和通信技术有效地应用于整个公共交通系统的智能化调度及车辆的运营管理，准确实现公交车辆的定位导航跟踪、监控和信息共享，增强乘客信息服务功能。城市智能公共交通调度系统平台建设框架示意图如图 3–11 所示。

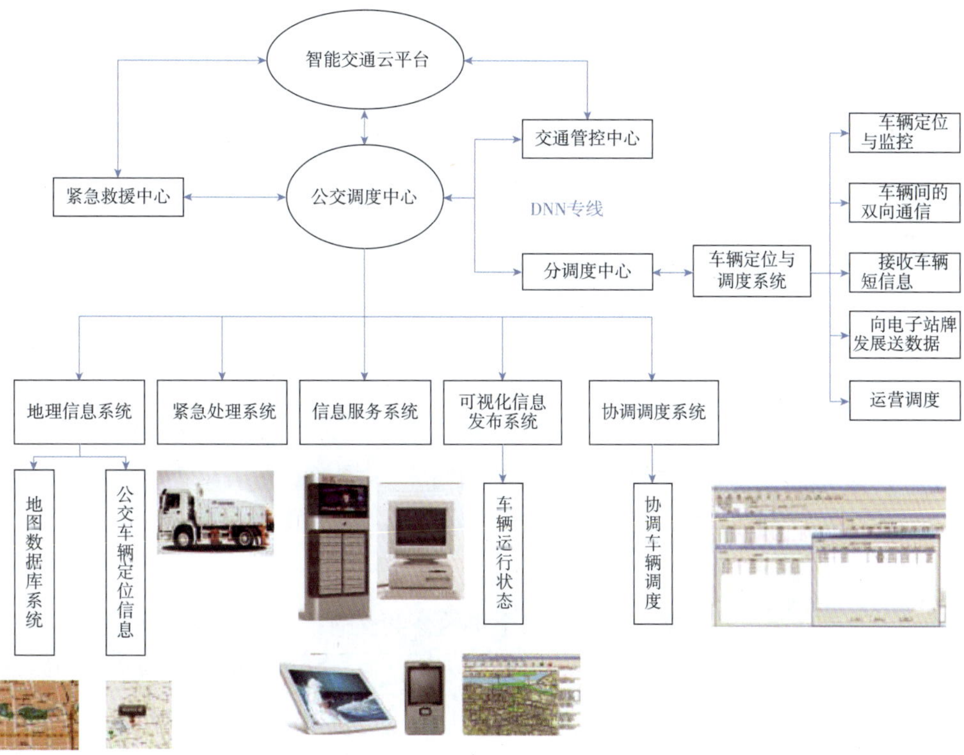

图 3–11 城市智能公共交通调度系统平台建设框架示意图

调度系统平台主要由公交总调度中心和各个分调度平台两级体系构成。公交总调度中心由信息服务系统、地理信息系统、可视化发布系统、协调调度系统和紧急处理系统组成。

信息服务系统负责向用户提供如出行前乘车信息、换乘信息、行车时刻表信息、票价信息等公交信息。地理信息系统接收定位数据，完成车辆信息的地图映射，其功能包括地理信息和数据信息的输入输出、地图的显示与编辑、车辆道路等信息查询、数据库维护、GPS 数据的接收与处理、GPS 数据的地图匹配、车辆状态信息的处理显示、车辆运行数据的保存及管理等。可视化发布系统主要是实时显示车辆运行状况。当出现紧急情况时，协调调度系统向分调度中心发出指令，合理调配车辆。紧急处理系统接收到分调度中心发来的紧急情况信息时，及时与交通管控中心和紧急救援中心联系，完成紧急情况处理任务。

分调度中心主要由各个车辆定位与调度系统组成，并共享总调度中心的地理信息系统。车辆定位系统负责本调度中心所辖车辆的定位与监控，与车辆间的双向通信，向车辆发送调度指令，向电子站牌发送数据等功能。

在现在的智能交通云平台框架之下，调度中心直接与云平台相连，作为城市交通管理系统的一个组成部分。

三、系统典型布局

城市智能公共交通系统的基本建设布局框架应该做到因地制宜，与当地的企业经营管理水平、政府的管理机制相配合。下面选取了几个较为典型的城市智能公共交通系统建设布局案例，供借鉴和参考。

（一）济南

济南现只有一家公交企业服务于全市的公共交通，其城市智能公共交通系统建设主体为济南市公共交通总公司，布局采用企业自建系统的方式。政府职能部门交通运输局承担行业监管职责，自建行业数据库系统和监管平台，政府的行业数据资源由企业平台汇聚。政府与企业各自“搭台”建设布局示例如图 3-12 所示。

（二）沈阳

沈阳的城市智能公共交通系统的建设是以沈阳市交通局为主，建立沈阳市公共交通调度指挥中心和城市公交数据库云平台，沈阳市各公交企业的数据统一汇总到平台，通过平台实现与行业外部门和政府的其他监管系统连接。云平台成为整个智能公共交通系统的核心。政府“搭台”建设布局示例如图 3-13 所示。

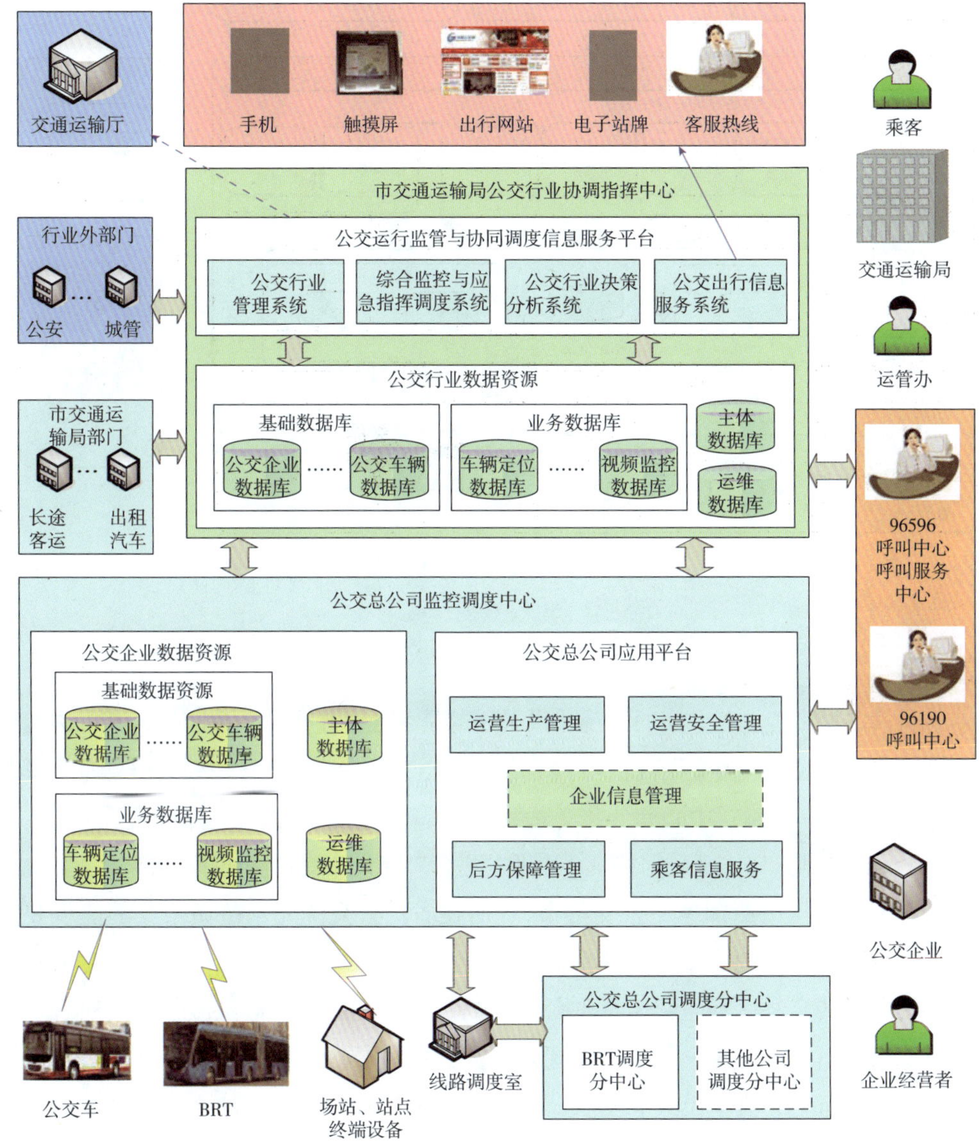

图 3-12　政府与企业各自“搭台”建设布局示例

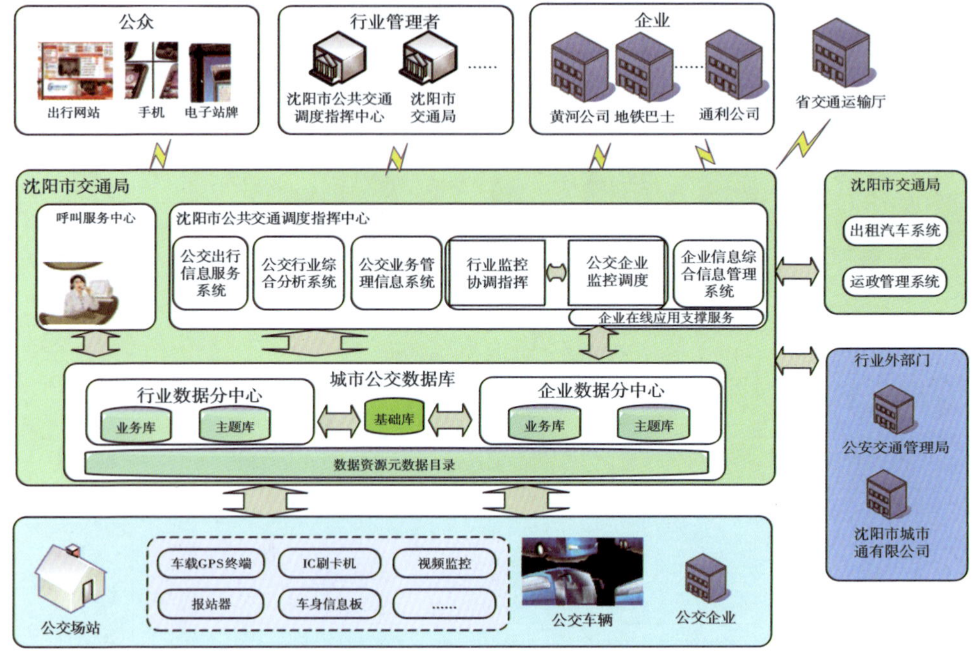

图 3-13　政府"搭台"建设布局示例

（三）长沙

长沙的城市智能公共交通系统建设采用的是企业自建平台，政府接入其中进行监管的布局模式。以公交运营企业为主成立了公交行业运行监管与综合信息服务平台、公交智能调度指挥中心和公共交通数据资源中心。政府和行业外机构通过与此平台的交通数据接口实现数据共享。企业"搭台"建设布局示例如图 3-14 所示。

以上系统均按照国家"公交都市"、所在省"公交优先示范城市"的建设要求进行推进，积极创建城市公共交通数据资源中心，城市公共交通智能调度云平台与城市公共交通运营监管信息平台。目前，我国各地方城市虽然公共交通管理体制上存在不同，上述三种示例模式基本能够代表了目前我国城市公共交通智能化系统建设布局的典型模式。随着云计算与服务技术的发展，加之近年来在信息化建设商业模式方面的发展，可以预测，未来基于云平台的公交监管与调度服务将得到快速发展。

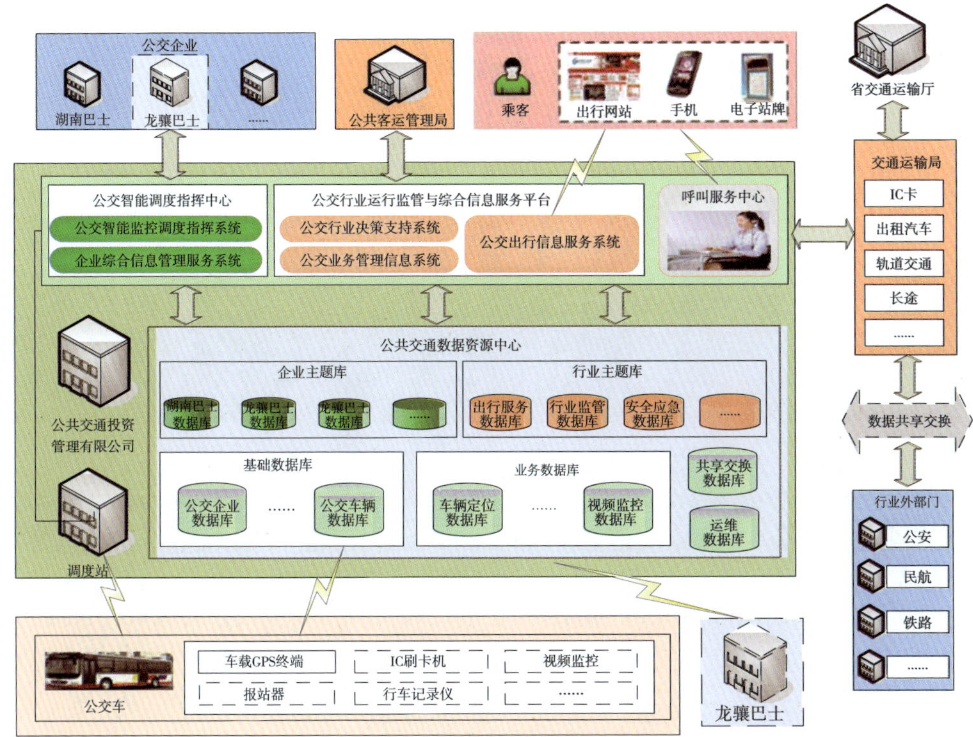

图 3-14　企业“搭台”建设布局示例

第四章　城市公共交通信息采集与监测技术

第一节　城市公共交通信息采集与监测体系概述

城市公共交通信息采集与监测技术主要是指实现对城市公共交通人、车、路、站等各种要素进行实时动态交通信息的采集与监测技术的统称。可靠高效的实时交通信息采集与监测对城市公共交通规划、管理、路网建设以及城市智能交通系统功能的实现等方面非常重要，是为顺利开展企业智能调度与管理、行业监管与决策、公众出行信息服务等工作的基础。

目前城市公共交通信息采集与监测技术按照应用领域不同，主要包括营运车辆运行状态采集与监测技术、客流信息采集与监测技术及运行环境状态采集与监测技术三大部分。

（1）城市公共交通营运车辆运行状态采集与监测技术，如车辆自动定位技术、车辆身份识别技术、车载视频监控技术等。

（2）城市公共交通客流信息采集与监测技术，如压敏踏板式计数技术、红外计数技术等自动客流计数技术和票款、投币机、IC 卡等辅助客流计数技术。

（3）城市公共交通运行环境状态采集与监测技术，如浮动车技术、感应线圈技术以及场站视频监控技术等。城市公共交通信息采集技术与监测体系如图 4－1 所示。

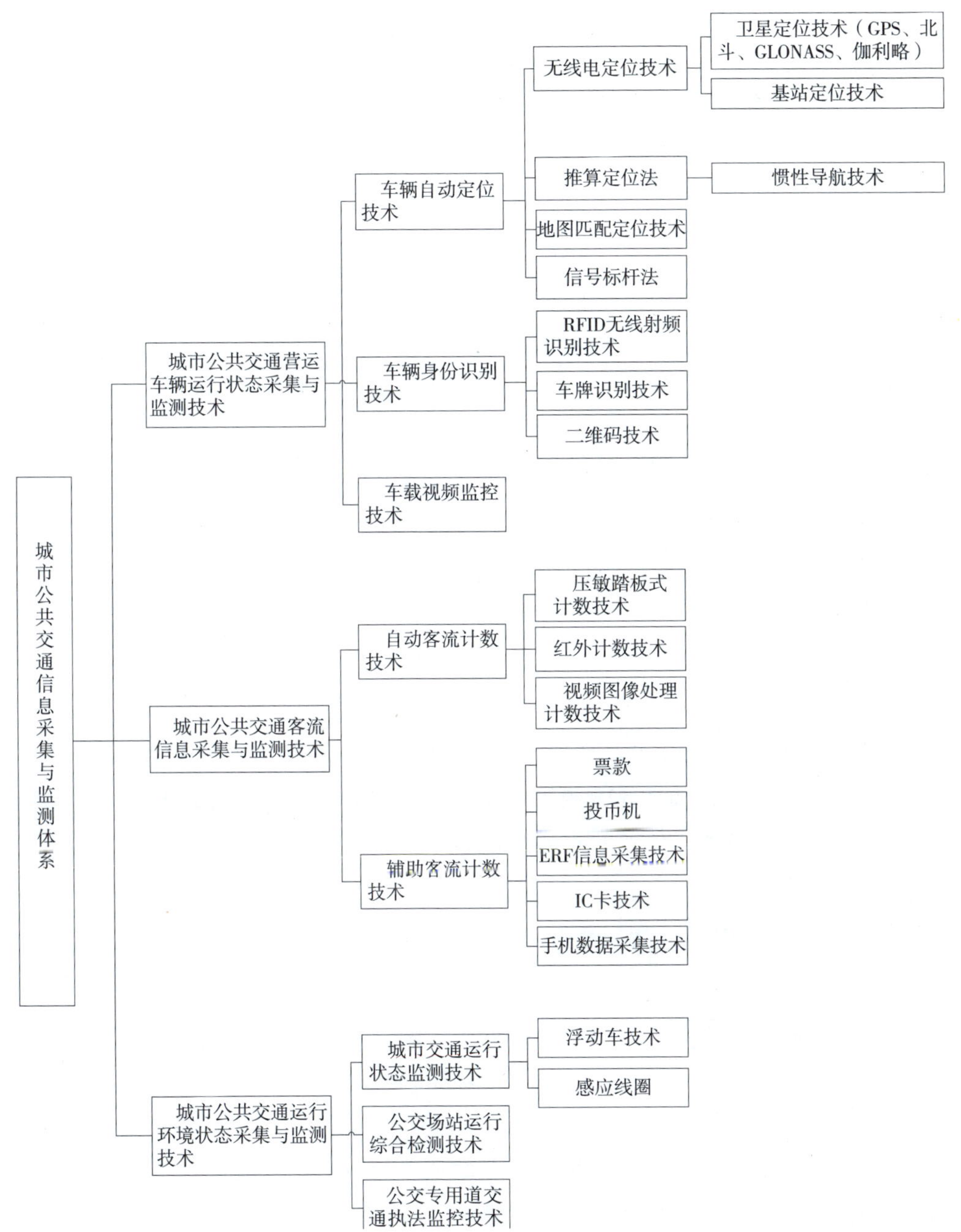

图 4-1 城市公共交通信息采集与监测体系

第二节　城市公共交通营运车辆运行状态采集与监测技术

一、车辆自动定位技术

车辆自动定位的主要目的在于自动找出某部车辆在特定时间的位置。公交车辆定位广义来讲，指的是确定公交汽电车在城市道路网络中的行驶位置，不仅包含车载定位单元，同时也包含无线通信系统和管理中心 GIS 系统，将位置数据传送到控制中心并实时再现车辆位置。目前主要应用的技术有：①无线电定位技术，主要包括卫星定位技术（如美国 GPS、中国北斗卫星导航系统、欧盟 GALILEO、俄罗斯 GLONASS）和基站定位系统等；②推算定位技术，如推算定位法（DR）、惯性导航技术；③地图匹配技术；④信号标杆法。目前车辆自动定位技术中主要以卫星定位技术、推算定位法和地图匹配法应用最为广泛，下面对各项技术应用进行简单介绍。

（一）无线电定位技术

凡是通过若干无线电基站所发出信号的强弱及波长、数字信号或者其他方式，来推估被测物体位置的技术，称为无线电定位技术。目前应用最广泛的是 GPS 和北斗卫星导航系统，其基本原理是通过获取信标（MS）与不同位置固定的基站（BS）之间传播信号（如电波场强、传播时间、时间差、入射角等）的特征参数计算出目标点的坐标位置。

1. GPS 全球定位系统

GPS 全球定位系统（Global Position Systems）是一种具有全方位、全天候、全时段、高精度的卫星导航系统，能为全球用户提供低成本、高精度的三维位置、速度和精确定时等导航信息，是卫星通信技术在导航领域的应用典范。GPS 由三部分构成，一是空间部分，由 24 颗卫星组成，分布在 6 个轨道平面；二是地面控制部分，由主控站、地面天线、监测站及通信辅助系统组成；三是用户装置部分，由 GPS 接收机和卫星天线组成。GPS 组成结构图如图 4–2 所示。

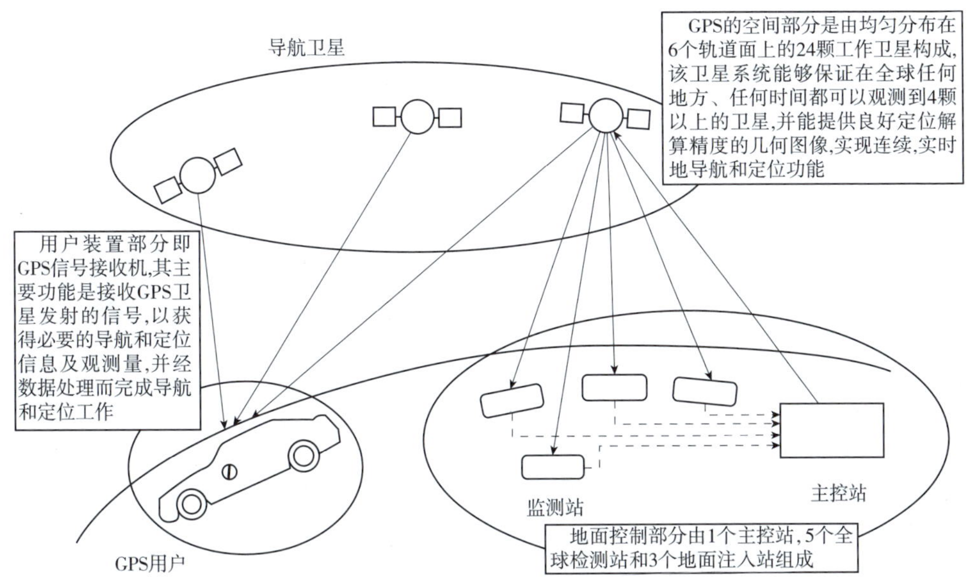

图 4–2 GPS 组成结构图

车辆 GPS 定位原理（图 4–3）是安装在车辆上的 GPS 接收机根据收到的卫星信息计算出车辆的当前位置，通信控制器从 GPS 接收机输出的信号中提取所需要的位置、速度和时间信息，结合车辆身份等信息形成数据包，然后通过移动运营商的 GPRS 网络发往监控中心。监控中心的服务器接收车载机发送的数据，并从中提取出定位信息，根据各车辆的车号和组号等，在监控中心的电子地图上显示出来。

为了提升精确度，科学界发展了另一种技术，称为差分全球定位系统（Differential GPS，简称 DGPS）。首先利用已知精确三维坐标的差分 GPS 基准台，求得伪距修正量或位置修正量，再将这个修正量实时或事后发送给用户（GPS 导航仪），对用户的测量数据进行修正，以提高 GPS 定位精度。

2. 北斗卫星导航系统

中国北斗卫星导航系统（BeiDou Navigation Satellite System，以下简称北斗）是中国自行研制的全球卫星导航系统。它是一种全天候、全天时提供卫星导航信息的区域性导航系统，能够提供与 GPS 同等的服务。不同于 GPS 的是，北斗指挥机和终端之间可以双向交流。北斗导航系统计划由 35 颗卫星组成，包括 5 颗静止轨道卫星、27 颗中轨道地球卫星、3 颗倾斜同步轨道卫星。现阶段的北斗已经实现区域定位，暂还不具备全球定位能力。

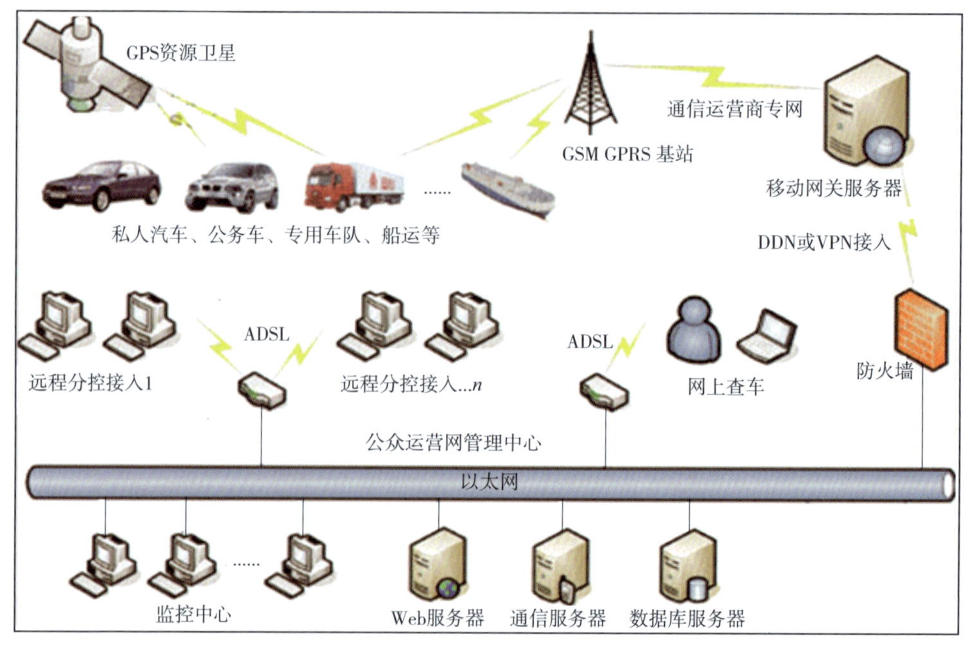

图 4-3　车辆 GPS 定位原理

目前北斗卫星导航系统在我国公共交通领域开展了广泛的应用，其定位处理模块的核心是新一代高性能的北斗公交车智能监控终端。通过北斗卫星定位、北斗高精度局域差分定位和辅助基站定位三种方式综合运用，保证全天候无死角实现车辆定位。

（二）推算定位法

推算定位法（Dead Reckoning，简称 DR）是一种独立定位的技术，是利用车辆本身所装置的距离感测元件与方向感测元件，得出车辆行进的距离与方向的改变，从而计算出车辆行驶的位移量和位移取向。

在导航系统中，推算定位法也称为航位推算法。推算定位在局部范围内定位精确，可是却存在着致命的累积误差，而 GPS 定位不存在累积误差，但是本身的定位精度却严重不足。由于 GPS 和 DR 之间存在很强的互补关系，在导航应用领域中，一般会将 GPS 技术与 DR 技术组合应用。一方面 GPS 可以为 DR 提供定位所需的初始点的绝对位置信息，避免航位推算中信息因传感器的漂移和噪声而产生的误差累计；另一方面，DR 推算结果可以弥补 GPS 信息在短期因受高楼、树荫阻挡而无法正常定位的缺陷，用于补偿部分 GPS 定位中的随机误差，平滑定位轨迹。且 GPS 和 DR 的组合导航方式性价比高，因而在民用低成本车载导航系统中广泛使用。

尽管最初的推算定位法在目前导航系统中已不再使用，但现今比较流行的惯性导航技术也是依赖于推算定位法来估计物理位置的。惯性导航技术是通过陀螺和加速度计测量载体的角速度和加速度信息，经积分运算得到载体的速度和位置信息，包括平台式惯性导航系统和捷联惯性导航系统。惯性导航是一种自主的、不对外辐射信号、不受外界干扰的导航系统，以适宜的方式满足用户的导航需求。该技术的发展和应用趋势，以惯性导航和 GPS 卫星导航的组合导航最为典型。

（三）地图匹配技术

地图匹配技术是一种基于软件技术的定位修正方法。由于电子地图道路数据精度高于定位装置的位置估计精度，将道路上行驶车辆的定位轨迹同电子地图中的道路网信息相比较，通过适当的地图匹配算法可确定出车辆最可能的行驶路段及车辆在此路段中最可能的位置。地图匹配原理示意图如图 4-4 所示。

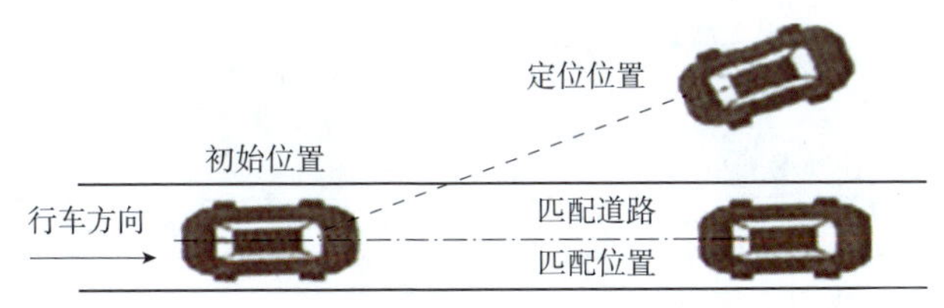

图 4-4　地图匹配原理示意图

常见的地图匹配算法包括半确定性算法、概率性算法、基于模糊逻辑的算法等。其中，基于模糊逻辑的地图匹配算法是针对在复杂的城市道路和传感器与处理均存在误差、精确区分车辆所在道路有困难的情况，通过将专家知识和经验表达为规则集，利用模糊逻辑推理过程的地图匹配定位方法。

地图匹配是车辆导航系统的一个重要模块，其作用是利用数字地图使定位系统更加可靠和精确，修正使用 GPS/DR 技术检测到的车辆坐标未知数据、前进的方向与实际行驶的路线轨迹误差。地图匹配算法的实施与电子地图有着密切的关系，电子地图必须具有正确的路网拓扑结构和足够高的精度才能完成地图匹配，否则会导致错误的匹配。因此，地图匹配结果的好坏在很大程度上取决于数字地图的精度高低。

（四）信号标杆法

信号标杆法是指在路侧普遍且均匀地设置固定的自动车辆识别设施——信号标杆。当装有感应器的车辆经过信号标杆时，标杆上的发报器立刻将信号传回调度中心，传输信号包括交通信息、地图数据及位置初始化坐标所需要的数据。依据车辆与信号标杆的关系，求出车辆与信号标杆的相对位置。其定位精度与信号标杆设置的密度相关。当车辆按照固定路线行驶时可以使用此方法定位，适用于城市公交线路。

车辆定位技术特点比较见表 4-1。

车辆定位技术特点比较　　表4-1

定位技术	主 要 优 点	存 在 不 足
无线电定位技术	技术较为成熟，系统设备成本相对较低	设备安装、维护费用相对较高，定位精度一般，定位速度不够快
推算定位法	定位精度高，不存在盲区，设备可靠性高	设备成本高，系统维护工作量大，长时间工作存在积累误差
地图匹配技术	定位精度高，能够修正 GPS/DR 技术中的未知数据和轨迹误差	匹配结果受地图精度影响
信号标杆法	利用车路通信单元定位，设备投入少	受路侧通信单元限制，存在定位盲区

二、车辆身份识别技术

车辆身份识别技术主要是为了标识车辆、有效监控城市公共交通车辆在道路上的行驶状态，管理车辆运营信息进行业务管理。目前应用最广泛的车辆身份识别技术有无线射频识别技术、车牌识别技术和二维码技术。

（一）无线射频识别技术

无线射频识别（Radio Frequency Identification，简称 RFID）技术是一项基于无线电频率的非接触式自动识别技术，可通过无线电信号识别特定目标并读写相关数据，而无须识别系统与特定目标之间建立机械或光学接触。RFID 技术可根据独特的识别标签、阅读器与物体标签间射频通信的信号强度确定物体的空间位置，该技术的普及提供了一项人或物体定位及追踪的解决方案。

RFID 系统由阅读器（又称读写器）、应答器（即标签）及应用软件系统三个部分组成。当应答器处于阅读器的工作范围内时，阅读器利用自身的天线发送射频信号，应答器天线收到信号后会产生感应电流，从而激活内部的电路向阅读器回送信号（无源标签），或者主动向阅读器发送信号（有源信号）；阅读器收到信号后，读取信息并解码后，送至中央信息系统处理有关数据。RFID 系统组成示意图如图 4–5 所示。

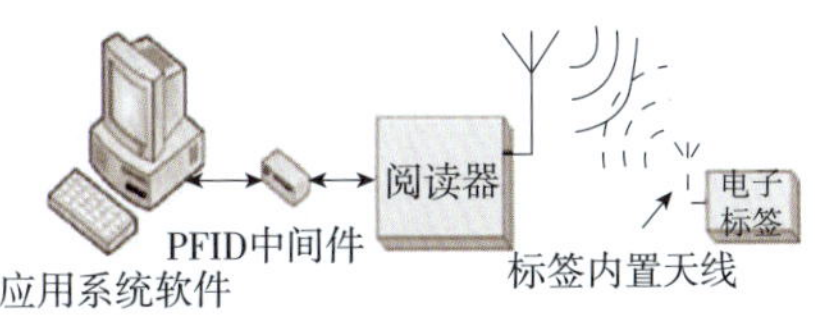

图 4–5 RFID 系统组成

与 RFID 技术的前身——条码技术相比，RFID 技术可同时对多个标签进行识别，具有穿透性强、读取距离远、使用寿命长、标签信息可加密、数据记忆容量大、可重复使用等优点。其中 RFID 技术最重要的优点就是非接触识别，能穿透雪、雾、冰、涂料、尘垢和条形码无法使用的恶劣环境阅读标签，并且阅读速度极快，大多数情况下不到 100ms，其应用为智能交通管理带来了革命性变化。

目前制约 RFID 技术发展的主要问题是标准的兼容性。RFID 系统的主要厂商提供的都是专用系统，导致不同的应用和不同的行业采用不同厂商的频率和协议标准，这种混乱和割据的状况已经制约了整个射频识别行业的发展。

（二）车牌识别技术

车牌识别技术（Vehicle License Plate Recognition，简称 VLPR）是计算机视频图像识别技术在车辆牌照识别中的一种应用，能够将运动中的汽车牌照从复杂背景中提取并识别出来，通过车牌提取、图像预处理、特征提取、车牌字符识别等技术，识别车辆牌号。目前车辆识别技术对字母和数字的识别率可达到96%，汉字的识别率可达到95%。

目前，车牌识别技术在高速公路车辆管理、停车场管理中得到了广泛应用。高速公路中电子不停车收费系统（ETC）结合车牌识别技术识别车辆，过往车辆通过道口时无须停车，就能够实现车辆身份自动识别、自动收费。在停车场管理中，为提高出入口车辆通行效率，利用车牌识别技术建设无人值守的快速通道，免取卡、不停车的出入体验，正改变出入停车场的管理模式 。在深圳市公安局建设的《停车库（场）车辆图像和号牌信息采集与传输系统技术要求》中，车牌识别技术成为车辆身份识别的主要手段。

（三）二维码技术

二维码（2-dimensional bar code）技术是一种新型的条码技术，是用某种特定的几何图形按一定规律在平面（二维方向上）分布的黑白相间的图形记录数据符号信息的。在代码编制上巧妙地利用构成计算机内部逻辑基础的“0”、“1”比特流的概念，使用若干个与二进制相对应的几何形体来表示文字数值信息，通过图像输入设备或光电扫描设备自动识读以实现信息自动处理。

二维码可以分为堆叠式/行排式二维条码和矩阵式二维条码。

堆叠式/行排式二维条码形态上是由多行短截的一维条码堆叠而成，其编码原理是建立在一维条码基础之上，按需要堆积成二行或多行。它在编码设计、校验原理、识读方式等方面继承了一维条码的一些特点，识读设备与条码印刷与一维条码技术兼容。但由于行数的增加，需要对行进行判定，其译码算法与软件也不完全与一维条码相同。有代表性的行排式二维条码有：Code16K、Code49、PDF417等。

矩阵式二维条码是一种新型图形符号自动识读处理码制，以矩阵的形式组成，在矩阵相应元素位置上用“点”表示二进制“1”，用“空”表示二进制“0”，由“点”和“空”的排列组成代码。矩阵式二维条码可以在纵横两个方向存储信息，可存储的信息量是一维条码的几十倍，并能整合图像、声音、文字等多媒体信息，可靠性高、保密防伪性强、易于制作、成本低。具有代表性的矩阵式二维条码有：

CodeOne、MaxiCode、QRCode、DataMatrix 等。

目前二维码技术在车辆身份识别方面主要应用有车辆二维码管理系统等。授权具有经营许可资质的运输企业，为每一辆合规营运客车生成一套二维码，乘客利用 Android、iOS 手机扫描张贴在营运车辆上的二维码，可获取和验证当前车辆的相关信息，查询运输企业质量诚信等级和安全生产达标考核情况，对存在的违规行为及安全隐患取证、举报，充分提高每一位驾乘人员的安全意识，规范道路运输从业人员的经营行为，发挥社会监督的良好效应，增强道路运输管理部门对运输市场的安全生产监管力度。

三、车载视频监控技术

车载视频监控技术是利用视频、计算机及现代通信等技术，实现对车辆运行状态动态信息的采集和监测。系统通过在车辆上安装摄像头，由摄像头把拍下来的画面或视频通过无线网络传送到监控中心，实现对车辆的实时视频监控，同时获取地理位置信息实现对车辆运行路线的监控和管理，并应用 GIS 在矢量地图上进行定位和轨迹显示。随着 3G、4G 网络的发展，网络带宽成倍增加，可以满足高帧率、较高图像质量的视频数据传输需求。原有单纯以录像为主的车载视频监控解决方案渐渐向系统化、网络化、平台化方向发展。由于车辆的移动性，用户对车辆远程视频浏览、车辆卫星定位以及车载终端与平台数据交互的需求尤为迫切。

新一代车载无线视频监控系统是利用 GPRS/CDMA/EDGE 技术进行视频数据无线网络传输的新型系统。如采用了先进的视频压缩算法 H.264、流媒体视频数据压缩技术无线传输网络解决方案，整合了 GPRS/CDMA/EDGE 数据通信功能和数字视频编码功能为一体化的便捷式产品。它把摄像机图像经过视频压缩编码模块压缩，通过智能无线通信终端发射到 GPRS/CDMA/EDGE 网络，实现视频数据的交互、发送 / 接收、加 / 解密、加 / 解码，链路的控制维护等功能。根据应用，把实时动态图像及车载终端其他数据信息（例如 IC 刷卡机和智能投币机的票额）传输到距离用户最近的联通或移动通信网络，通过 Internet 从系统中控端得到实时图像信息。

车载无线视频监控系统主要有两部分构成：

（1）车载监控终端部分。车载监控终端部分由摄像头、带 3G/4G 功能的车载 DVR 及外围设备组成，摄像头负责采集视频数据并由车载 DVR 进行编码处理，编码后的数据通过 3G/4G 等无线信道传输到监控中心。

（2）监控中心。在监控中心安装相应的服务器系统和平台软件，实现对车辆、站台和车场的统一监控和管理，并分发数据流和视频流供工作人员进行监控，实际应用系统中一般包含多个服务器，主要有管理服务器、录像服务器、流媒体转发服务器以及若干应用服务器，系统架构图如图 4-6 所示。

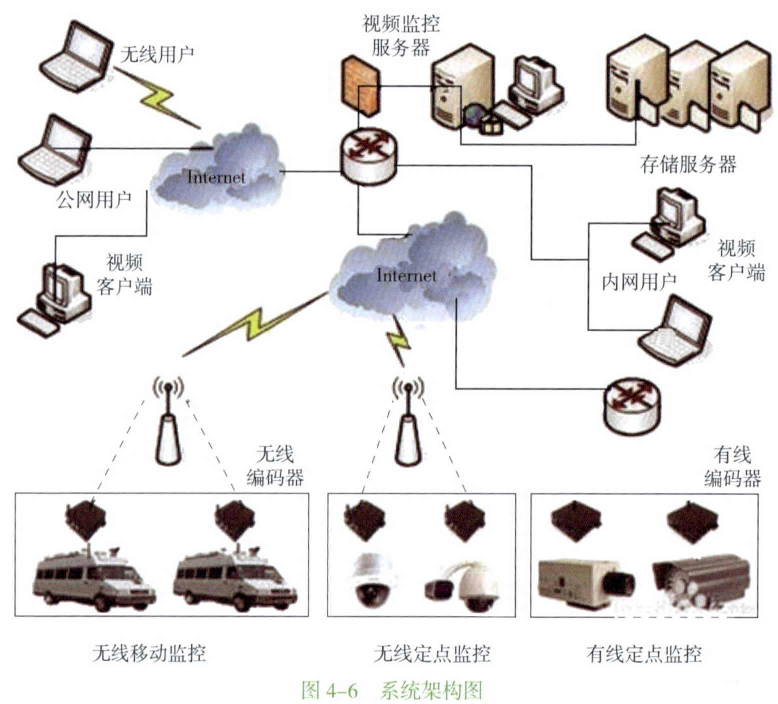

图 4-6 系统架构图

车载视频监控技术可以实时远程监控车辆内外的视频，加强对驾乘人员的监管，减少事故发生，从而为交通运输行业提供最直观和方便的运行信息，帮助交通运输行业优化线路、有效调度车辆、提高服务质量。同时也可使警方迅速获得车辆内部的实时视频，从而有力打击车上犯罪，保障乘客财物和人身安全。

四、CAN 总线技术

CAN 总线（Controller Area Network，又称控制器局域网）是一种串行通信总线，具有灵活方便、可靠性好、通信速率高、抗干扰能力强、通信出错检测等特点，而且价格低廉、连接方便。CAN 卓越的特性、极高的可靠性和独特的设计，特别适合监控设备的互联，因此，越来越受到重视，并被公认为是最有前景的现场总线之一。

车载 CAN 网络一个很重要的功能就是收集车身信息，解决了车身控制器件间的通信问题。在城市公共交通智能系统中，车辆运行状态信息主要通过 CAN 总线采集，CAN 总线上几乎包括了所有零部件控制器的状态信息，如果将所有数据上传给服务器，不仅将花费大量人力从中获取需要的信息，而且将加重服务器的负担，因此在车载端完成所需的重要状态信息的采集和处理很有必要。公交车智能系统利用 CAN 总线，通过上传发动机工况、制动、开关门、车内灯、冷却液温度、发动机润滑油压力等数据信息，实现油料监控、事故分析、驾驶员不规范操作管理，便于调度管理人员在调度中心掌握车辆状况。由于它能真实地记录驾驶员驾驶活动的相关信息，因此在防止疲劳驾驶，车辆超速等交通违章，约束公交车驾驶员的不良行为，预防道路交通事故，为事故分析鉴定提供原始数据，保障车辆行驶安全等一系列方面均可发挥重要的作用。

五、新能源汽车运行状态信息采集与监测技术

由于我国新能源汽车发展刚刚起步，在某些技术上还不够成熟，所以国家要求新能源汽车生产企业对不同发展时期全部或部分的新能源汽车进行监控。通过远程实时监控获取车辆零部件运行参数，结合其他因素分析车辆设计的合理性，并通过参数的自动报警，及时发现车辆故障，减少安全隐患。对于新能源汽车而言，比较关注的信息主要包括：整车信息，如车速、挡位、氢气浓度等；电动机运行状况，如电动机温度、转速、电压、电流、功率等；蓄电池运行状况，如端电压、充放电电流、功率等；燃料电池发动机运行状况，如电池组电压、电池组输出电流、电池组电功率等。

新能源汽车远程监控系统由车载端[包括GPS模块、远程数据传输(GPRS/CDMA)模块]、数据服务器、用户终端及公共资源(包括卫星、GPRS/CDMA基站、以太网等)组成，如图4-7所示。其工作原理是车载端系统负责实时采集车辆的运行参数和定位信息，通过GPRS/3G/4G网络上传的GPS位置信息和车身CAN总线数据，与数据服务器进行双向数据交换。服务器提供数据处理、分析、储存及其他服务。通过数据库中的车辆信息等静态信息、结合GIS地图服务为监控端提供基于车辆位置的实时信息监控。

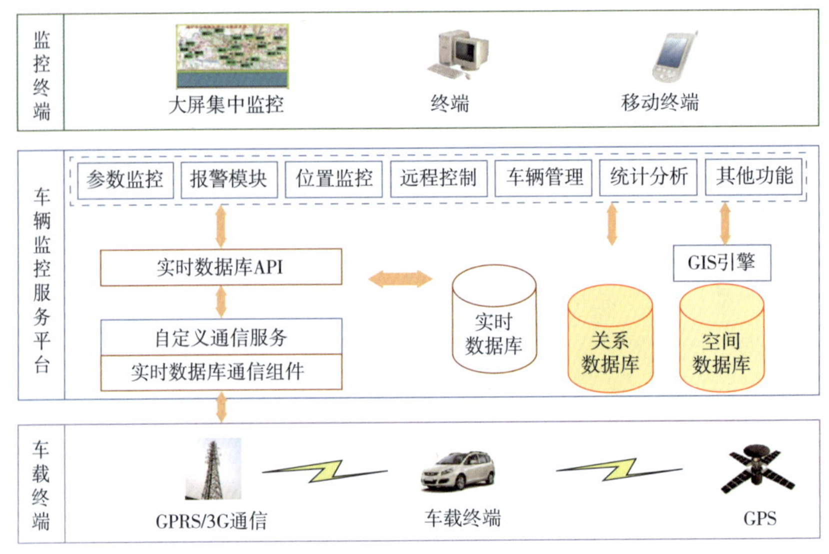

图4-7 新能源汽车远程监控系统架构图

2015年，财政部、工业和信息化部、交通运输部联合发布《关于完善城市公交车成品油价补助政策 加快新能源汽车推广应用的通知》(财建〔2015〕159号)。在城市公共交通智能化建设实践中，有关新能源车运行及运营监控的信息化技术将进一步得到应用。

第三节 城市公共交通客流信息采集与监测技术

城市公共交通是随客流、道路条件、气候等不断变化的随机服务系统。在制订公交线路运营计划时，运营调度管理者最为关心两个问题：一是在未来一段时期内，例如在未来一周内线路客流总量的变化情况，这是指导运营调度管理者安排每日总运力的依据；二是线路客流的时段分布规律，例如线路客流的高峰、平峰以及低峰时段分布，这是安排运力计划在一天中分布的依据。公共交通运营信息是整个公共交通企业管理业务的基础，全面、准确地把握公共交通客流信息是公共交通管理工作的基础，不仅为日常调度提供依据，也为公交线路的优化提供参考。

公共交通客流信息采集技术与车辆定位、无线信息传输等技术相配合，可完成公交车辆的乘客上下车人数、上下车时间、相应站点等数据统计，真实地记录各时间、各区段的上下客流情况，实时或准实时地把信息传输到公交调度中心，获得随时间变化的客流、公交出行量、断面通过量、满载率、平均运距等一系列指标数据，从而为科学合理地安排调度车辆、优化公交线路、辅助完成客流调查提供第一手资料，还可以全面如实地反映出公交车辆的实际载客人数，方便与票款箱收入之间的核对。

公共交通客流信息采集技术分为自动客流计数技术和辅助客流计数技术。

一、自动客流计数技术

通过对乘客计数装置、定位技术和数据管理系统的结合使用，形成乘客自动计数系统。该系统使用了多种技术，成为自动收集乘客上下车时间、上下车地点最有效的方法之一，能准确记录每个时间段和线路区间段的客流量信息。计数装置是该系统的核心，常见的自动客流计数技术有压敏踏板式计数技术、红外线计数技术和视频图像处理计数技术。

（一）压敏踏板式计数技术

压敏踏板式计数技术是在车门的台阶上安装特种垫子（压敏传感器），当乘客出入车门踩踏在垫子上时，就会把压力信号转变成电信号，进而判断出有人上车或下车，再根据垫子的变化顺序就可判定乘客是在上车还是在下车。

该方案简单直接，通过加入高级算法能实现较高可靠性的计数，但是受气候和车辆自身设计等因素的影响较大，雨水或泥土渗入到垫子里可能会造成短路，而且不断踩踏会使其磨损率较高。另外，当有物品掉在台阶上时也会发生误检。

（二）红外线计数技术

红外线计数技术根据使用的传感器不同，可分为被动式红外线计数技术和主动式红外线计数技术。

（1）被动式红外线计数又称热释电红外，具有二维探测、识别特征。被动式红外线传感器通常包含两个串联的电极化方向相反的热释电元，两个热释电元接收到的热量、先后顺序及输出波形皆不同，因此可识别上车和下车。被动式红外线传感器只能探测变化的热量，灵敏度很高。当人体经过被动式红外线探测区时，由于人体的不透明，背景的强度会减弱，人体高于环境的温度使得探测器捕获到的红外线增多，探测器能把这个光线密度的增加转化为温度的增加继而转化为电信号的变化，但是被动式红外传感器的精度易受到乘客着装的影响，当环境温度与人体温接近以及外界光照强烈时，准确性会变差。

（2）主动式红外线计数有红外发射和接收装置，当有人上车或者下车时会挡着接收装置，不能接收到发射装置发射出的信号，可判断有人上、下车；另外，用两个并排的传感检测装置，根据变化顺序可判断出是上车还是下车。主动式红外线自身光源比较稳定，不易受外界环境温度光线状况的影响，使得计数的准确性提高，但是安装时需要注意两个红外线装置之间的距离，距离太大会对上下车状态产生误判，距离太小又会影响接收效果，经试验，两个红外线装置距离应保持在 3~5cm 之间。

除以上两种方法外，为了最大限度地抵消单一种类传感器的不足，使系统受光线、地板和其他环境因素的影响尽量减小，有研究者提出了使用被动、主动红外线相结合的方式来进行检测计数。但是，采用复合式红外线技术不但会使成本加大，而且也并不必然减小计数误差。

（三）视频图像处理计数技术

视频图像处理计数技术是基于摄像机拍摄的图像对人体目标进行识别、跟踪和计数的技术，其效果很大程度上取决于后续处理算法和所用软件的性能。从理论上讲，模式识别的所有方法都可以用于人体目标的识别。基于图像处理的客流采集技术可分为两种，即利用单摄像机获得平面信息的单目视频技术和利用两个或多个摄像机获得立体视觉的双目视频技术。在基于视频图像处理的乘客计数系统中，背景与前景目标的分割是运动目标检测的关键。该方法成本高，精度要求很大程度上取决于图像质量及分析软件的水平，系统易受振动、光线、温度的影响，图像质量的好坏影响软件分析结果的精度。由于需要高质量的摄像器件、很强的图像处理能力，就使得系统成本较高，一般可用于检验人工调查及自动乘客计数系统的计数精度。与单目视频技术相比，双目视频技术可以利用两个摄像头拍摄的图像差异，获取图像的立体信息，从而得到更精确的结果。设备的优点是精度高，对白发、戴帽子等特殊情况不敏感，并且拖行李箱等行为也不会对结果产生干扰，缺点是成本高、安装复杂、需要校准和调试。

自动客流计数技术优缺点比较见表4–2。

自动客流计数技术优缺点比较　　表4–2

自动客流计数技术	优　点	缺　点
压敏踏板式计数技术	简单直接，通过加入高级算法能实现较高可靠性的计数	受气候和车辆自身设计等因素的影响较大，有物品掉在台阶上时会发生误检
红外线计数技术	非接触，设备不易损坏	对光线变化敏感，强烈的太阳光会对设备的工作产生干扰，另外乘客的服装颜色也会影响设备精度
视频图像处理计数技术	可以复用车内的监控摄像头	算法复杂，成本高，系统易受振动、光线、温度的影响，图像质量的好坏影响软件分析结果的精度

二、辅助客流计数技术

（一）票款清算计数

通过票款计数是一种早期的简易客流计数方式，通过票务系统统计的每日票款数可以估算出每日客流量。适用于人工售票的公共交通，并且对于多程票价的线路统计误差较大。但可以与其他客流计数系统相结合，起到票务监督的作用。

（二）智能投币机计数

投币机客流计数是通过每日收车后人工清点当日票款，再推算乘车人数的传统统计分析方式。而如今，具有普票客流数据统计功能的新型投币机已经投入应用，乘客投币后，票箱里的小显示屏就会跳数，替代了普票客流人工统计分析的方式，实现了普票数据精确统计、实时上传，调度中心可以随时了解上车人数、每趟车运营总人数等信息。

（三）ERF 计数

ERF（电子记录收费箱）是一种比较早期的电子采集方式，这种采集方法需要人工进行操作，通过操作员的控制，完成客流计数。每当有乘客上车时，操作员通过按键记录乘客和车辆的相关信息，其中包含了付费种类、线路、车次、出行时间等。这种方法优势在于设备成本低廉，记录精度高等优点，但由于受人工操作的限制，记录信息有限。

（四）IC 卡统计计数

IC 卡（Integrated Circuit Card，集成电路卡）是一种微电子类产品，它是将一个集成电路芯片镶嵌在塑料基片中，封装成卡片形式。它是继条码卡、磁卡之后推出的新一代识别卡。目前，IC 卡技术已经渗透到各个领域，在交通领域的运用已经十分广泛。IC 卡具有方便小巧、保密性强、数据存储的特点，现代交通追求高效、安全、舒适，将 IC 卡引入交通领域是时代发展的必然。目前 IC 卡在国内绝大多数的城市都有应用，不仅方便了广大乘客，而且也提供了一种新的客流调查统计手段。IC 卡信息量大且全面，技术简单成熟，通过对 IC 卡数据采集系统设计，可以获取乘客的 IC 卡卡号、刷卡线路、上下车的时间等数据，对这些数据进行分析统计，即可得该公交线路某一段时间或某一时刻的客流信息，包括该线路高峰小时及某段时间的平均乘客数、上下车乘客数等。也可得到公交乘客的出行基本信息，包括平均出行次数、起讫点分布、平均换乘次数、出行耗时、出行距离等。近年来，北京率先实现了公交上下车刷卡，从规则上解决基于公交 IC 卡数据及推出行信息的难题，进一步提升了 IC 卡统计技术的精度和价值。

IC 卡统计技术优势体现在以下方面：IC 卡使用人数多，采集到的信息量大，并且 IC 卡使用人群还在不断扩大，为信息的完备性提供了保证；IC 卡技术较为成熟，获取的信息量大，采集精度高，足以应对当前主要的统计和分析，保证了采集信息的有效性；IC 卡使用方便，采集方式可行性高，保证了采集信息的可行性。

现阶段智能公交客流量采集技术主要还是使用 IC 卡信息采集技术。目前基于公交 IC 卡数据采集系统由 IC 卡（乘客卡、司售卡、管理卡）、车载 POS 机、后台管理系统等组成，用以完成与乘客卡的交易，数据采集及上传，IC 卡数据采集流程如图 4–8 所示。

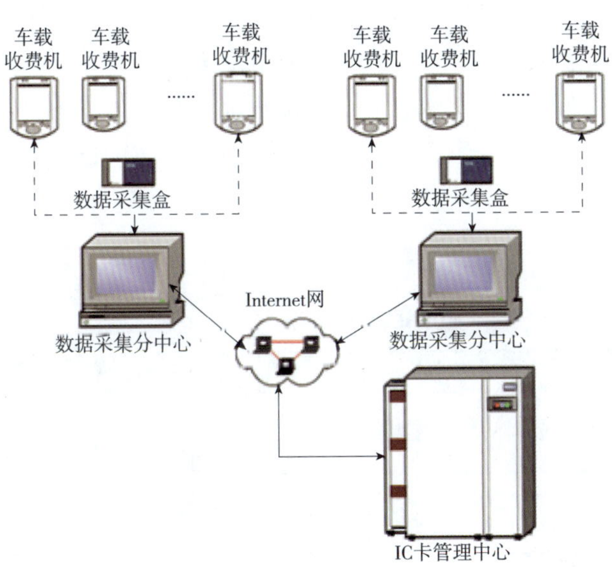

图 4–8　IC 卡数据采集流程

（五）手机定位数据计数

根据工业和信息化部统计数据，截至 2015 年 2 月，移动电话用户总数达到

12.9亿户，占全国总人口的94.9%，这些用户对于手机蜂窝网络无线定位技术而言是潜在的海量数据样本。随着手机市场的广泛普及和手机定位技术的发展，利用手机数据分析推算交通数据信息是一种新兴的广域动态交通探测技术。手机定位数据为居民出行信息分析提供了很好的技术选择，可作为现有公共交通数据采集技术的重要补充之一。

根据手机数据的获取难易程度以及定位信息是否全面，目前可获取的手机数据源可分为两类：手机话单定位数据和手机信令定位数据。手机信令定位数据能够较完整地识别手机用户的出行轨迹，可进一步应用于分析城市人口时空动态分布、特定区域客流集散、查核线、断面或关键通道客流、轨道交通客流特征、出行时耗、出行距离、出行强度、道路交通状态等。

目前在移动终端方面有很多种类的定位技术已经实际应用，主要包括COO（Cell of Origin）基于小区识别号定位技术、七号信令定位技术、TOA（Time of Arrival）/TDOA（Time Difference of Arrival）定位技术、AOA（Angle of Arrival）定位技术、基于场强的定位技术、混合定位技术（如A-GPS）等。手机定位技术相对其他精确定位技术（如GPS），在样本量、覆盖范围以及实施成本和周期上更具有优势。

辅助客流计数技术优缺点比较见表4-3。

辅助客流计数技术优缺点比较 表4-3

辅助客流计数技术	优　点	缺　点
票款清算计数	成本小，操作容易	人工操作且多程票价的线路统计误差较大
智能投币机计数	替代了普票客流人工统计分析的方式，实现了普票数据精确统计和实时上传	多级票价时无法精确统计当天的客流情况
ERF计数	设备成本低廉，记录精度高	记录信息量小，需人工操作
IC卡统计计数	技术简单可靠，成本较低，不需要人工操作	局限于IC卡使用年，不使用IC卡乘客的信息不能进行统计
手机定位数据计数	实施成本小，周期短，覆盖范围广，采集数据量丰富	精度很大程度依赖于基站的分布及覆盖范围的大小，有时误差会超过1km

第四节 城市公共交通运行环境状态采集与监测技术

一、城市交通运行状态采集与监测技术

目前，城市交通动态信息采集技术按采集手段主要分为三种：

（1）浮动车技术，即通过记录行驶在交通流中离散的浮动车辆的位置、速度、旅行时间等信息推算网络交通流状况；

（2）固定式交通流传感技术，如通过安装在路侧的感应线圈、微波雷达、视频设备等采集；

（3）高空探测技术，如采用红外、雷达等手段在卫星、直升机或飞机上进行拍摄等采集。

（一）浮动车技术

浮动车（Floating Car Data，简称FCD）也称探测车（Probe car），是近年来在国际、国内均广泛使用的获取道路交通信息的先进技术手段之一，一般是指根据装备车载全球定位系统的浮动车在其行驶过程中定期记录的车辆位置、方向和速度信息，应用地图匹配、路径推测等相关的计算模型和算法进行处理，使浮动车位置数据和城市道路在时间和空间上关联起来，最终得到浮动车所经过道路的车辆行驶速度以及道路的行车旅行时间等交通拥堵信息。如果在城市中部署足够数量的浮动车，并将这些浮动车的位置数据通过无线通信系统定期、实时地传输到一个信息处理中心，由信息中心综合处理，就可以获得整个城市动态、实时的交通拥堵信息，能够为交通管理部门和公众提供动态、准确的交通控制、诱导信息。

浮动车按照信息获取的手段上可以分为“主动式”浮动车（Active FCD）和“被动式”浮动车（Passive FCD）。

1.“主动式”浮动车

在浮动车上装配无线定位和无线通信装置，由散落在整个交通网络范围内的浮动车辆“主动地”向信息中心上传自身的速度、位置和旅行时间，信息中心通

过推算得到路网的交通状态信息。该方法的检测成本来自于定位装置和通信费用，并随着浮动车辆的增多同级增长，其检测精度受到浮动车数量、定位精度、通信频率、道路条件、交通特性等多种因素的影响，较为典型的“主动式”浮动车是基于 GPS/GSM 的 AVL（Automatic Vehicle Location）系统。

2.“被动式”浮动车

“被动式”浮动车检测系统是在浮动车上安装车辆标识装置（Tag）、在路网特定地点安装车辆识别装置（Transponder），当车辆通过时触发车辆识别装置，“被动地”由该装置通过有线或无线方式将车辆的 ID 号、位置、速度数据上传至信息中心，信息中心经过计算得到道路旅行时间、平均速度信息。该方法的通信费用较少、检测准确率非常高，缺点是前期投入大、信息量小。较为典型的“被动式”浮动车技术是 AVI（Automatic Vehicle Identification）系统。

浮动车技术突出优点是能够通过少量装有基于卫星定位技术车载设备的浮动车获得准确实时的动态交通信息，具有成本低、效率高、实时性强、定位精度较高、覆盖范围大的特点，可以解决车辆的导航和定位问题，但缺点是易受到峡谷效应和多径效应的影响，目前商用 GPS 也存在一定误差。

（二）环形线圈感应式检测技术

环形线圈感应式检测技术指运用环形线圈作为检测传感器来检测车辆通过或存在于监测区域的技术。使用该技术采集动态交通信息的设备主要有环形线圈感应式检测器，由三部分组成：环形线圈车辆传感器、传输馈线和检测处理单元。

环形线圈感应式检测器可以用于统计道路的某一断面车辆经过情况，根据确定的采样时间间隔，计算得到所需的交通参数（流量、时间占有率、速度、车型识别及分类、平均车长等），主要应用在道口收费、交通控制、停车场及车辆技术等方面。

环形线圈车辆检测器是一种基于电磁感应原理的车辆检测器，它的传感器是一个埋在路面下，通有一定工作电流的环形线圈（一般为 2m × 1.5m）。其工作原理是检测单元同环形线圈与馈线线路组成一个调谐电路，如图 4–9 所示。此电路中的电感主要决定于环形线圈，环形线圈是此电路的电感元件；电容则决定于检测单元中的电容器。当电流通过环形线圈时，在其周围形成一个电磁场，当车辆行至线圈上方时，在金属车体中感应出涡流电流，涡流电流又产生与环路相藕但方向相反的电磁场，即互感，使环形线圈电感量随之降低，因而引起电路谐振频率的上升。只要检测到此频率随时间变化的信号，就可检测出是否有车辆通过。

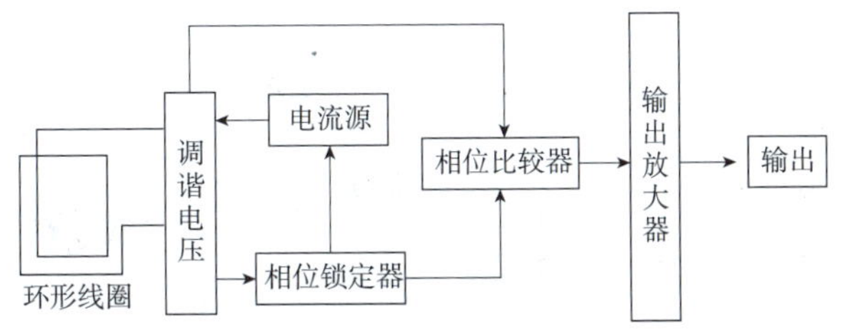

图 4–9 环形线圈检测器工作原理

环形线圈车辆检测器具有安装容易、不易损坏、价格便宜等优点，在国内外得到广泛的应用；缺点是环形线圈使用效果及寿命受路面质量的影响甚大，路面质量较差时，一般寿命仅 2 年。另外环境的变化和环形线圈的正常老化对检测器的工作性有较大的影响，可使检测器材谐振回路失谐而不能判断车辆存在产生的频率变化。

二、公交场站运行综合监测技术

目前，在公交场站运行监测和安全监管方面，基于物联网技术的公交场站视频监控、电子巡更等系统得到了广泛的应用，利用先进的“物物相联技术”，将用户端延伸和扩展到公交车辆、场站中的任何物品间，进行数据交换和通信，有效地解决了车辆进出监管的相关问题，实现公交场站数字化、智能化改造，提升了行业管理水平和工作效率。

（一）视频监控系统

公交场站视频监控系统（图 4–10）主要由模拟摄像机、DVR 主机、交换机、视频分析服务器组成，并可以连接调度指示牌、考勤机、广播、报警设备等。通过一整套设备，利用现代计算机网络技术，实时监控公交场站、加油站动态，有效管理车场秩序，实现车场车辆调度指挥、紧急状态触发报警、人员考勤统计等功能。

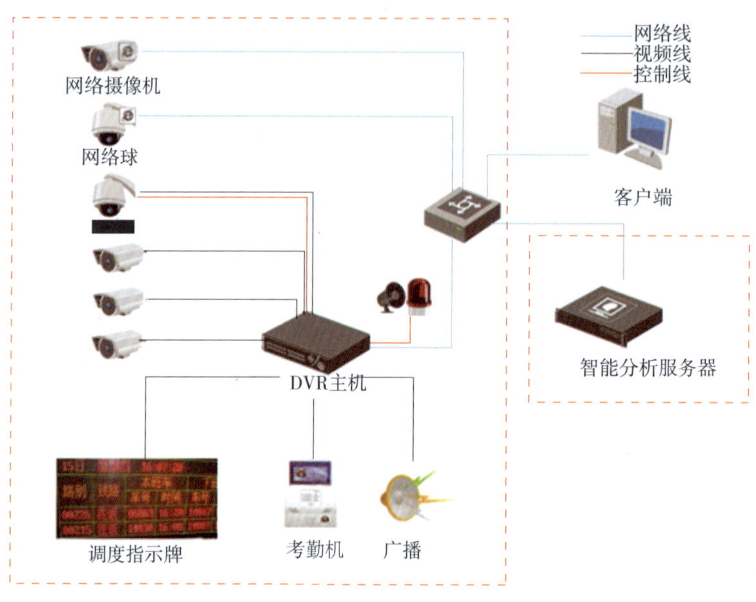

图 4-10　公交场站无线视频监控系统构架

（二）电子巡更系统

电子巡更系统主要用于公交场站安全巡逻和巡检工作的记录考核，主要由感应式智能巡逻管理系统软件、巡检器和各种射频卡构成。其基本的原理就是在巡逻线路上安装一系列代表不同点的射频卡（又称感应卡），巡逻到各点时巡逻人员用手持式巡检器（相当于刷卡机）刷卡，把代表该点的卡号和时间同时记录下来。巡逻完成后巡检器通过通信或传输线把数据传给计算机上的软件处理，就可以对巡逻情况（地点、时间等）进行记录和考核。

电子巡更系统还可以实现智能排班、自动数据处理及核查，一目了然地显示巡更人员是否按照要求的时间、路线巡查，是否出现未巡、漏巡、迟到、早到、顺序走错等情况，通过选择不同时间段、线路、巡逻点、巡逻人员等要素进行查询和统计。

三、公交专用道交通执法监控技术

公交专用道的执法是交通管理者根据交通法律法规对公交专用道进行管理，

对违法侵入公交专用道的人员进行处罚的过程，需要交通管理者有效、准确地掌握违法行为的过程。过去我国公交专用道主要依靠交警现场执法，部分城市也利用电子警察辅助执法，而这些执法方式都存在一定的缺陷：交警现场执法需要投入较多警力，而电子警察主要安装于交叉口和关键路段等节点，通过拍照记录闯红灯、超速等小范围空间内的违法行为，无法全面监控公交专用道的运行状况。

目前很多城市开始应用公交专用道交通执法监控系统，它能够有效覆盖公交专用道的全部路段，在检测到车道内车辆后，自动启动摄像机跟踪车辆拍摄高质量视频录像，从而完整再现专用道交通违法事件全过程，并且在拍摄车道内运行状况的同时可自动识别车牌号码，从而保证专用道执法的可靠、高效，大大节约了警力资源的投入。

公交专用道交通执法监控系统由前端车载子系统（车载占道抓拍机）、3G 网络传输系统、中心接收处理系统、中心审核处罚系统等组成。前端车载子系统负责车辆识别、抓拍、车牌识别、图片数据上传；3G 网络传输系统实现数据传输；中心接收处理系统进行图片处理、字符叠加、存储入库、数据查询等；中心审核处罚系统进行处罚审核、打印、发布、网络查询等。系统组成示意图如图 4–11 所示。

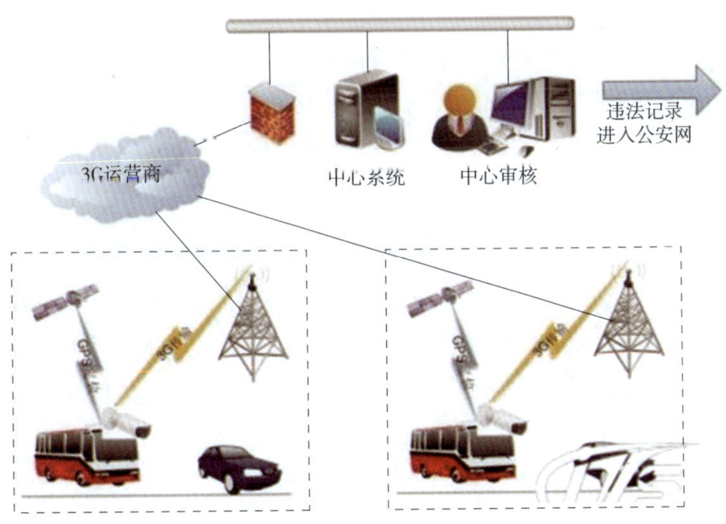

图 4–11　公交专用道交通执法监控系统组成示意图

公交专用道交通执法监控技术能够为交通执法提供充分的依据，实现对违法占道车辆的有效监管。

第五节　城市公共交通数据通信与信息传输技术

在城市智能交通系统中，交通信息通信和传输具有重要作用。任何需要联网、信息传递的地方，都有通信网络的存在，包括车辆自动定位、车辆身份识别、公共交通车站和场站无线视频监控等。可以说，没有通信就没有智能交通。

一、网络通信技术

网络通信技术（Network Communication Technology，简称 NCT）是指通过计算机和网络通信设备对图形和文字等形式的资料进行采集、存储、处理和传输等，使信息资源达到充分共享的技术。它是一种由通信端点、节（结）点和传输链路相互有机地连接起来，以实现在两个或更多的规定通信端点之间提供连接或非连接传输的通信体系。

通信网可按网络拓扑结构、网络涉辖范围和互联距离、网络数据传输和网络系统的拥有者、不同的服务对象等不同标准进行种类划分。一般按网络范围划分为局域网、城域网和广域网。

（一）局域网

局域网（Local Area Network，简称 LAN）是一种覆盖地理范围较小的计算机网络。作用范围通常为 10~104m。LAN 具有较高的数据库，较小的时延和较低的误码率等特性。当前，最常用的局域网技术分为传统局域网技术和高速局域网技术。局域网技术有以太网、令牌环网：FDDI（Fider Distributed Data Interface）网、ATM（Asynchronous Transfer Mode）网、无线局域网等。

（二）城域网

城域网（Metropolitan Area Network，简称 MAN）是在一个城市范围内所建立的计算机通信网，属于宽带局域网。由于采用具有有源交换元件的局域网技术，网中传输时延较小，它的传输媒介主要采用光缆，传输速率在 100Mb/s 以上，具有覆盖范围大、传输速度高、误码率极低、容纳站数多等特性。

LAN 技术和光纤技术的发展为 MAN 的发展奠定了技术基础。MAN 实质上是一个能覆盖城市范围的高速 LAN。但由于它具有更高的传输速率，容纳更多的站点，覆盖地理范围更大等特点，MAN 所使用的技术、所提供的服务和所遵守的标准与 LAN 有所不同。目前已有多种城域网的标准和服务问世，其中使用最多的是：①光纤分布式数据接口 FDDI。②分布队列双总线（Dist ributed Queue Dual Bus，简称 DQDB）。DQDB 是由 IEEE802.6 分委员会制定的 MAN 标准，用来支持在一个较大地理范围内的声音、活动图像以及数据传输等的集成服务,DQDB 支持速率 35~155Mb/s 的数据传输。③交换式的多兆位数据服务（Switched Multimegabit Data Services，简称 SMDS）。SMDS 是一种向用户提供城域网服务的重要技术，它是第一个设计应用于提供无连接数据服务的宽带通信协议，设计应用于提供公用宽带服务。SMDS 是一种服务，而 DQDB 是一种承载子网，SMDS 服务是通过 DQDB 的接入来提供的。

（三）广域网

广域网（Wide Area Network，简称 WAN）也称远程网（Long Haul Network）。通常跨接很大的物理范围，所覆盖的范围从几十公里到几千公里，它能连接多个城市或国家，或横跨几个洲并能提供远距离通信，形成国际性的远程网络。

二、光纤通信技术

光纤通信即光导纤维通信的简称，是以光波作为信息载体，以光纤作为传输媒介的一种通信方式。在城市公共交通领域实际应用中，光纤通信使用的不是单根的光纤，而是许多光纤聚集在一起的组成的光缆，主要用于城市交通相关广域网与局域网，可搭载数据、文本、图像、语音、图片等多种媒体信息。

光纤通信系统主要由光发信机、光收信机、光中继器构成，如图 4-12 所示。

其中，光发信机是实现电/光转换的光端机，它由光源、驱动器和调制器组成，其功能是将来自于电端机的电信号对光源发出的光波进行调制，成为已调光波，然后再将已调的光信号耦合到光纤或光缆去传输；光收信机是实现光/电转换的光端机，它由光检测器和光放大器组成，其功能是将光纤或光缆传输来的光信号，经光检测器转变为电信号，然后再将这微弱的电信号经放大电路放大到足够的电平，送到接收端的电端汲去；光中继器由光检测器、光源和判决再生电路组成，它的作用有两个：一个是补偿光信号在光纤中传输时受到的衰减，另一个是对波形失真的脉冲进行整形。

此外，由于光纤或光缆的长度受光纤拉制工艺和光缆施工条件的限制，且光纤的拉制长度也是有限度的（如 1km）。因此一条光纤线路可能存在多根光纤相连接的问题。于是，光纤间的连接、光纤与光端机的连接及耦合，对光纤连接器、耦合器等无源器件的使用是必不可少的。

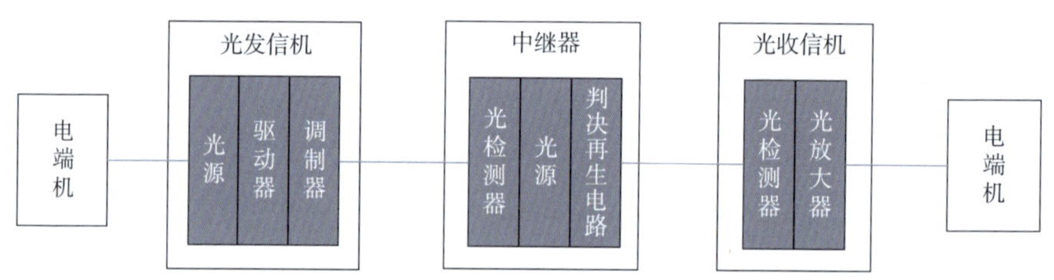

图 4-12　光纤通信系统基本组成图

当今，光纤以其传输频带宽、抗干扰性高和信号衰减小，而远优于电缆、微波通信的传输，已成为世界上通信中应用的主要传输方式。

三、无线通信技术

无线通信（Wireless Communication）是利用电磁波信号可以在自由空间中传播的特性进行信息交换的一种通信方式。近些年在信息通信领域中，发展最快、应用最广的就是无线通信技术。在移动中实现的无线通信又通称为移动通信，人们把二者合称为无线移动通信。

无线通信主要包括微波通信和卫星通信。微波是一种无线电波，它传送的距离一般只有几十公里。但微波的频带很宽，通信容量很大。微波通信每隔几十公里要建一个微波中继站。卫星通信是利用通信卫星作为中继站在地面上两个或多个地球站之间或移动体之间建立微波通信联系。

目前，在信息时代的社会生活中，无线移动通信已成为无线通信技术的热点问题。无线移动通信技术主要包括第二代移动通信、第三代移动通信、第四代移动通信、Wi-Fi、短距离无线通信技术 Zigbee 等。

（一）第二代移动通信

第二代移动通信（2rd-generation，简称 2G）是指第二代无线蜂窝电话通信协议，是以无线通信数字化为代表，能够进行窄带数据通信。常见 2G 无线通信协议有 GSM 频分多址（GPRS 和 EDGE）和 CDMA 1X 码分多址两种，传输速度很慢。

（二）第三代移动通信

第三代移动通信（3rd-generation，简称 3G）是指第三代无线蜂窝电话通信协议，主要是在 2G 的基础上发展了高带宽的数据通信，并提高了语音通话安全性。3G 一般的数据通信带宽都在 500Kb/s 以上。目前 3G 常用的有 3 种标准：WCDMA、CDMA2000、TD-SCDMA，传速速度相对较快，可以很好地满足手机上网等需求，不过播放高清视频仍较为吃力。

（三）第四代移动通信

第四代移动通信（4rd-generation，简称 4G）是指第四代无线蜂窝电话通信协议，是集 3G 与 WLAN 于一体并能够传输高质量视频图像以及图像传输质量与高清晰度电视不相上下的技术产品。4G 系统理论上能够以 100Mb/s 的速度下载，是拨号上网的 2000 倍，上传的速度也能达到 20Mb/s，4G 作为最新一代通信技术，在传输速度上有较大提升，理论上网速度是 3G 的 50 倍，实际体验速度为 3G 的 10 倍左右，可以媲美 20M 的家庭宽带。因此 4G 网络可以非常流畅地观看高清电影，大数据的传输速度都非常快，只是资费较高。

（四）Wi-Fi

Wi-Fi（Wireless Fidelity）在无线局域网的范畴是指“无线相容性认证”，实质上是一种商业认证，同时也是一种无线联网的技术，以前通过网线连接计算机，而现在则是通过无线电波来联网。目前采用的是 802.11b 标准，理论数据速率可达 11Mb/s，覆盖范围从 100~300m。

（五）短距离无线通信技术 Zigbee

Zigbee 是 IEEE 802.15.4 协议的代名词。根据这个协议规定的技术是一种短距离、低功耗的无线通信技术。与 Wi-Fi 技术相比，虽然 Wi-Fi 传输速率比 Zigbee 有一定的优势，但是从运行成本分析，Zigbee 技术低成本的优势，将会促进其更加广泛地应用开来。

无线通信以其成本低、扩展便利、移动灵活、使用方便等优势，在近几年得到了飞速的发展。随着社会不断发展的需求，无线通信的各种技术将会相互共存，在不同的领域有着各自不同的作用，一体化、综合化、宽带化将是大势所趋。

第五章　城市公共交通智能调度与运营系统

第一节　城市公共交通智能监控调度系统

一、城市公共交通智能监控调度系统概述

公交营运调度是指城市公交企业根据客流的分布情况、企业运输能力、城市公交通行条件的特点，编制时刻表、行车计划、驾乘人员排班计划等一系列的运营生产方案，对运营车辆及驾乘人员发布调度指令，指挥营运生产的各项工作。公交智能调度系统通过信息化技术手段，优化企业的车辆运行组织，合理安排驾乘人员的工时，使企业运输效率最大化，创造良好的企业效益和社会效益。公交智能调度系统包括计划编制与调整、运行监控、车辆调度、统计分析与基础信息管理等基本功能。

（一）我国城市公共交通运营体制模式

目前，我国各地城市公共交通市场经营模式各不相同，总体上分为三种模式：一是以一家国有公共交通集团公司主导城市公交市场（占大多数），政府通过特许经营审批的形式，将经营权授予公交集团公司，代表城市有北京、济南、太原等，以及多数地市级城市；二是由几家国有公共交通公司按照不同区域进行分区经营，代表城市有上海、深圳等；三是实行多种所有制形式并存的经营模式，国有企业、民营企业、合资企业等多元化经营，如哈尔滨、南京、西安等。

从总体情况及发展趋势来看，目前许多大城市普遍采用大公交集团模式，对原有公交经营主体进行整合，逐步实行国有主导或控股模式，进行网络化经营。但在大部分中小城市，仍然延续了 20 世纪 90 年代公共交通市场面向集体和个人开放后形成的松散市场格局，公交线路经营权归个人或私营企业所有，采用挂靠、承包的模式经营，政府监管力度比较薄弱。许多城市正在推进实施运营机制改革，主要是逐步通过资产置换、回购、整合线路经营权等方式，取消挂靠经营，组建国有公交企业，实行规范化、规模化、公司化运营。

（二）我国城市公共交通智能监控调度发展

我国城市公共交通智能监控调度应用起步比较晚，但发展速度较快，在系统建设方面，国内多个城市从 20 世纪 90 年代末开始逐步开展智能公共交通系统建设的实践。国家科学技术部在“十五”期间启动了智能交通系统城市示范试点工程，所选择的十个城市中有多个城市开展智能公共交通系统相关的研究应用。“十一五”期间公交企业在信息化建设层面得到了广泛的发展，GPS 车辆监控与公交一卡通等技术在很多城市得到应用。

纵观我国公交调度系统的发展，公交智能监控调度应用大致经历了两个发展阶段（如图 5-1 所示）：

第一阶段（1995 年前）：以人工调度为主。主要以人工的方式完成车辆的排班、发车调度等运输生产作业计划。此阶段可以理解为我国第一代城市公交调度。

第二阶段（1996—2008 年）：以智能调度为主。这一阶段可以理解为我国的第二代成果是公交调度，主要分为两个阶段，前期实现了基于信息技术面向车辆的调度；后期实现了面向运营的调度。

前期（1996—2008 年）：基于卫星定位的车辆位置监控与调度。国内一些大城市相继尝试将 GPS、GIS 等新技术运用于公交调度中，系统具备一定的车辆监控、管理和查询功能，具备在电子地图显示车辆运行状态的能力，有报警以及运行车辆到达时刻站台显示等功能，如重庆市在 1996 年开始将 GIS 技术引入到公共交通管理中，研究开发了“重庆市公共交通管理信息系统”；上海市 1999 年第一条应用 GPS 技术进行调度管理的公交线路——981 路在浦东投入运行；杭州市在国内第一个将 GPS 定位技术应用到公交车辆调度管理中。全国 36 个中心城市中，80% 以上应用 GPS 技术进行公交车辆定位，公交智能调度管理系统在北京、深圳、郑州、上海、济南、南京、成都、广州、西安等城市公交企业得到深入应用。

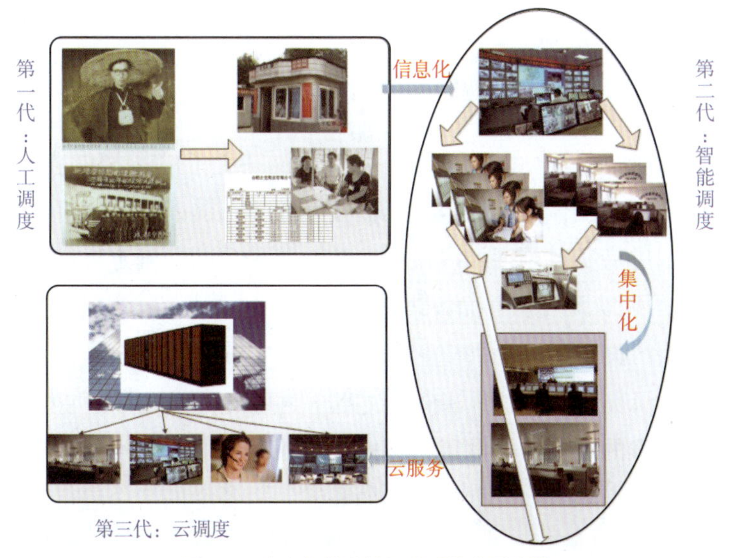

图 5-1　公交智能监控调度系统发展阶段

后期（2009 年至今）：基于多传感器集成的智能监控调度。许多城市公交车载智能终端集成了 GPS、北斗、3G 视频监控、RFID 车辆识别、动态客流数据采集等，实现对车辆位置和车内状况的实时监控，并将客流数据动态采集与分析纳入智能监控调度系统。调度中心通过公交智能调度系统对公交运行状态感知信息进行实时处理和分析，智能调度车辆。目前，郑州、合肥、济南等城市，已基本实现了全网公交车辆的集中调度。

随着云计算、大数据等新技术应用的快速发展，对于有多家公交企业的大、中城市，公交发展规模较大，为了便于公交协同调度和综合运营管理，节约建设和维护成本，未来将出现搭建基于“云计算”的公交运营调度平台，以“企业在线”服务的方式为各企业的运营调度生产提供服务。进一步可以将云服务扩展至区域范围内的中小城市公交企业，形成区域性的公交“云计算”服务中心。2014年河南省启动省级城市公共交通智能监控调度云平台，目前该平台已接入郑州公交、开封公交、南阳公交等多家公交企业，可为公交企业降低智能调度应用成本，为提升河南省公交运营调度水平探索出了一条新的发展路径。

二、城市公共交通智能监控调度系统实践

（一）城市公共交通调度业务及流程

公交调度管理可以分为线路调度和区域调度。传统的单线路调度是以线路（车队）为运营组织调度实体，即人员、车辆按线路（车队）固定配置，以线路为单位编制运营计划进行实时调度。线路配车按线路最大断面确定，在线路的首末站均设调度员，实行两头调度。因而各线路实体“小”而“散”，车辆分散停放，加油、洗车、休息等生活设施需多处兴建。而区域运营模式是以一个运营区域为单位进行运营资源的组织和调度，以所辖全部线路车辆高效周转和供需均衡为主要目标，兼顾运营者和乘客的利益，以协调调度模式相互反馈调度计划，制订本区域各线路的运行时刻表和车辆跨线计划，对车辆和劳动力资源的运用进行系统优化，实现公交运力资源统一调配。

区域调度包括单车场调度和多车场调度。单车场调度是指在同一调度区域内（若干条公交线路）的所有运营车辆均由一个车场管理，即同一车场发车、同一车场存放。多车场调度是指在同一调度区域内（若干条公交线路）的运营车辆由多个车场管理，即运营车辆从多个车场发车、完成任务后又返回各自车场。

区域调度是一种集中程度更高的调度模式。在组织形式上，一般而言，对于规模较大的公交企业，往往采用三级调度制，即由总公司调度中心、分公司调度中心和现场管理组成，分公司调度中心成为区域调度的核心部分。对于规模相对较小的企业，大多数采用集中调度形式，即由总公司调度中心直接对所管辖范围内的运营车辆发布调度命令。以济南公交总公司为例，公交企业分级调度管理架构如图 5–2 所示。

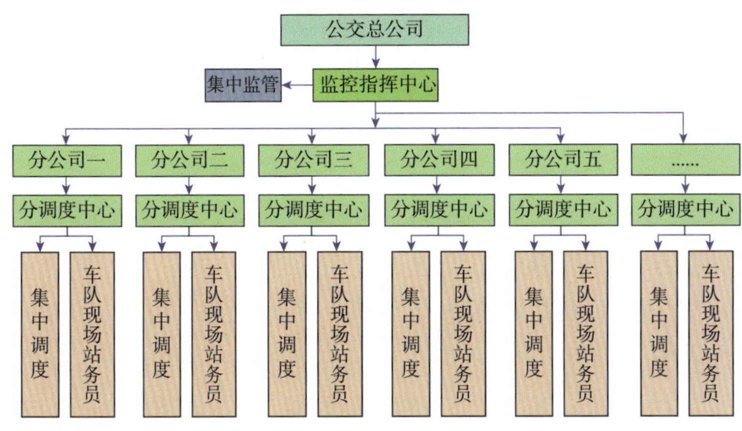

图 5-2 公交企业分级调度管理架构（以济南公交总公司为例）

以区域三级调度管理为例，公交调度管理主要业务流程如图 5-3 所示。

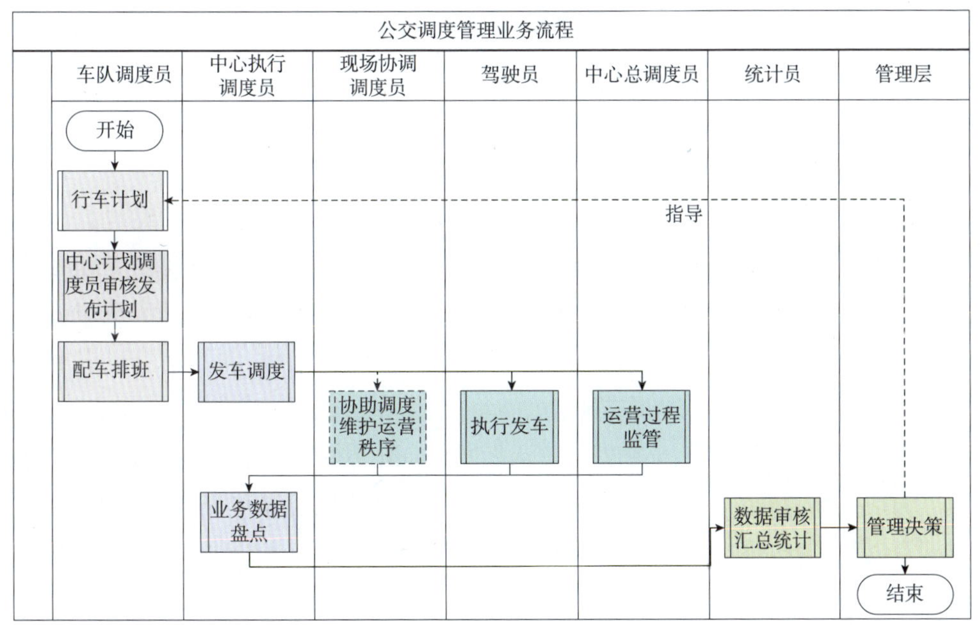

图 5-3 公交调度管理业务流程图

车队调度员根据线路月度运营指标、线路客流变化规律、人车资源配备编制线路运行计划，并完成每日的人车排班计划编制，形成线路发车时刻表，由中心执行调度员（现场执行调度员）具体实施作业。

中心计划调度员对各车队调度员制作并申请发布的计划进行审核，通过后即可发布，未通过则需车队调度员重新调整后再次提交审核。

中心执行调度员（现场执行调度员）根据发车计划组织线路运营调度，并负责线路运营生产业务数据的盘点。

现场协调调度员负责维护线路运营秩序、场站内勤，协助中心执行调度员处理运营异常、应急指挥等工作。

驾驶员按照中心执行调度员（现场执行调度员）的发车指令执行发车，完成当日运营任务。

监控指挥中心监管人员负责线路运营过程监管，确保线路运营质量。

统计员负责业务数据审核，并逐层向上进行数据统计、汇总。

公交总公司、分公司管理层对统计数据进行管理决策，进一步指导、优化行车计划、配车排班计划的编制。

（二）城市公共交通智能监控调度系统结构

在上述公交调度业务流程的基础上，利用信息化技术手段，建设公交智能监控调度系统，通过车辆定位技术、传感器技术、无线通信及电子地图显示技术，采集公交车辆运行中的位置、客流、运营状态等信息，实现对线路的实时监控，与电子站牌连通向乘客实时发布公交车辆位置等信息，满足公交企业对线路及车辆的调度需求。

公交智能监控调度系统在整个交通行业信息化体系中的架构关系如图 5-4 所示。面向企业运营生产管理的公交智能监控调度系统是城市公共交通行业监管的重要数据和系统支撑，也是公共交通出行信息服务所需静态、动态实时信息的基础来源。

（三）城市公共交通智能监控调度系统功能

城市公交智能监控调度系统的功能架构如图 5-5 所示。

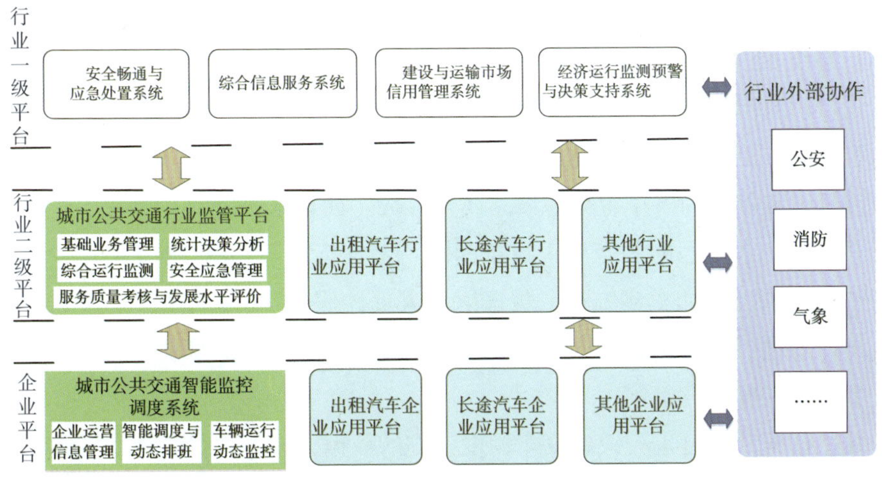

图 5-4 城市公共交通智能监控调度系统与相关系统的架构关系

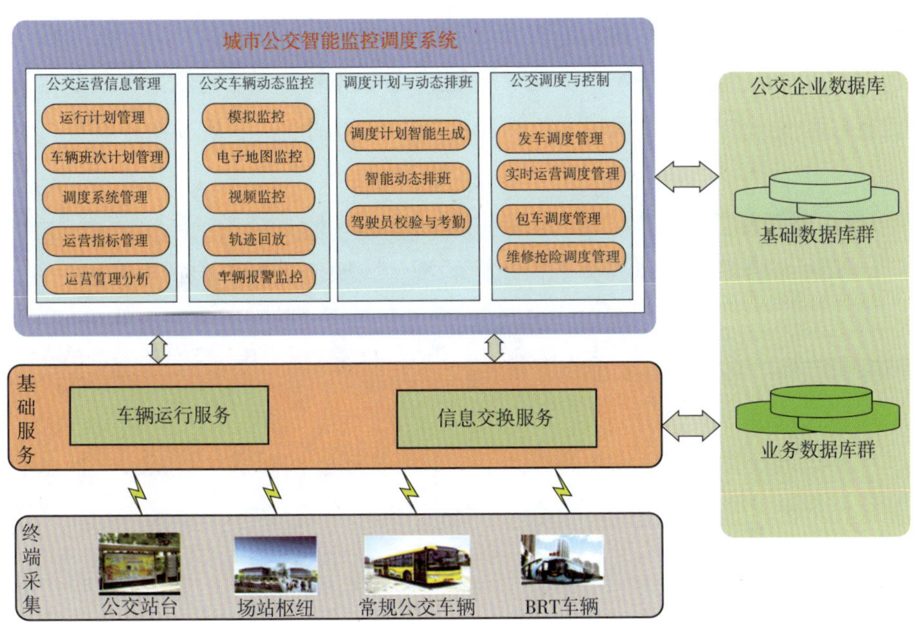

图 5-5 城市公交智能监控调度系统架构

公交智能监控调度系统主要功能包括：

1. 公交运营信息管理

1）运行计划管理

根据客流数据分析，实现对系统自动生成的公交车辆运营计划的统一管理。以线路日运营指标为基础，考虑线路属性参数（如首末班时间、单程周转时间）、运营参数（如各峰段时间范围、发车间隔、考核标准），并结合线路驾驶员、车辆资源调配情况（如车辆维护、包车以及人员休假），编制线路行车计划，并可对发车计划进行灵活调整。车队调度员完成线路行车计划的编制以后，上报公司调度中心计划调度员审核。

线路行车计划是进行线路发车调度工作的依据，因此，行车计划需要发布给中心（现场）执行调度员、公司调度员、现场协调调度员、驾驶员。

2）车辆与班次计划管理

配车排班由车队调度员负责编制。车队调度员根据线路资源配置，当天人车状态以及驾驶员轮休、车辆轮班业务规则编制线路配车排班，并可进行车辆与班次计划的灵活调整。线路配车排班计划是进行线路车辆调度的依据，因此排班计划需要打印发布给中心（现场）执行调度员、公司调度员、现场协调调度员、驾驶员。

3）运营指标管理

以线路为单元，实现各类运营指标的统计、明细分析，包括车辆超速统计、车辆离线明细、发车趟次明细、运营里程统计、首末班准点考核、大间隔考核、到站准点考核、驾驶员发车准点考核等。

4）运营管理分析

在公交运行状态信息采集的基础上，对公交运营情况进行分析，包括车辆准点考核、车辆运营情况分析、线路运行情况分析、动态运营信息统计和线路经营效益评价等。

5）系统管理

实现整个系统中包括车载机管理、调度屏管理、电子站牌管理、系统权限、维修管理、场区管理，驾驶员管理、现场管理员管理和电子站牌管理等。

2. 公交车辆运行监控

公交智能监控调度系统以GIS平台为基础，采用卫星定位技术、移动通信技术，实时采集公交车辆的位置、定位、经纬度、速度、方向等信息，在模拟图上和电子地图上动态显示上述信息以及实时统计的站点负荷、车辆负荷等信息，并可统计和查询线路电子路单、总配车数、实时运营车辆数、车辆部位号、车辆编号、车辆状态、是否到站、发车时间、运营趟次、是否产生大站间隔、出车率提示等信息。

1）公交调度模拟监控

通过公交线路模拟视图，统一显示车辆在线路上的运行状态及到站情况，调度员能够直观地了解当前线路的运营情况，车辆与车辆之间的距离，为调度员合理安排发车、调整车距等调度指令提供依据。

2）公交调度电子地图监控

根据系统对车辆运行状态信息的采集，在电子地图上实时显示车辆的位置信息，并可查看车辆行驶速度，进出站时间，行车速度，定位时间，车辆是否提前、滞后发车，线路上下行平均速度等。

3）车辆轨迹回放

根据车载卫星定位终端采集的行驶位置记录，将一个或多个车辆某时间段内的行驶轨迹在GIS地图上进行回放并可在回放的过程中看到车辆运行轨迹、车辆状态信息及车辆运行公里数。

4）车载视频监控

通过车载视频监控设备，实时监控车内运行安全状况，实现视频的接入、存储和回放等功能。

5）车辆报警监控

根据车辆运行位置和速度等信息，系统能分析和判断车辆超速、越界、异常开关门、发车不正点、线路大间隔、到站不准点及未上线等情况。

3. 调度计划与动态排班

公交智能监控调度系统统筹考虑公交运力资源配置和出行需求，支持日发车方案的初始化与修改；编制车辆时间段（如按日、周、月等）的行车时刻计划以及车辆按某个时间段的行车时刻表，并可进行人工校核及调整；根据人员、首末班发车时间等进行动态的人员排班和车辆之间的关系排班，具有根据驾驶员的工作状态、运营状况、调休人员等进行动态排班功能。

1）调度计划智能生成

能够根据企业配车计划、维护计划、站务公司停置计划等，实现自动生成与手工调整相结合的行车计划功能，确定各时段班车发车频率、发车间隔，不同时段配置车辆数。

2）智能动态排班

系统能够根据线路行车计划，驾驶员出勤，调度规则，交通路况，车辆、人员的临时变更（车辆故障、人员请假、人员病休等），线路突发客流等情况，动态优化车辆排班和发车时刻表，并可进行手工调整。

3）驾驶员校验

系统向驾驶员及时提供车辆已发车趟次、下一次发车时间等信息，方便驾驶员对自己工作情况的核实，并做好发车准备。

4. 公交调度与控制

1）发车调度

企业每个调度终端可同时对多条公交线路实施调度，运营车辆可跨线路运营，实现线路间资源调配（人员调配、车辆调配）；根据优化生成车辆动态发车排班表，系统可自动向显示屏、发车牌和车载系统发出调度指令；工作人员可灵活地根据实际情况对发车排班表进行调整，并可手动发送调度指令和控制发车。

2）实时运营调度

对于营运中需要临时调度的公交车辆，系统提供实时运营调度功能，主要通过手工设置的方式，由系统向车辆发送调度短信、语音指令，进行车辆多样化调度，如掉头、跳站、空放、更改站序、加退营运、上下行切换等。

3）包车调度

支持用户按照长期包车、临时包车、校车、接送、公务等模式，快速、高效地制订、审批包车计划，实现自动生成与手工调整相结合的方式编制行车计划，配置各时段包车车辆数。当包车计划与已有用车计划冲突时，系统自动调整行车计划。

4）维修抢险调度

在公交基础设施或车辆出现故障、运行问题时，调度中心与驾驶员通话确认车辆目前情况，并告知驾驶员及相关维修抢险部门及时对故障车辆进行处理。

5）应急调度

能够根据上级管理部门的重大突发事件应急响应要求，以及相关应急预案和处置方案，进行公交车辆和相关应急物资的及时调配，实施公交车辆协同调度指挥，及时疏散大客流，协同处理和缓解交通拥堵。

（四）城市公共交通智能监控调度中心建设

公交智能监控调度中心（以下简称监控调度中心）是智能化调度的核心和运转中枢。依托企业数据中心，监控调度中心通过公交智能监控调度系统、企业资源管理系统（ERP）等，实现对公交车辆运行的集中监控和调度管理，支撑服务考核、运力调配、统计分析等管理和决策。监控调度中心一般应配置值班座席、综合信息显示、综合通信终端等设备，可扩展配置会议系统、音响系统等。公交企业数据中心机房应集中布置在公交总公司监控调度中心，包括数据库服务器、应用服务器、通信服务器、网络设备、安全设备和存储备份设备等，采用集群模式，中心统一管理和数据集中处理。

根据公交企业运营生产组织方式不同，监控调度中心建设方式分为集中调度和分级调度两种。集中调度模式：所有的调度人员集中管理，对线路、车辆进行统一调度管理，如贵阳、合肥等城市的公交集团。分级调度模式：一般为总公司—分公司—现场三级调度管理，如济南公交总公司等。集中调度模式下，仅有统一的企业监控调度中心，公交智能监控调度系统等实现集中部署和使用，在监控调度中心实现对所有线路车辆的监控和调度管理。分级调度模式下，公交智能监控调度系统等也可进行集中部署，但总公司和分公司的监控调度中心的功能定位不同，总公司监控调度中心主要负责对公交运行状况的统一监控和管理，并协调解决在大客流等应急事件情况下的运力调配等，不具体实施日常的线路运营调度任务；分公司调度中心负责所管辖范围内线路车辆的运行监控和调度管理等任务。建设统一的监控调度中心为公交集中调度管理提供了基础，有利于实现公交运力等资源的共享，包括车辆、驾乘人员统一调配，实现智能化调度和统一的线网优化。

三、城市公共交通智能调度理论与方法

Ceder 在《公共交通规划与运营——理论、建模及应用》中提出，公交运营调度过程一般包括三个基本过程，如图 5-6 所示，通常按下面顺序进行：①时刻表编制；②行车计划编制；③驾乘人员排班。公交运营调度是指城市公交企业根据客流的分布情况、企业的运能、城市公交的特点，通过时刻表的编制、行车计划制订、驾乘人员排班的一系列运营调度过程。做好上述工作，需要解决好行车计划编制、行程时间预测、公交客流预测等方面的关键技术问题。

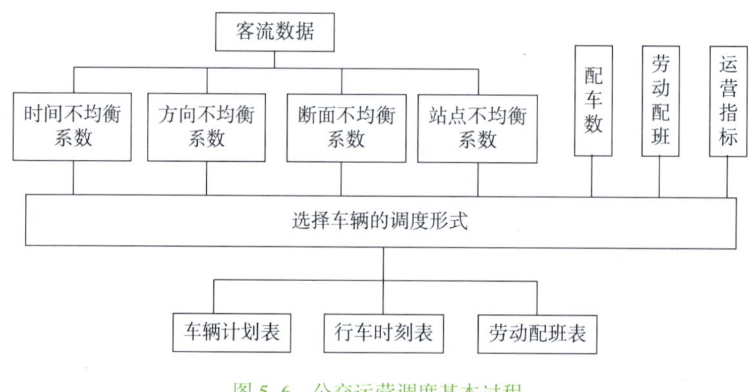

图 5-6　公交运营调度基本过程

（一）公交行车计划编制

公交行车计划包括行车时刻表、配车计划、驾乘配班计划三部分，用于指导区域线路各个车组运营生产的全过程。在多种行车计划需求的基础上，可编制出线路规定配车数量，结束运营车辆进场（站），始发车辆出场（站）时间，需配备的劳动班数、班次、班型、驾乘人员数量，车辆的发车类型，在首末站停留时间及发车时间间隔等。

编制行车作业计划的原则：

（1）依据客流动态变化规律，以最方便和最短时间，安全运送旅客。

（2）调度形式的选定，要适应客流需要，有利于加快车辆周转，提高运营效率。

（3）充分挖掘车辆的运营潜能，不断提高劳动生产率。

（4）组织有计划、有节奏、均衡的运输秩序。

（5）在不影响服务质量的前提下，兼顾职工劳逸结合，安排好行车人员的作息时间。

（6）根据季节性客流量变化来适时调整计划，并根据每周、每日的不同客流量，制订并执行不同的计划安排。

1. 时刻表编制

根据公交车辆行车路线、公交运营早晚班次安排、公交加班信息需求等，确定各时段公交车辆发车频率、发车间隔，统筹安排各线路公交行车时刻表。同时对公交行车时刻表进行评估，最终确定公交行车时刻表并反馈到系统其他模块。公交行车时刻表详细规定了公交企业在计划期内完成的基层运输生产单位（车组）的工作指标，从而为乘客乘车创造良好的条件，并为线路运营管理提供依据。

在实际应用中，公交行车时刻表编制，主要包括行车间隔计算、行车间隔分配、行车间隔排列三个阶段，分别通过公交运营过程中的相关参数建立约束关系，形成计算模型。

1）行车间隔计算

前后两辆公交车辆驶离某公交站点的时距是行车间隔。

在满足一定服务水平的前提下，行车间隔是由满载率、客流量和车型定员来决定的，即：

$$h_1=\frac{I}{f}=\frac{I}{\dfrac{Q_{\max}}{q\times\eta}}$$

式中：h_1——行车间隔；

I——统计时间周期；

f——周期内的发车次数；

$Q_{\max}$——周期内最大断面客流量；

q——额定的车容量；

η——满载率。

当包括区间车、快车等调度形式时，应分别计算统计时间周期区间车、全程车、快车的发车间隔，然后进行适当组合，即：

全程车的发车间隔为：

$$h_{\Delta}=\frac{I}{\dfrac{\overline{Q}}{q\times\eta}}$$

区间车或快车发车间隔：

$$h_{kl}=\frac{I}{\dfrac{Q_s-\overline{Q}}{q\times\eta}}$$

式中：$\overline{Q}$——平均断面客流量；

Q_s——最高断面客流量。

在线路车辆数有一定限制时，可按以下方式计算行车间隔：

$$h_2=\frac{t_0}{n}$$

式中：h_2——行车间隔；

t_0——线路周转时间；

n——配车数。

一般线路行车间隔的计算根据客流量与线路配车数的实际情况，取：

$$h=\max(h_1,\ h_2)$$

行车间隔的最小值$h_{\min}$应满足下列条件：

$$h_{\min}\geqslant\overline{t_{ns}}+\overline{t_y}$$

式中：$\overline{t_{ns}}$——线路沿线中间站平均停站时间；

$\overline{t_y}$——交通信号平均延误时间。

2）行车间隔分配

h计算值为整数时，在统计时间内，h的安排为等间隔排列。h计算值为小数时，为便于掌握，可对之进行取整数处理。令 $h=E\cdot a$（E 为 h 的整数部分，a 为 h 的小数部分），对 h 取整数，即：

$$\text{int}\ h=\text{int}(E\cdot a)=E$$

$$h=\begin{cases}h_b=E+1\\h_\delta=E\end{cases}$$

则较大行车间隔（h_b）的车辆数 f_b 和较小行车间隔（h_δ）的车辆数 f_δ 为：

$$f_b=I-fh_\delta$$

$$f_\delta=f-f_b$$

一般将其综合记为：$I=f_b\times h_b+f_\delta\times h_\delta$

3）行车间隔排列

行车间隔排列指计算值为不同大小的行车间隔在计算时间内的排列次序和方法，通常包括下列三种形式：

（1）从小到大顺序排列：主要用于高峰至平峰的过渡时间。

（2）从大到小顺序排列：主要用于平峰至高峰的过渡时间。

（3）大小相间排列：主要用于高峰或平峰时间，使行车间隔均匀。

2. 行车计划编制

根据公交车辆运行时刻表，确定不同时段配置车辆数，辅助生成全市区各条线路上的整体配车方案，提高车辆使用效率，实现车辆资源最大化，最终确定公交车辆使用计划，并反馈到系统其他功能模块。

3. 驾乘人员配班计划编制

根据公交车辆使用计划，确定驾驶员、调度人员、管理人员等配班方案，同时对于配班方案进行评估，在满足行车计划的前提下，最大限度减少人力投入。同时，充分考虑机动人员数量和轮休安排，最终确定人员配班方案，并反馈到系统其他功能模块。

（二）公交行程时间预测

预测公交的行程时间主要是为了能更好地指导公交企业的调度运营工作，根据大量的实际运行数据，分析线路在不同时间段内的公交车辆行程时间的分布情况，可以清晰直观地显示各时段不同行程时间的出现概率，从而获取在该时段内最有可能出现的公交行程时间。

公交车辆的行程时间与城市居民的出行状况、城市内部道路状态、季节天气等诸多因素都有着密切的联系，根据公交车辆的运行状态以及客流变化规律，可将全天的公交调度计划划分成不同的时段。按照居民的出行规律将调度计划划分为工作日调度计划和节假日调度计划，根据每天客流变化情况将工作日调度计划分为早低峰、早高峰、平峰、晚高峰、晚低峰；节假日调度计划全天划分为早低峰、平峰、晚低峰。建立模型时要按照营运计划的时间段划分来进行研究。

近几十年，在行程时间预测方法方面，已有很多相关研究。根据其预测原理大体可分为三类：第一类是基于传统的数学和物理模型的数理统计分析方法；第二类是基于现代科学的人工智能化方法；第三类是基于交通仿真分析模型的方法。典型的行程时间预测方法包括移动平均法、时间序列法、指数平滑法、参数回归模型、卡尔曼滤波法、BP 神经网络预测模型、Fuzzy 回归模型和交通模拟模型等。

公交车辆行程时间分布也可称公交车辆行程时间可靠度，主要是指在一定的时间段内，相同路况下单条线路公交车辆完成首站到末站的行驶时间的概率情况，它描述了公交车辆在完成此条线路营运任务的可能性。其基本公式为：

$$R(t)=P_r\{t_i\leqslant\theta\}$$

式中：$R(t)$ ——相同时间段内，相同线路相同路段相同方向下，公交车辆从首站到末站的不同行程时间出现的概率；

t_i——相同时间段内，相同线路相同路段相同方向下第 i 辆公交车辆从首站到末站的行程时间；

θ——行程时间的阈值，代表乘客的出行期望时间。

根据以上结果可以得出，要得到公交车辆行程时间的预测值，实际上要求解公交车辆单程运行时间的累计分布函数。因此，获得公交行程时间预测值的关键就是建立公交车辆行程时间分布函数模型。

（三）公交客流预测

客流统计和预测是公交运营调度生产的核心问题，地位非常重要。在现实中，公交线路上的客流不仅随季节变化，在一天之内客流量变化也非常明显，因此应根据客流变化来调整公交调度计划，而不能一成不变。例如在客流高峰期，发车间隔应明显减小，从而及时疏散乘客，减少乘客等待时间，缓解城市交通压力；在客流平峰期和低峰期，应采取间隔比较大的发车方式，尽可能提高车辆的满载率，从而减少公交企业的损失。

客流数据是公交运营生产中最基础、最关键的数据。以往获取公交客流数据的方法是采用人工调查的方法，主要包括随车公交客流调查和站点公交客流调查。这种方法投入大，调查结果“覆盖度、准确性、及时性”远远不能满足客流变化和企业适时投入的要求。随着公交智能化的发展，IC 卡技术、视频客流采集技术、GPS 技术等日趋成熟和广泛应用，实时客流数据采集和挖掘分析应用，弥补了人工调查的缺点，而且具有样本量大、费用低、动态更新等优势。客流采集数据为客流预测提供了基础和依据。

公交客流预测模型一般包括长期模型、短期模型、日曲线模型和实时（准实时）模型。长期模型是以年为单位的公交客流预测模型，来预测城市公交系统今后几年内的客流需求情况，用于公交系统发展规划以及新开线路论证等。短期模型是以月为单位的公交客流预测模型，来预测整个公交网络或某区域公交网络未来几个月的客流需求情况，用于公交企业制订运营计划、班次安排等。日曲线模型是以小时为单位的公交客流预测模型，来预测公交系统未来 24h 或 48h 内的小时客流需求曲线，用于公交企业安排车辆具体的班次计划等。实时（准实时）模型是预测未来几分钟或者几十分钟内各公交站点的客流需求情况，用于突发大客流事件发生时的车辆调度安排等。

在理论方法上，研究主要集中于长期、短期客流的预测，而短时公交客流预测方面的研究则相对较少，在实际中的应用更少。近年来，一些学者采用小波分析、支持向量机、灰色预测模型以及 BP 神经网络等方法对短时客流预测进行了初步研究。邓浒楠等（2012）提出一种基于多核最小二乘支持向量机的公交客流预测方法，并对长春市短期公交客流进行了预测。梁雪玲（2012）采用灰色预测模型 GM（1,1）对公交线路沿途各站点的乘客到达率进行短时动态预测。任崇岭等（2011）采用小波神经网络对北京地铁短时客流量进行预测，数据为周一至周五每天早 5 时到晚 23 时（18h）且每隔 5min 记录一次的数据集，其中利用前 4 天数据进行网络训练，利用第 5 天的数据进行预测。张春辉（2011）等提出了以卡尔曼滤波作为公交站点短时客流的预测模型，并给出了模型的求解过程。顾杨等（2011）提出时间序列模型进行短期预测的方法，建立自回归滑动平均 ARMA（2,1）模型，预测枢纽站点短期总客流量。但这些模型算法的自身特性及适用条件，模型的预测精度、实时性以及可移植性等方面还需要进一步改进和提升。短时客流预测方法优缺点对比见表 5-1。

短时客流预测方法优缺点对比分析表　　表5-1

模型类别	典型预测方法	模型优点	模型缺点
线性模型	时间序列、历史平均、线性回归分析	计算简单、数据要求较低	在复杂环境下无法保证预测精度
智能模型	神经网络、蚁群算法、非参数回归分析	较强数据拟合能力，预测精度相对较高	计算复杂，数据量要求较高
组合模型	两种以上预测方法组合	各模型优劣互补，预测精度较高	计算复杂，各模型之间组合方法需进一步研究
其他模型	交通仿真模型、小波分析、动态交通分配模型	适用于复杂以及非线性交通环境，预测精度较高	计算模型复杂，参数选择困难，实用性有待研究

第二节　城市快速公交智能调度与运行监测系统

城市快速公交（即快速公共汽车交通，Bus Rapid Transit，简称 BRT）利用现代化公交技术配合智能交通和运营管理（集成调度系统），开辟公交专用道路和建造新式公交车站，实现轨道交通模式的运营服务，可达到轻轨服务水准。其具有常规地面公交灵活、造价低等优点，又兼具类似轨道交通容量大、速度快的特点。

城市快速公交智能调度与运行监测系统功能与常规地面公交基本一致，不同之处在于 BRT 一般会设置全时段、全封闭、形式多样的公交专用道，提高 BRT 运营速度、准点率和安全性，同时会配置大容量、高性能的车辆确保 BRT 的大运量、舒适、快捷的服务。BRT 车站提供水平登乘、车外售检票、实时信息服务、监控系统等，为乘客提供安全舒适的候车环境、动态全面的出行信息和快速方便的上下车服务。

本节重点介绍 BRT 智能调度与运行监测系统与 BRT 智能监控调度指挥中心的建设。

一、BRT 智能调度与运行监测系统概述

BRT 智能调度与运行监测系统是整个快速公交系统的核心部分，通过车载终端系统、站台系统与智能监控调度指挥中心系统等的融合，实现车辆的运行监控、智能调度，并通过站台系统为公众提供优质的出行服务。

二、BRT 智能调度与运行监测系统总体结构

BRT 智能调度与运行监测系统包括车载终端系统、站台系统、停车场系统与智能监控调度指挥中心系统。BRT 智能调度与运行监测系统结构图如图 5-7 所示。

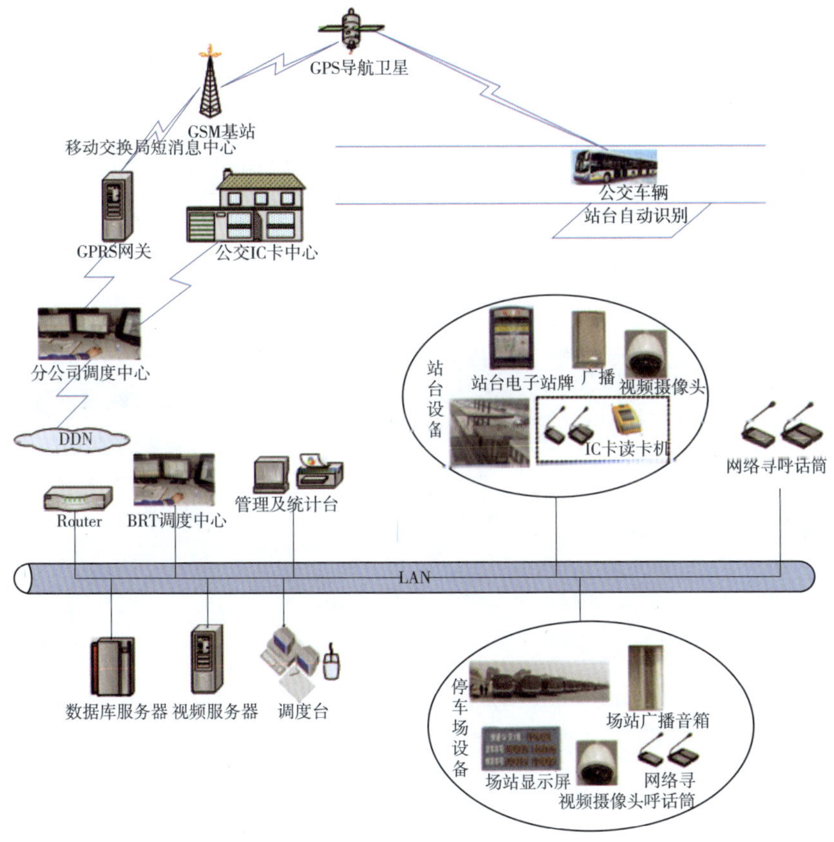

图 5-7 BRT 智能调度与运行监测系统结构图

三、快速公交站台智能管控系统建设

快速公交站台智能管控系统包括客流闸机系统、安全屏蔽门系统、周界防范系统、视频监控系统、数字广播系统、时钟同步系统、站台中控系统、站台乘客信息服务系统等系统。

（一）客流闸机系统

客流闸机系统与售检票设备结合，实现站台客流统计功能。闸机一般设置在 BRT 站台的出入口处，根据刷卡情况控制闸机的开关，并统计出入站人数。

（二）安全屏蔽门系统

安全屏蔽门系统安装在站台边缘，将车辆行驶区域与站台候车区域隔离开来。车辆进出站时，安全屏蔽门系统随着车门的开闭而自动同步开闭。安全屏蔽门系统是保障行车、候车安全的车站安全防护系统。

（三）周界防范系统

周界防范系统的主要功能是在夜间 BRT 车辆停运期间防范非法入侵。主要设备包括红外对射探头、信号控制设备及监控主机，将探测器和报警设备进行联动设计。

（四）视频监控系统

BRT 的视频监控系统由前端监控点子系统和后端的监控中心子系统组成，两个子系统通过网络进行数据传输。其中，前端监控点子系统的主要功能是通过摄像机和网络视频编码器将采集到的视频信息数字化，并通过网络发送到监控中心子系统；后端监控中心子系统的主要功能是通过通用的计算机，将各前端监控点传输过来的网络视频数据进行有效的管理组织，并为监控人员提供查看、控制和管理监控点图像的界面。监控中心设备包括：视频解码器、视频管理服务器、数据管理服务器、媒体交换服务器、管理工作站和存储设备等，此外还包括 DLP

大屏和液晶显示器组成的电视墙，能更好地显示监控图像。

（五）数字广播系统

数字广播是指将数字化了的音频信号、视频信号，以及各种数据信号，在数字状态下进行各种编码、调制、传递等处理。数字广播音质纯净，抗干扰能力强，收听效果好。BRT 各场站间有高带宽的光纤连接，场站内都有以太局域网，在此网络环境下花费较小的代价安装 IP 语音广播通信系统能够取得很好的效果。数字广播系统 IP 网络主控机和系统服务器设置在调度中心，其设备可以安装在调度中心机房的标准机架上。

（六）时钟同步系统

时钟同步系统为 BRT 智能调度系统的各通信设备提供统一的标准时间，并为其他各有关系统（票务系统）提供统一的标准时间信号，使各系统的定时设备与本系统同步，从而实现 BRT 全线统一的时间标准。网络时间协议（Network Time Protocol，简称 NTP）时间服务器设备设于 BRT 监控调度指挥中心的中心机房内，NTP 时间服务器可接收 GPS 标准时间信号，通过时间码输出接口，能够给其他各相关系统提供时间同步信号。

（七）站台中控系统

BRT 站台应具有中控系统，实现对闸机、安全屏蔽门等外围设备的控制。

（八）站台乘客信息服务系统

站台乘客信息服务系统的功能如下：

（1）在站台上通过电子站牌、多媒体信息显示屏、高亮度 LED 显示屏、广播等为候车乘客提供车辆到站信息、车辆预报信息，使乘客能够了解目前车辆的行驶情况，缓解候车乘客等待时的焦虑。便于乘客更有效地利用候车时间。

（2）通过触摸查询机、多媒体显示屏、LED 显示屏、广播系统为乘客提供交通换乘信息和天气新闻等社会信息以及一些广告信息。使乘客更有效地利用乘车时间，同时使换乘衔接更为高效，提供给乘客多种换乘方案，节省乘客的出行时间，提高乘客的出行效率。

BRT 站台乘客信息服务内容见表 5–2。

BRT站台乘客信息服务　　表5–2

功能类别	具体功能	备　注
信息服务	语音、文字报站、预报站信息	
	相关换乘信息显示	
	公益宣传信息	
	天气、新闻等信息	
	多媒体信息服务	
	重要信息即时发布	
站台管理	站台广播功能	对站台候车秩序等进行调度
	IP 语音通信	站台情况及时反馈中心

四、BRT 智能监控调度指挥中心建设

BRT 智能监控调度指挥中心集成了信息通信与数据处理、指挥调度管理、运营管理等子系统，实现整个系统数据的集中处理和运营车辆的集中监控调度管理。调度信息中心为整个系统的一级管理平台，拥有最高权限，既可以分级管理指挥调度下属的部门，也可在需要时直接指挥现场营运的公交车辆。中心通过监视屏幕对车辆进行监控，提高调度指挥效率，实现公交企业运营管理方式的提升、运营计划制订的实时准确、运营数据的实时汇总处理和分析。

BRT 智能监控调度指挥中心具有对纳入本系统各类公交车辆进行监控调度和对线路调度室进行管理的功能（包括特殊情形下的应急调度）。中心包含车辆监控调度系统、运营信息管理服务系统、GIS 系统、协调调度系统和数据采集处理系统等。

BRT 智能监控调度指挥中心设计应充分考虑在未来 5~10 年内的运营规模扩大及需求扩张的需求，预留软件及硬件的扩展需求。

第三节 城市公共交通专用道信号优先系统

一、系统概述

公交专用道（本书中特指公共汽、电车专用道）和信号优先（本书特指公共汽、电车的信号优先）是公交优先的两个主要工程技术手段。公交专用道概念的提出可以追溯到1937年美国芝加哥（Chicago）的交通规划，而世界上第一条具有广泛影响力的公交专用道源于1974年巴西库里蒂巴(Curitiba)的快速公交系统。通过设置公交专用道，赋予公交车辆以空间上的优先通行权，可以大大降低社会车辆对公交车辆运行的干扰，进而提高公交系统的运行速度和可靠性。最早的信号优先可以追溯到1967年Wilbur等人的研究。通过信号优先，一方面可以提高公交系统的运行速度、准点率和可靠性，进而增加公交系统的吸引力，促进交通方式转移，从而缓解交通拥挤；另一方面，信号优先还可以降低公交系统运营成本，提高公交企业的运营效率。公交专用道属于城市公交设计与建设范畴的研究工作，本节重点关注公交信号优先方面的研究与工程实践。

经过50年左右的发展，公交优先理论从最初的手动优先，发展到最新的自适应优先(Adaptive Priority)，并从最初的公交无条件绝对优先(Unconditional Priority）发展到有条件相对优先（Conditional Priority）。随着控制论、人工智能等关联学科的发展和ITS等相关技术的进步，信号优先的研究方法也从最初基于逻辑的感应控制发展到最优控制、模糊控制以及基于Agent的优先控制。公交优先策略中考虑的因素也逐渐增加，从最初仅仅依据车辆是否到达或通过检测器进行优先控制发展到利用车辆的定位信息、运行状态信息、客流信息等综合信息优化公交优先策略。同时，公交优先也逐渐内化为交通控制系统的一个核心功能。

在绝大多数的信号优先策略中，公交优先需求及公交车辆到达交叉口的时刻是重要的基础信息。在公交车辆和社会车辆混行条件下，公交运行受环境干扰较大，特别是当社会交通较为拥挤时，公交行程时间随机性较大，信号优先控制实现变得非常困难。公交专用道的建设为解决这类问题创造了条件。相对而言，公交专用道中交通总体需求少，公交车辆受干扰也较小，路段运行稳定性高，为交叉口优先控制的实施提供了非常便利的条件。因此，尤其在我国，包括北京、上海、广州等城市，主要都基于公交专用道进行信号优先控制的实践。换言之，公交专用道不是信号优先的必要条件，但设置公交专用道后，可能会达到更好的优先控制效果。

当前，有轨电车在我国蓬勃发展，交叉口信号优先系统也是其效率发挥的关键支撑。本质上，从道路交通控制系统角度分析，有轨电车信号优先相对于常规公交最大的区别在于其提供的车辆信息更准确，所要求的优先度更高。因此，有轨电车信号优先与常规公交信号优先的基本逻辑和实现途径类似。为了实现更高的优先级，并降低信号优先对其他交通的影响，有轨电车优先控制可通过与运行组织调度以及车辆控制的集成优化实现更高的效率。

二、公交专用道信号优先系统结构与功能

（一）信号优先控制与交通控制系统

Alexander 指出，从哲学关系上分析，公交优先控制系统必须作为城市交通控制系统的一部分，而不能独立其外。从管理者的角度，公交优先控制与城市交通系统控制的最终目标是统一的，都是为了提高“人”和“物”的运输效率；从实现的角度，公交车辆与社会车辆在同一网络上运行，控制策略的调整，会同时影响到两类交通流。本书后续关于公交优先控制的讨论，均以整体交通控制系统为背景展开。

总体而言，根据可能采用的信号优先策略和实现途径，信号优先控制系统架构如图 5-8 所示。基于交通流统计数据，可以生成被动优先方案，该方案可以独立实施，也可以作为主动或实时优先方案的基础。主动或实时优先既可以通过单点信号机独立优化完成（亦常称为本地优先），也可以把优先申请上传到控制中心（或子区控制机），优化生成网络协调优先方案，进而结合信号机的单点优先能力实现公交优先。

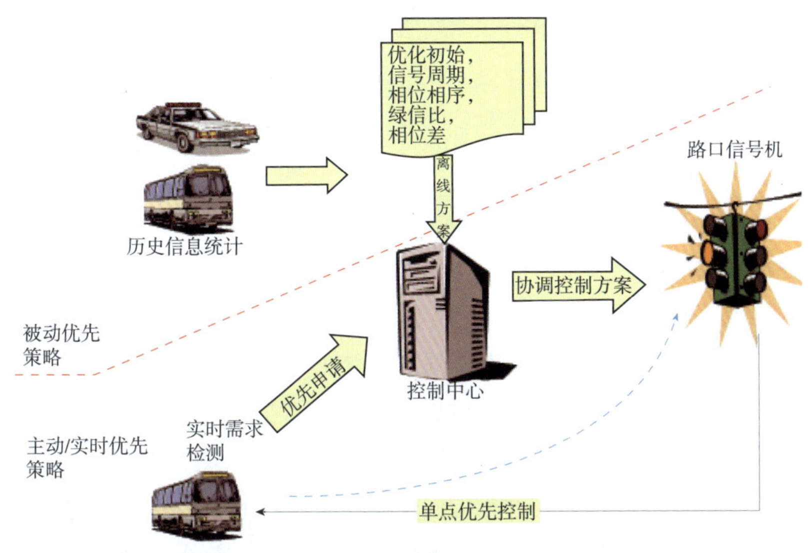

图 5-8 公交优先控制系统构成

（二）信号优先控制系统的逻辑结构

信号优先控制系统须具备三项基本功能，即测量、计算和执行。类比对应于经典控制系统的控制过程，可以设计出信号优先控制系统的逻辑结构，如图 5-9 所示。

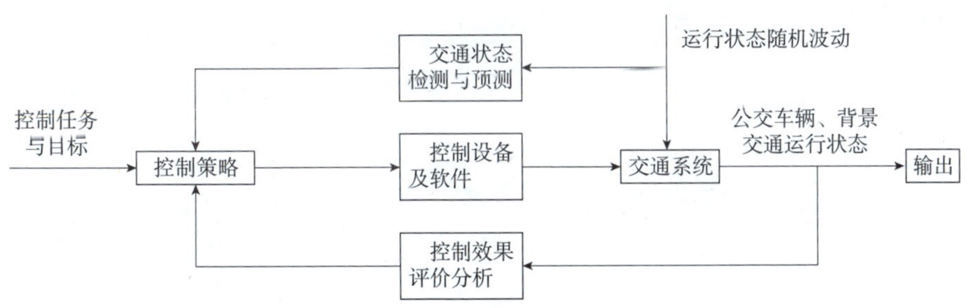

图 5-9 信号优先控制系统逻辑结构

交通状态的检测与预测承担了公交优先申请生成的功能，相当于经典控制系统的测量模块。获得必要的信息后，在给定控制任务与目标的指导下，信号优先控制系统生成最佳的控制策略，相当于经典控制系统的“比较、计算模块”，然后通过控制软件和设备改变交通控制方案，对交通流进行控制，相当于经典控制系统的“执行”模块。根据执行效果，控制系统进行进一步的调整与优化，相当于经典控制系统的“反馈”过程。

（三）公交优先控制系统物理构成

对应于上述逻辑结构，公交信号优先控制系统的物理构成主要有如下三个部分：

交通信息检测系统。该系统不但应能够提供公交车辆的检测信息，以支撑优先申请的生成，同时也需要提供社会车流的检测信息，以支撑优先控制策略的优化。传统的公交优先控制系统大多以线圈等作为主要的信息检测手段。随着车辆自动定位、无线射频（RFID）等信息采集技术的进步，车载智能终端、视频等技术陆续被采用，所采集到的信息也已经扩展到载客量等更全面的内容。

信号控制机及优化软件。这是提供优先控制服务的核心构成部分。根据信号控制机的功能以及优先控制策略要求的不同，优先控制策略的优化功能既可能通过单点信号机在本地完成，也可能需要通过控制中心的优化软件完成。

通信系统。在信号优先控制系统中，通信系统主要有两个任务：一是把信息采集系统检测到的公交优先申请信息传送到信号机；二是支持本地信号机之间及其与控制中心的信息传输。

（四）信号优先控制的服务过程

信号优先控制的整个服务过程，分为监听申请、服务准备、优先服务和状态恢复四个主要阶段。在这一过程中，控制系统需要做出一系列的决策与判断。图 5-10 描述了这一过程经过的主要阶段。

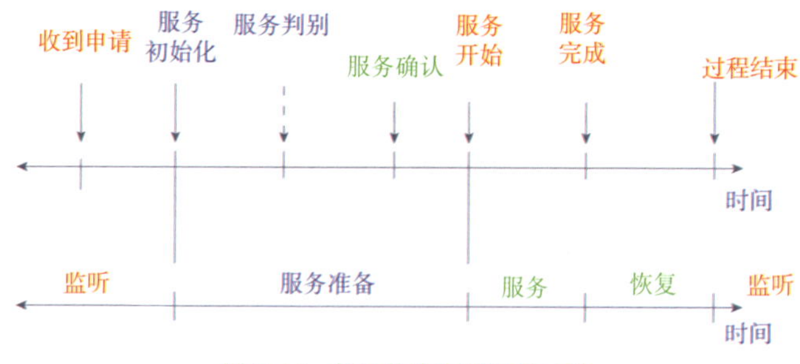

图 5-10　信号优先控制服务过程

申请监听阶段：在优先申请接收到之前，申请监听逻辑用于循环监视控制范围内的公交车辆运行信息和信号控制方案的执行信息。

服务准备阶段：从接收到申请至服务开始这段时间为服务准备阶段。优先申请判断逻辑在这一阶段执行，在“服务确认”之前，系统可以根据优先申请判断程序直接拒绝该申请的服务而不会影响背景交通控制方案。在“服务确认”之后，优先控制逻辑开始执行，系统仍可以删除优先申请，但是此时控制方案至少已经部分发生了改变。

服务阶段：系统通过调整信号控制方案，对公交车辆进行优先控制。

恢复阶段：对因公交优先而引起背景控制方案的变动进行恢复。包括绿信比的再分配和返回协调控制方案等。

（五）信号优先信息系统运行流图

随着信号优先技术的发展，越来越多的理论研究和工程实践者意识到信号优先控制需要公交调度信息的支持，控制系统和调度系统需要共享车辆运行的实时信息。据此，提出了基于控制与调度信息共享的信号优先控制系统信息流图，如图 5-11 所示。通过公交共享信息数据库，实现调度与控制信息共享。在这种情况下，仅通过一套公交车辆信息采集设备，一方面能够满足公交车辆实时调度监控的要求，另一方面又能够为控制系统提供所需的信息。同时，调度和控制信息共享之后，还能实现公交运营调度策略与信号优先控制策略的协调，这将大大提高二者的效率。

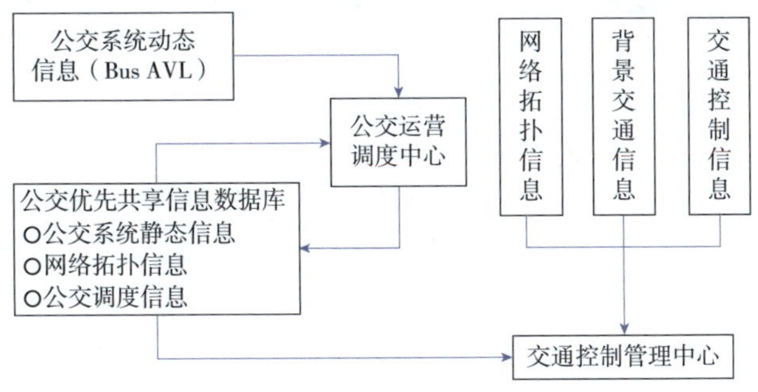

图 5-11　信号优先控制系统信息流图

三、公交专用道信号优先信息采集技术

（一）公交信号优先控制的信息需求分析

为实现信号优先控制系统功能，信息采集系统所提供的信息需能够满足生成被动优先方案和主动优先方案的要求。必须注意到，信号优先控制系统与公交智能监控调度系统进行交互，并获得相关信息。总体而言，信号优先控制系统所需信息主要有如下五大类。

道路 / 公交网络拓扑结构信息，是制订后续所有控制方案（包括背景交通控制方案、被动优先方案、主动优先方案）的基础信息。

背景交通信息，是制订背景交通控制方案的基础信息，同时是在制订被动优先控制方案时，权衡背景交通与公共交通优先级的基础信息。

公交系统信息，是制订被动优先方案的基础信息。

交通控制系统信息，交通控制系统是信号优先实现的基础，交通控制系统的结构影响信号优先的实现逻辑，控制信号的实时状态是信号优先的基本依据。

公交智能监控调度系统信息，是制订信号优先控制方案的基本依据，同时也规定了信号优先控制的基本目标。

各类信息的详细内容见表 5-3。

信号优先控制系统信息需求　　表5-3

类　别	静态/离线信息	动态/在线信息
道路 / 公交网络拓扑信息	路网拓扑结构	—
	公交网络拓扑结构	—
	公交线路数及走向	—
	交叉口间的距离	—
背景交通信息	背景交通流量信息	背景交通实时需求信息
	—	背景交通运行状态指标
公交系统信息	公交停靠站位置	公交车辆位置信息

续上表

类　别	静态/离线信息	动态/在线信息
公交系统信息	站点客流情况	公交车辆满载率信息
	车辆状况信息	公交车辆进 / 出站信息
	—	公交车辆通过信息
	—	公交车辆时刻表偏移值
	—	公交车辆与前后车的车头时距
	—	上下客信息
交通控制信息	控制系统逻辑结构	背景交通控制方案运行信息
	背景交通的初步控制方案	背景交通方案的更新信息
公交智能监控调度信息	公交车辆时刻表	实时调度指令
	线路发车频率	实时运营速度
	线路运营速度信息	—

（二）公交运行实时信息采集技术

在信号优先控制系统中，实时动态信息的获取，对于控制策略的针对性、主动性和运行效率都有重要的影响。实时交通信息采集系统的研究已经取得了非常大的进展，一方面大量采用先进的微波检测、视频、无线传感网络等检测技术，提高所采集信息的质量及精度，丰富信息采集手段及信息来源；另一方面更加强调各个信息采集子系统的协同工作及不同来源信息之间的融合。总体上，目前世界各国采用的交通信息采集方式主要分为固定式检测技术和移动式检测技术两大类，其对比见表 5-4。

需要指出，当有公交专用道时，上述技术都可以直接用于公交车辆的检测。当公交车辆与其他车辆混行时，检测系统需要具备识别公交车辆的功能。相对而言，此时公交车辆识别能力较高的检测系统如移动式检测技术的可靠性更高。

信息采集技术对比表

表5-4

检测技术		优点	缺点
固定式检测技术	磁频检测技术（以环形线圈为代表）	（1）技术成熟，价格也相对合理，安装成本低； （2）检测误差率相对较少	（1）施工量大； （2）埋置需切割路面，有安全隐患； （3）效果及寿命受路面质量的影响很大； （4）当车流拥堵，车间距小于3m的时候，其检测精度大幅降低
	波频检测技术（以超声波检测器为代表）	（1）安装时不需破坏路面，也不受路面变形的影响； （2）使用寿命长，可移动，并且架设方便； （3）不存在检测时受遮挡的问题； （4）车速的检测有较高的检测精度； （5）车型识别较准确	（1）检测范围呈锥形，受车型、车高变化的影响，检测精度较差，特别是车流严重拥挤的情况下； （2）检测精度易受环境的影响，尤其是大风、暴雨等的影响，因为风速过大会导致超声波束产生漂移； （3）探头下方通过的人或物也会产生反射波，造成误检
	视频检测技术	（1）安装简便，无须破坏路面； （2）设置虚拟检测域时，不干扰正常交通； （3）维护工作简单，只需偶尔清洗摄像镜头； （4）调整方便，可随时调整检测域的设置，无须因维修而中断交通检测	（1）环境条件（如天气、光线等）等影响检测精度； （2）精度受图像处理算法效果的限制
移动式检测技术	卫星定位技术	（1）数据采集的连续性好； （2）车辆可实时定位； （3）需要安装的硬件设备较少	（1）系统后期运营费用、维护费用和通信费用高； （2）数据精度受城市的地形影响大； （3）容易受电磁干扰
	电子标签技术	（1）数据采集稳定性好； （2）数据精度高	（1）硬件投资大； （2）安装麻烦，路侧读卡器需要电源支持； （3）系统后期维护费用高

（三）信息检测系统布置要求

信号优先控制系统要求能够在任意时刻获得车辆的运行状态，以此为依据分析处于控制区域内车辆的优先需求及信号控制方案对各个车辆的影响。随着ITS

相关技术的发展，AVL（Automatic Vehicle Location）系统已经能够实现这一功能，如利用车载GPS相关技术就可以实现车辆的自动定位。但是考虑到实际投资和实施条件等约束，常用在关键点（停靠站、交叉口）上的信息采集系统代替全线的实时信息采集系统。

无论采用哪一种信息采集系统，车辆通过关键点（断面）时信息的获取是支撑信号优先实现的关键。图5-12是路中型公交专用道，停靠站位于进口道的情况下，关键信息检测点分布示意图。如果采用移动信息检测器，控制系统应能够自动获取车辆通过这些关键点的信息。如果采用固定信息检测器，需要在这些关键点位置布设检测器。根据道路条件，提前申请检测器、进站检测器和出站检测器可以合并为一个或者两个检测器。为节约成本，也可考虑不设置通过检测器。

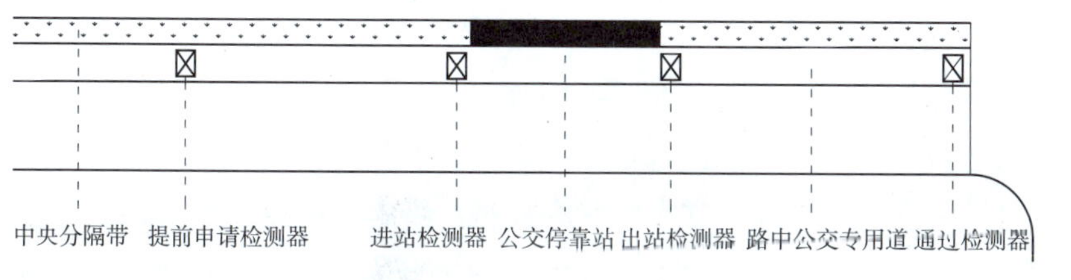

图5-12 关键信息检测点示意图

四、公交专用道信号优先策略与模型技术

（一）常用公交信号优先控制策略

TCRP的研究报告中，引用了Sunkari等人的观点并结合Yagar和Chang等人的最新研究成果，将公交优先策略分为被动优先策略（Passive Priority Strategies）、主动优先策略（Active Priority Strategies）和实时优先策略（Real-time Priority Strategies），对应的常见交通控制方法见表5-5。

公共交通优先控制基本策略 表5-5

被动式优先策略（Passive Priority Strategies）	主动式优先策略（Active Priority Strategies）	实时优先策略（Real-Time Priority Strategies）
调整周期长度（Adjustment of Cycle Length） 重复绿灯（Transit Movement Repetition in the Cycle） 绿灯时间分配原则（Green Time Bias Towards Transit Movement） 相位设计方法（Phasing Design Bias Towards Transit Movement） 公交运行的协调绿波（Linking for Transit Progression）	相位延长（Phase Extension） 提前激活相位（Early Phase Activation） 公共汽车专用相位（Special Transit Phase） 相位压缩（Phase Suppression）	延误优化（Delay Optimizing） 交叉口控制（Intersection Control） 网络控制（Network Control）

1. 被动优先策略

被动优先主要是通过收集公交车辆运行的历史数据，以预测需要的优先等级。为了减少其他设备的投入以及易于操作，被动优先主要采用以下方法：

（1）减少周期长度——在交叉口饱和度不增加（拥挤程度不恶化）的前提下，采用短周期可以有效减小车辆的延误及排队长度。

（2）重复绿灯——在一个信号周期内，给予公交车辆多次通行时间，从而可以有效降低公交车辆的总延误。

（3）绿灯时间分配原则——对公交车辆的进口方向，在分配绿灯时长时，应考虑公交车辆的运行情况，以降低拥挤程度、减少车辆延误。

（4）相位设计方法——保证公交车辆优先通行的特殊相位设计。

（5）公交运行的协调绿波——以低车速的公交车辆为协调控制对象，设置合理的相位差以减少公交车辆的运行延误。

被动优先策略建立在统计数据的基础上。通过考虑公交车流与社会车流运行特性（流量变化、速度、停靠）的不同，在交通控制的离线方案中为公交车辆提供优先。离线控制策略可以较好把握公交车辆在整个控制区域内的统计运行情况，并能对控制区域内的道路网络和公交网络拓扑结构、公交车流和背景交通流的统计规律进行综合分析，且可以把道路空间资源的优化纳入时空一体化的优化过程中。在公交需求较大的情形下，被动优先策略具有很大的潜在效益。但被动优先策略无法适应实时交通需求的变化，所以在实际应用中可能受车辆到达等随机因素影响而效果不佳。

2. 主动优先策略

相对被动优先而言，主动优先策略更加复杂，实现也比较困难。其主要是依靠检测器对公交车辆运行情况进行识别分析，实时调整交叉口信号控制方案，从而实现公交车辆的优先通行，主动优先主要采用以下方法：

（1）相位延长——当有公交车辆到达交叉口停车线时，相位绿灯时间继续保持，直到公交车辆驶离交叉口相位绿灯时间结束。

（2）提前激活相位——当有公交车辆在红灯期间到达交叉口时，提前中断相位的红灯时间，从而减小公交车辆在交叉口的延误时间。

（3）专用相位设置——多相位控制交叉口，在非公交相位之间设置公交专用相位能够显著减少公交车辆延误。

（4）相位压缩——在某些情况下，可以适当压缩非公交通行相位的绿灯时长，以转到公交通行相位。

（5）插队控制——设置锯齿形公交进口道和公交预先信号，以提供公交车辆在交叉口处的优先排队，减少延误。

由于采用了必要的公交车辆检测装置，主动优先控制更能适应交通流的动态变化，控制方法与被动优先相比也更为灵活，但目前采用最多的仍是延长现行相位或提前激活相位来为提供公交车辆优先通行权。在单点交叉口信号优先中，主动优先的应用最为广泛。然而，当交叉口处于协调控制单元中时，单点优先策略的实施及其效果将受到两方面因素的影响。其一，单点优先改变交叉口信号配时，从而可能严重影响社会车流信号协调效果；其二，在某一个交叉口实施的优先策略可能受到下游交叉口的影响而失效。

3. 实时优先策略

实时优先策略通过性能指标函数优化交通信号控制方案，为公共汽车提供优先权。这些指标中，首要的是延误指标。延误指标可以包括乘客延误、车辆延误或这些指标以某种形式的联合。实时优先策略用实际观测到的车辆数（包括社会车辆和公交车辆）作为模型的基本输入参数，通过模型或者通过对几个候选配时方案的评价来选择其中最优的方案，或者根据相位时长和相序来优化配时。同时实时优先策略可以结合紧急状态的处理，提高公交车辆运行准时性。

从理论上分析，实时优先策略能够基于实时信息，同时考虑社会车流、公交车辆等需求情况进行交叉口或多个交叉口控制参数的整体优化，其效果应优于相对简单的被动优先策略或主动优先策略。但实时优先策略大多依赖于准确的行程时间、交通需求等预测模型，而预测模型的准确性则受具体道路、交通条件的影响较大。因此，实时优先策略在国内外的实际应用相对较少。

（二）信号优先控制优化方法与模型

1. 被动优先策略优化方法与模型

作为典型的被动优先控制方法，信号周期、绿信比和相位差的优化模型在诸多研究中均有涉及，在此不做赘述。以下仅以时空协调优化模型为例介绍被动优先控制的模型方法。

基于车道的优化方法。车道功能与信号配时的相互作用较早就被意识到，并发展出一类基于车道的优化模型。然而，这些模型中缺乏对于公交车辆和公交专用道的考虑。例如，在已经确定有一条直行公交专用道的情况下，如能分配直行小汽车更少的车道和更多的绿灯，则可以一方面满足小汽车的通行能力（虽然车道少，但绿灯增加了）；另一方面可以减少公交车辆的延误（专用车道数已经确定，但绿灯长度或者说绿信比增加了）。结合编者在研究及实践中的工作，面向公交优先控制策略优化中信号控制与车道功能划分的相互影响问题，从车道功能—信号控制组合优化的角度，考虑如下两类目标，可以建立优化模型。

目标函数Ⅰ：以人为单位的通行能力最大化

$$max\,\mu\sum_{i=1}^{N_T}\sum_{j=1}^{N_T-1}Q''^{v}_{ij}+\mu^{b}\sum_{i=1}^{N_T}\sum_{j=1}^{N_T-1}Q''^{b}_{ij}$$

其中，Q''^{v}_{ij} 和 Q''^{b}_{ij} 分别为从交叉口的第 i 肢到第 j 肢的小汽车载客量（人/h）和公交车辆载客量需求（人/h）；μ 和 μ^{b} 分别是小汽车和公交车辆的储备通行能力乘子；N_T 是交叉口总的分肢数。

可以证明，如果取每一辆公交车辆的载客量和小汽车相同，即当路网上车辆都是小汽车时，则该目标函数等价于车辆储备通行能力最大。基于上述目标函数建立的模型可以很好地反映以人为单位的运输效率，进而实现交叉口空间资源与时间资源的最优分配。此外，还可以从延误的角度，建立优化模型。

目标函数Ⅱ：加权延误最小

$$min\sum_{k=1}^{8}[q_k d_k + w q_k^b d_k^b]$$

这一模型是基于典型双环结构相位方案建立的，其中，k 是相位编号；q_k，q_k^b 分别是第 k 相位的小汽车流量和公交车辆流量（辆 /h）；d_k，d_k^b 分别是第 k 相位小汽车的延误和公交车辆的延误（s/ 辆）；w 是公交延误的权重。显然，当权重 w 为公交车辆载客量和小汽车载客量的商时，该目标函数等价于人均延误最小。

为确保优化结果的合理性、安全性和实用性，在建模过程中应该考虑的约束条件包括：绿灯时间长度约束、车道流量约束、饱和度约束、流量分配与守恒约束等。基于上述模型的分析表明，将车道功能、信号配时同时作为变量进行优化，能够获得更好的公交优先效果，且能够显著降低被动优先对非公交车流的不利影响。

2. 主动优先策略优化方法与模型

与被动优先不同，主动优先控制策略基于实时检测数据，为公交车辆提供有针对性的优先。主动优先控制的逻辑相对简单，且易于实现，得到了广泛的重视。特别是在 20 世纪 70 年代到 90 年代，产生了大量的研究成果。早期的研究中，主动优先策略大多以降低公交车辆在交叉口延误为目的，为每一辆检测到的公交车辆提供优先，随后逐渐转向以提高可靠性为目的，为晚点的车辆提供优先。此外，也有研究探讨如何通过主动优先控制均衡公交车头时距。其中，绿灯延长和红灯早断是其中最为常用的主动优先控制方法。

绿灯延长逻辑。一个较为全面的绿灯延长逻辑在判断是否延长相位绿灯时间时，除了以公交车辆到达时间偏移值为依据之外，要考虑其他方向车流的运行状况，保证交叉口运行效益最佳化，同时还应该满足其他各流向不会出现超长排队和延长相位的最大绿灯时间两个约束条件，绿灯延长逻辑如图 5-13 所示。

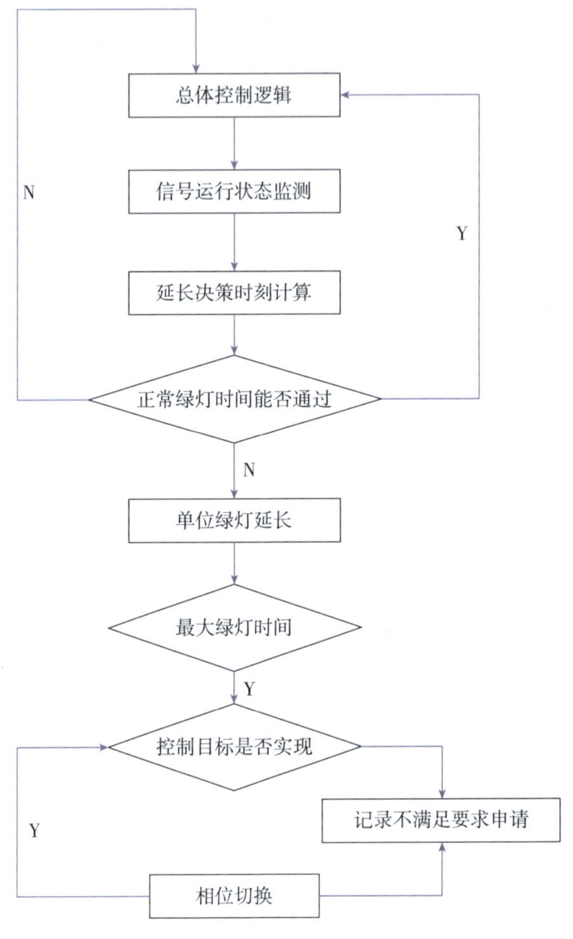

图 5-13　绿灯延长逻辑流程

红灯早断逻辑。与绿灯延长策略相似，红灯早断逻辑判断出公交车辆到达停车线时刻是否偏离协调方案预测值，然后以到达时刻偏移的公交车辆到达停车线的时刻为起点启动相位提前激活优化模块，提前激活公交通行相位，减小公交车辆在交叉口的信号控制延误，其逻辑如图 5-14 所示。

在大多数研究中，主动优先策略一般均假设一个信号周期只服务于一辆公交车辆，因此这个逻辑只会运行一次。当公交需求较大，或者多个方向都有公交需求的时候，需要采用更有效的方法进行优先申请服务顺序优化。

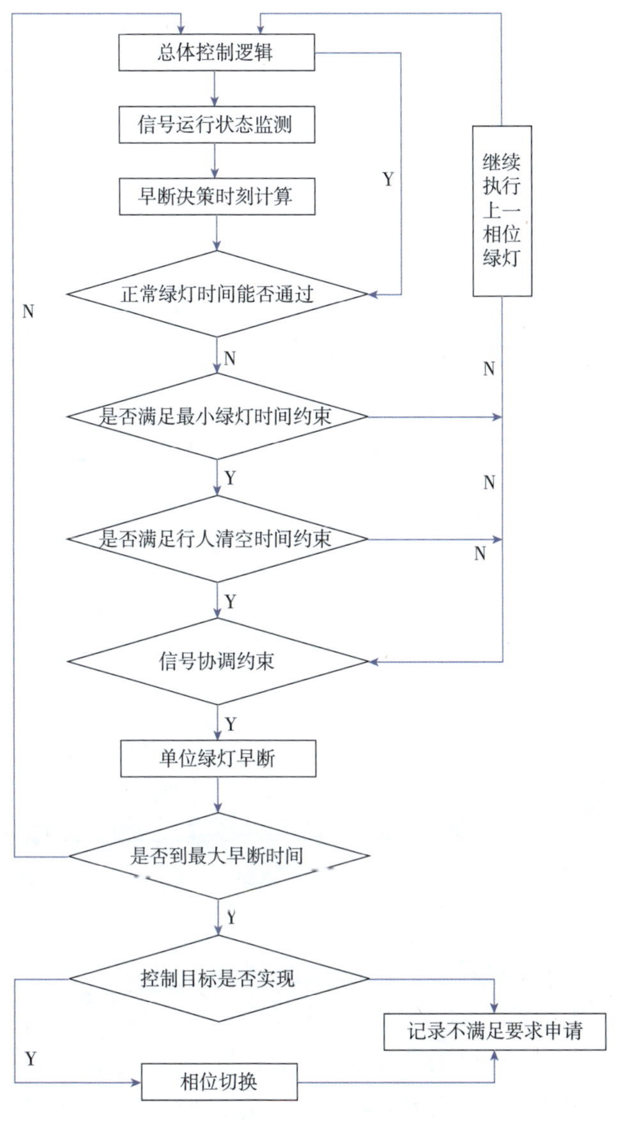

图 5-14 红灯早断逻辑流程

3. 实时优先策略优化方法与模型

主动优先控制基于实际检测到的交通流信息，将公交优先申请和其他交通需求（如小汽车、行人等）进行统筹优化，以期为公交提供优先的同时，实现整体交通运行状况的最优化。一些学者在 1995 年用元胞自动机模型预测车辆行程时间、排队长度、饱和流量以及信号运行状态，并采用了一个基于车辆延误、乘客延误以及时刻表延误预测值的组合值作为目标函数，每一秒对下一秒考虑所有可能的信号状态，对目标函数进行优化，以生成最优的信号控制方案，这是典型的实时优先控制策略。

对处于道路网络中的交叉口，特别是当道路网络间距较为密集的时候，相邻交叉口之间面向小汽车的信号协调以及公交优先策略的协调对于优先控制策略的效果有重要的影响。为了应对这一问题，在优先控制策略建模的过程中，提出了两种主要的方法。

基于小汽车信号协调单元的优先控制。这类方法，针对每一个协调控制单元（其中可能有停靠站，也可能没有停靠站，如图 5-15 所示），以背景的信号协调方案为基础，进行实时优先控制方案的优化。这类方法适合于背景交通信号协调要求较高的道路，小汽车的协调常作为公交优先的约束，一旦破坏了信号协调，实时优化过程中会在后续周期进行调整，重新实现小汽车的协调。

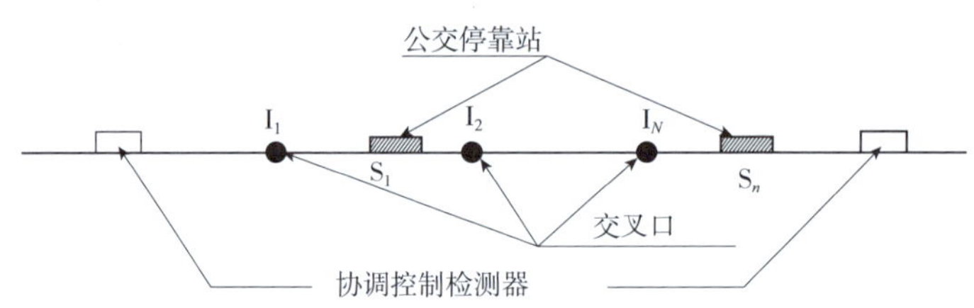

图 5-15　基于小汽车信号协调单元的控制对象

基于公交停靠站的站间绿波控制。这类方法以公交站点为分界点，两个站点之间，可能有多个交叉口。控制策略面向公交车上游出站—路段行驶—下游进站的全过程，针对沿线各交叉口进行信号控制方案优化，如图 5-16 所示。这类方法适合于公交绿波优先通行要求较高（如快速公交、有轨电车等）的道路。随着车路协同等技术的发展，通过车速控制、驻站控制和信号优先控制的集成优化实现公交油耗和延误降低等技术也得到了发展。

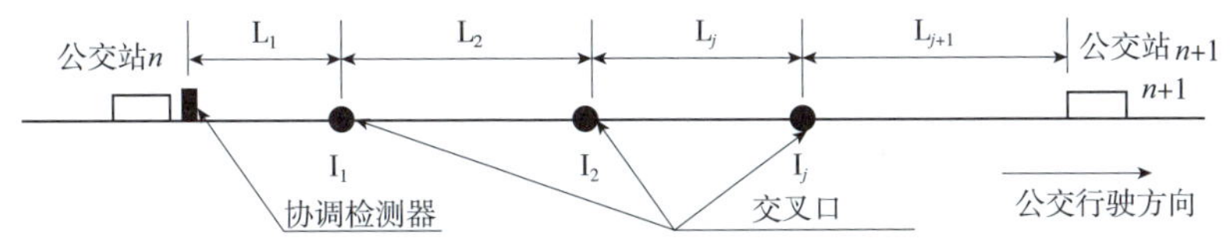

图 5-16 基于公交停靠站的站间绿波控制对象

第四节 城市公共交通运营企业综合管理系统

一、公交运营企业综合管理系统概述

公交运营企业综合管理系统是一种企业资源计划（Enterprise Resource Planning，简称 ERP）系统，即建立在信息技术基础上，以系统化的管理思想，为企业决策层及员工提供决策运行手段的管理平台。ERP 系统是集成 IT 技术与管理思想的一种管理软件，是能将企业的物流、资金流、信息流进行全面一体化管理的管理信息系统。公交运营企业综合管理系统可根据企业管理的需要，随时对人、车、场站、资金以及涉及企业管理的各类动态信息，进行输入、输出和智能化综合管理。这种无纸化的全面管理，提高了工作效率，全面解决了车辆、设备、轮胎、油料、物资、修理、运营、点钞、人力资源、办公自动化（OA）等数据及信息的管理，使公交企业原有的粗放式管理转型为信息化、精细化管理。ERP 系统更强调企业流程与工作流，通过工作流实现企业的人员、财务、制造与分销间的集成，支持企业过程重组。

二、公交运营企业综合管理的主要业务内容

公交运营企业综合管理的主要业务包括人力资源管理、物资管理、机务管理、维修管理、运营管理、油气管理、收银管理、综合统计分析、权限管理等。

（一）人力资源管理

人力资源管理主要实现对企业人员基础信息、劳动合同、薪酬福利、教育培训、

绩效考核等方面的信息化管理，并提供人员信息综合查询和统计分析功能，可自主定制工资计算方式，工资分配方式灵活，支持企业薪资成本的多方面、多角度的分析对比。招聘管理流程如图 5-17 所示。

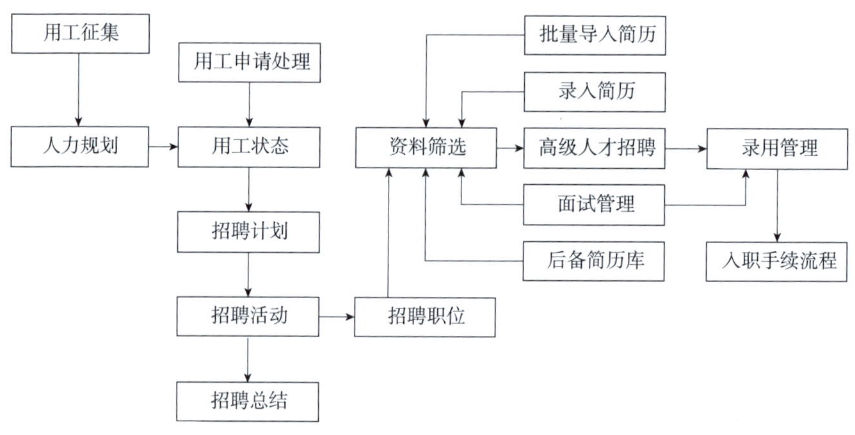

图 5-17　招聘管理流程图

（二）物资管理

物资管理针对仓储业务，对物资进行系统分类，以条形码形式系统地管理出入库，实现物资属性管理、合同管理、采购管理、资金管理、库存管理。公交企业物资管理部门可将物流管理做到专项集中管理，日清日结，及时准确地反映物资的库存及使用情况，从而进一步完善库存成本控制，并可对重要物资全程跟踪、管理。材料维护时，材料和车型、机型设置是否匹配，如果匹配选择相应的车型、机型，当维修车辆时根据车型、机型显示匹配的材料，有效防止了领料出错，方便操作。物资集中采购流程如图 5-18 所示。

（三）机务管理

机务管理是公交企业生产的物质技术基础，包括车辆管理和设备管理。车辆管理实现对车辆基本信息、台账以及车辆运行和维修过程中的各类信息的跟踪、维护管理。设备管理实现对车辆相关设备、成品等运行全过程的计划、组织和跟踪管理。机务管理可实现车辆维修提醒，按时间进行自动排保；车辆的各级维护间隔里程自动清零；车辆维修预测提醒，可根据里程提示维修；车辆调拨、新增、报废等管理的自动归档。

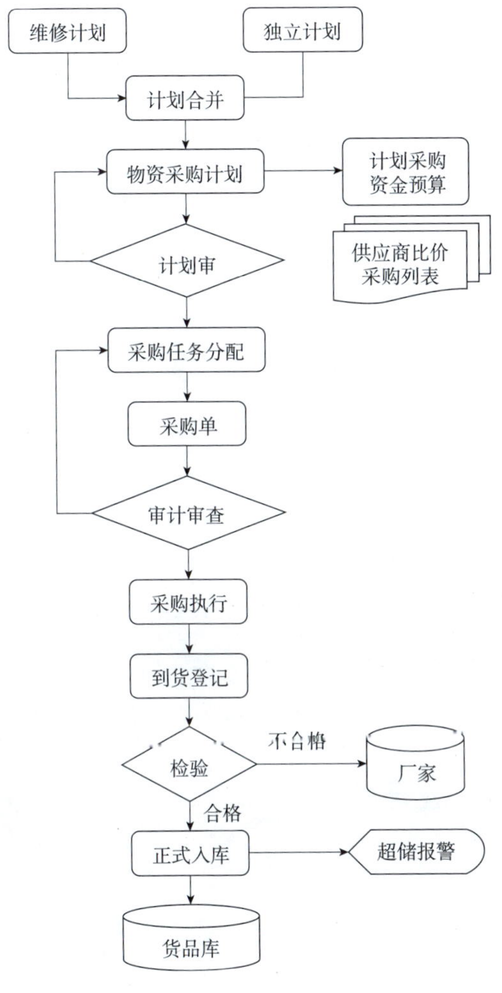

图 5-18 物资集中采购流程图

（四）维修管理

维修管理主要实现对维修材料、维修服务信息、维修服务质量反馈信息、材料质量反馈信息等方面的管理，以及故障分析信息录入与管理，维修频率、返修频率、维护合格率等统计分析。实现了单车零修核算、维护费用核算、维修单车核算，可以方便地分析维修费用成本、修理工时等。

（五）运营管理

运营管理是公交企业的核心管理业务，实现对整个企业内所有线路运营情况，包括线路规划、调度管理、票制执行、安全管理、线路经营情况评价等工作进行统一管理，对行车事故总数、行车责任事故、责任事故频率、事故损失金额、责任事故损失金额等运营安全指标进行统计分析。运营管理流程如图 5-19 所示。

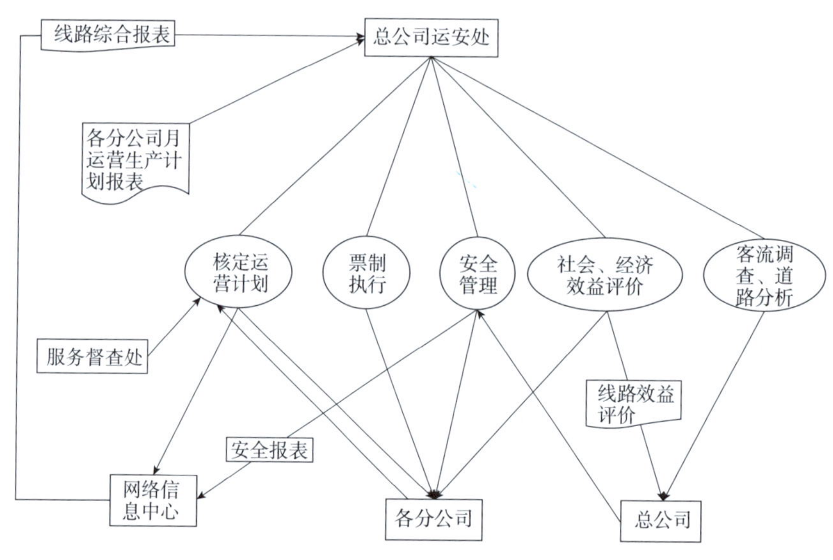

图 5-19　运营管理流程图

（六）油气管理

油气等能源是公交运营的关键物资，结合 GPS 智能调度系统，直接采集车辆里程、油耗、气耗等信息，有效避免人工虚报、误报，保证了数据的准确性。

对油气进行合理化设置，对各种油气进行分类保存，对车辆加油（气）进行控制，能够统计油气使用成本，使油气的使用更系统化，更清晰。

（七）收银管理

收银管理针对点钞员，复核员，对车辆投币收入进行维护和管理，实现硬币自动清分，并通过相应的处理可以将投币金额精确到每辆车、每个驾驶员，通过和 IC 卡对接，将 IC 卡收入和投币收入进行汇总，形成收入总和报表，从而可以更加全面地了解公司的车辆收入运营情况。

（八）综合统计分析

对公交运营业务形成的各种报表进行管理，用户可以随时了解前一天、前一周、前一年的运营情况、客流情况、收入情况、考勤情况等，以明晰当前的运营情况。系统能够整理综合报表，进行数据汇总和数据预测，对所有运营数据信息进行综合处理，在计划统计中形成报表，以此实现统计、分析、预测、计划的一体管理模式，给决策者最方便、最快捷、最准确的决策支持数据。

（九）权限管理

权限系统主要是对登录系统的人员进行权限控制，对各类角色分配不同的权限，具体的权限能够控制到每个菜单和页面。根据部门、级别、工作性质等不同，操作权限分配也不同，具体权限能够控制到功能菜单、页面属性设置、应用按钮控制等。对权限的管理可以细化到人，每个人看到的菜单可以不同。此外，用户还可以根据需要修改、制定管理界面。角色管理流程如图 5-20 所示。

三、公交企业综合管理信息系统的建设

公交企业综合管理信息系统以公交综合管理信息化为目标，通过人力资源管理、机务管理、物资管理等功能系统，完成对车辆、驾驶员、各分公司的考勤、考核、经营效益自动分析，并与公交智能调度系统等系统相互连接，合理高效管控公交企业资金流、物流、信息流，提高公交运营管理效率。

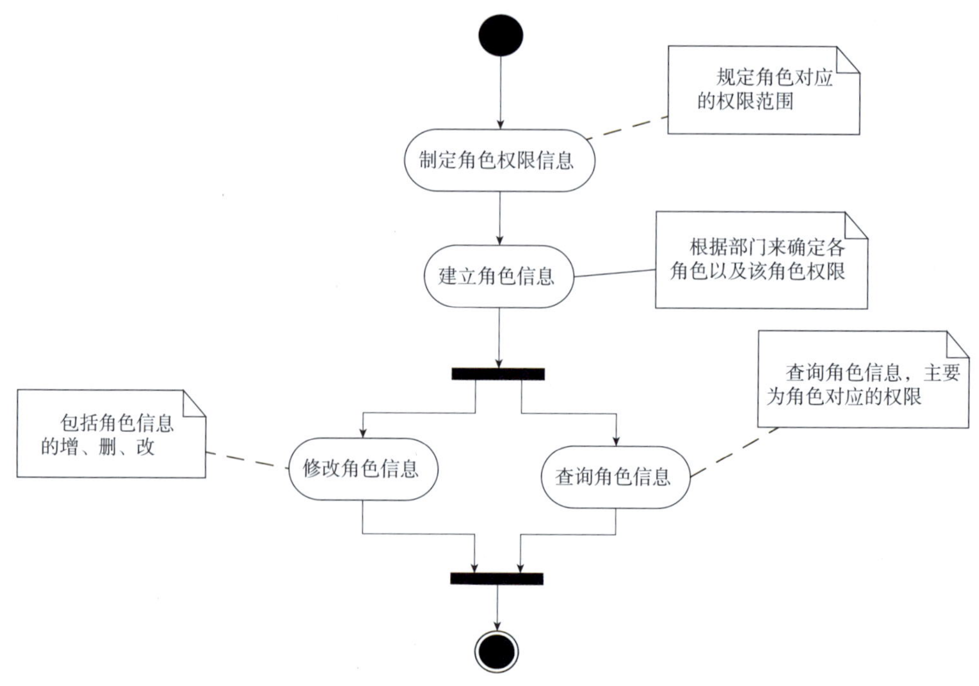

图 5-20　角色管理流程图

公交企业综合管理信息系统结构如图 5-21 所示。

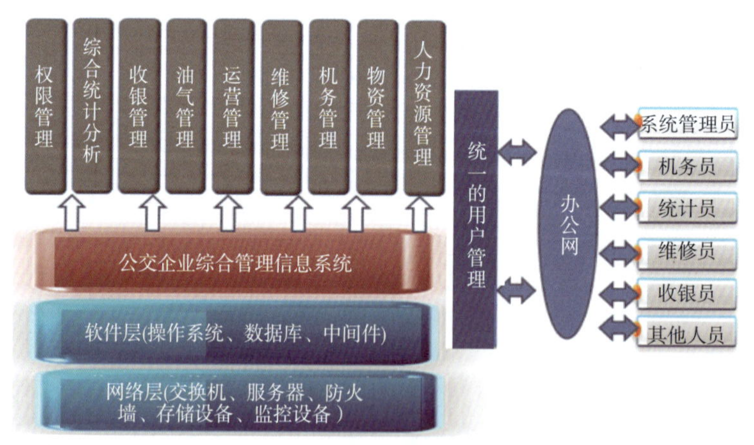

图 5-21　公交企业综合管理信息系统结构图

公交企业综合管理信息系统可以有效消除信息孤岛，建设时应充分考虑系统内部各模块间的信息共享，系统应具有良好的扩展性，可与公交智能调度系统、BRT快速公交系统、IC卡及公交客服等系统有机融合。系统建立在全面掌握准确、及时、完整的信息基础上，因而可以帮助企业做出正确的决策，提高企业管理和决策分析水平。ERP是一套标准的企业管理流程，其应用要求企业进行流程重组，这就需要“一把手”的强大支持。

第六章　城市公共交通运营监管信息系统

第一节　城市公共交通运营监管信息系统概述

近年来，随着我国城镇化的迅速推进，城市公共交通行业快速发展，公众对城市公共交通运输服务提出的安全、便捷、人性化等需求越来越迫切。在这一背景下，城市公共交通的行业管理要求日益提高，行业管理职能逐步调整，相对滞后的人工粗放化的管理方式已难以适应这种转变。因此，迫切需要开发城市公共交通行业监管方面的信息化应用系统，作为提升行业管理水平的重要手段。

城市公共交通运营监管信息系统是指通过计算机系统、通信技术、卫星定位技术、地理信息系统等手段，为行业管理部门提供城市公共交通业务管理和动态监测功能的信息系统。作为直接服务于行业管理部门的信息系统，其建设应用与城市公共交通行业管理体制关系密切，其功能需求也与城市公共交通不同管理层级的业务需求紧密相关。

第二节　城市公共交通行业管理体制

一、城市公共交通行业管理体制的变迁

改革开放以来，为适应不同历史阶段的经济社会发展要求，我国围绕“经

济调节、市场监管、社会管理、公共服务”政府职能定位，先后在1982、1988、1993、1998、2003、2008、2012年进行了七次“大部制”改革。其中，对城市客运管理体制改变最大的一次为2008年“大部制”改革，《国务院办公厅关于印发交通运输部主要职责内设机构和人员编制规定的通知》（国办发〔2009〕18号）明确了原归属于我国城乡建设部的城市客运管理职能移交到交通运输部，从国家体制上实现了对城乡客运的统筹管理，破除了城乡客运二元体制，实现了城乡客运一体化的体制统一。

国家层面的改革之后，各地方政府的改革工作也积极推进，目前在省级层面已将城市公共交通管理职能划归交通运输部门；在地市层面，全国绝大部分省、自治区所辖城市（含计划单列市、地区、自治州、盟等）已经明确交通运输主管部门管理城市公共交通的职责，并由道路运输管理机构负责具体管理工作的实施。

二、城市公共交通行业管理职能

城市公共交通行业管理是一个复杂的系统工程。在我国，城市公共交通管理涉及财税、建设、规划、土地、交通安全、城市管理等多领域的管理主体。目前，我国与城市公共交通管理职能相关的部门如图6-1所示。

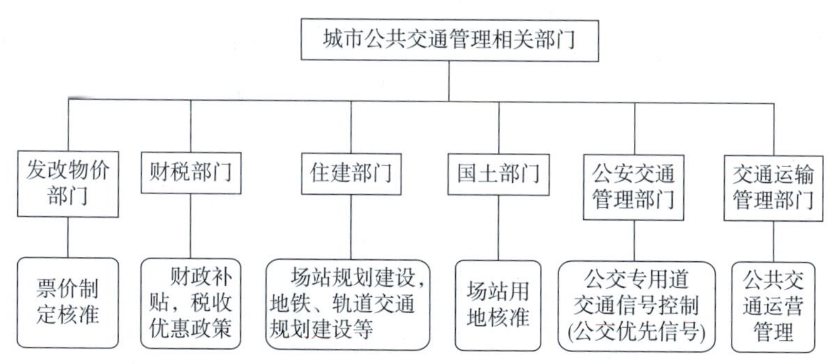

图6-1　我国城市公共交通相关行业管理职能

由上图可以看出，虽然我国在城乡客运运营管理体制方面实现了基本统一，但在财税、规划、建设、交管等方面仍存在多头管理的问题。统筹城乡客运管理仍存在较大的改革空间。

三、城市公共交通行业管理模式

国家级层面：城市公共交通行业管理的部门职责由交通运输部运输服务司具体承担。与城市客运有关的职能有：负责指导综合交通运输枢纽管理；负责指导城乡客运及有关设施的规划、运营管理工作；负责指导城市客运管理，拟订相关政策、制度和标准并监督实施；负责指导公共汽车、城市轨道交通运营、出租汽车、汽车租赁等工作；负责拟订经营性机动车营运安全标准。

省级层面：省级的城市客运管理涉及行业指导和行业业务管理两部分工作。目前一般由省级交通运输厅的机关处室如综合运输管理处或运输管理办公室进行行业指导，由省级交通运输厅直属的道路运输管理局来执行绝大部分的行业业务管理工作。

城市级层面：城市级的城市客运管理同样涉及行业指导和行业业务管理两部分工作。目前，我国在城市层面公交行业管理体制存在较大差异，根据各城市公交行业管理特点，公交企业的数量、规模等的不同，有以下几种典型模式。

（1）依托道路运输管理体制的管理模式：城市客运的行业指导职能归属交通运输局综合运输处。城市客运的具体管理纳入到传统的道路运输管理体制，其管理职责由城市交通运输局下属道路运输管理处开设的公交管理部门承担。典型城市如西安市的行业管理体制如图 6–2 所示。

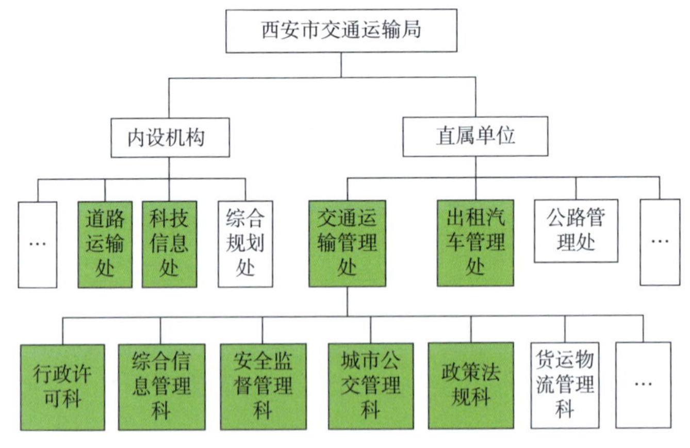

图 6–2　西安市公共交通管理组织机构

（2）建立新的城市客运管理机构，如设置城市客运管理局。在交通运输局机关设置城市客运管理处，负责行业指导；交通运输局下设事业单位城市客运管理局统筹管理城市轨道交通、公交、出租汽车、道路客运。典型城市如长沙市的行业管理体制如图 6-3 所示。

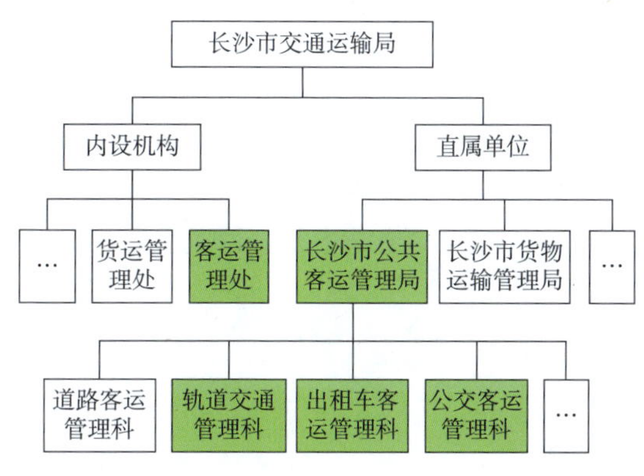

图 6-3 长沙市公共交通管理组织架构

（3）依托国有大型公交企业运营管理城市公交，在传统道路运输管理体制下增加行业管理职能。典型城市如郑州市（图 6-4）：由交通运输委员会综合运输处承担城市公共汽车、出租汽车行业指导职责；日常的管理工作以郑州市公共交通总公司为主体，行业管理部门进行指导和监管。

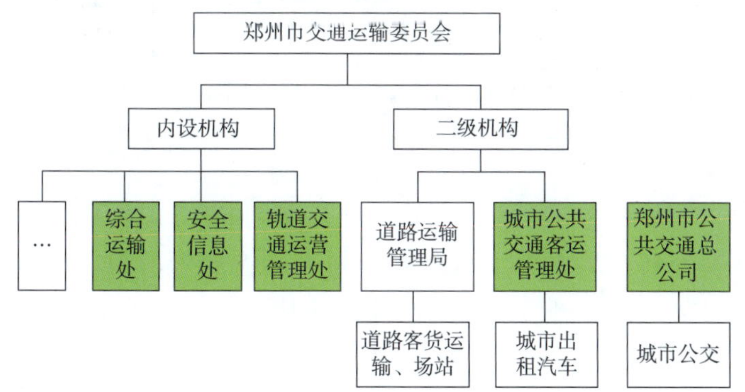

图 6-4 郑州市公共交通管理组织机构

（4）设置专门的城市公交管理机构。为应对公交企业数量多、经营体制多元、多主体的行业管理需求，城市的交通运输局设置直属公交行业管理机构，典型城市如哈尔滨市（图 6–5）。哈尔滨市共有 30 多家公交企业，其中 2 家国有企业，占据一半市场份额。哈尔滨市交通局设置行业指导处，指导全市城市客运交通市场管理工作；交通运输局下设直属事业单位公共交通管理处，承担具体的管理职能，公共交通管理处内设规划管理、企业管理、车辆管理、运营服务管理、市场监管（公交执法大队）、城乡公交（地铁）管理等 18 个科室。其中，城乡公交（地铁）管理科负责公交企业和线路客运服务质量考核工作，并负责地铁线路的综合协调和地铁线路运营服务设施的指导、监督等行业管理工作。

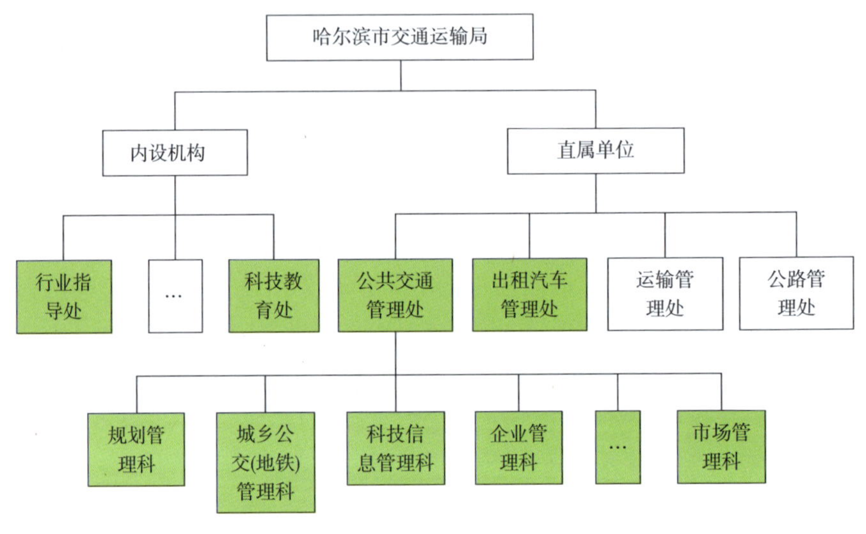

图 6–5　哈尔滨市公共交通管理组织机构

（5）直辖市两级城市客运管理体制。如北京市、重庆市两个直辖市均设置了交通委员会综合运输处、道路运输局客运管理处两级体制，不同的是：北京市内有一家国有大型公交企业，重庆市则成立了重庆城市交通开发投资（集团）有限公司，对公交、轨道交通集团控股。两个城市公交行业管理相对规范，其中重庆城市交通开发投资（集团）有限公司在运营为主的同时，也自主承担了一定的行业管理与监督职能。

第三节　城市公共交通行业管理业务需求

通过系统梳理，城市公共交通行业管理按照其职能和日常管理业务，国家级（部级）层面、省级层面、城市级层面的总体需求见表6–1。

城市公共交通运营监管业务需求表　　表6–1

管理层级	管理职能与业务需求
国家级（部级）层面	作为国家级层面行业管理监督的职能部门，交通运输部肩负着指导全国城市公共交通行业发展的责任，其需求侧重在宏观层面的政策、规划、标准体系制定，以及行业总体发展水平的经济运行工作，具体体现在：制定国家公共交通发展政策与规划，及时掌握国家公共交通经济运行状况，编制中央投资与财政补贴预算，开展城市公共交通发展绩效考核，组织编制国家城市公共交通发展年报
省级层面	省级城市公交行业监管部门的基本职能是“承上启下”，重点针对省域城市公共交通进行行业监管与指导，具体职能及业务需求包括：制定省级公共交通发展政策与规划，了解省域公共交通经济运行状况，编制省内行业投资与财政补贴预算，开展城市公共交通发展绩效考核
城市级层面	城市级公共交通主管部门代表地方城市政府执行对行业市场的监管职能，直接面向运营企业，在职能上与部、省级监管部门相比有较大差异，要求覆盖公共交通系统的规划、建设、运营、服务各个环节，制定城市公共交通发展政策，具体职能及业务需求包括：开展城市公共交通基础业务管理；及时掌握城市公共交通经济运行状况；对城市公共交通企业服务质量进行考核；组织制定公共交通专项规划及投资决策；安全应急管理；公众信息服务

第四节　城市公共交通运营监管信息系统实践

作为行业管理与监测服务的信息系统，城市公共交通行业监管信息系统须在系统架构、系统功能、数据交换等方面与国家级、省级和城市级三级行业管理体制和业务需求匹配。

一、城市公共交通运营监管信息系统结构

城市公共交通运营监管信息系统的结构（图6–6）应与我国现存三级行业管理体制相适应。因此，系统结构为国家级（部级）、省级、城市级三级结构。系统在业务层面涉及三方面内外部业务协同关系：一是与其他城市客运方式（如轨道交通、出租汽车、城市轮渡等）间的运行协调与联动；二是与城市对外交通方式（如民航、铁路、长途客运等）间的运行协调与联动；三是与其他相关部门（如公安、消防等）间的监管协同与应急联动。

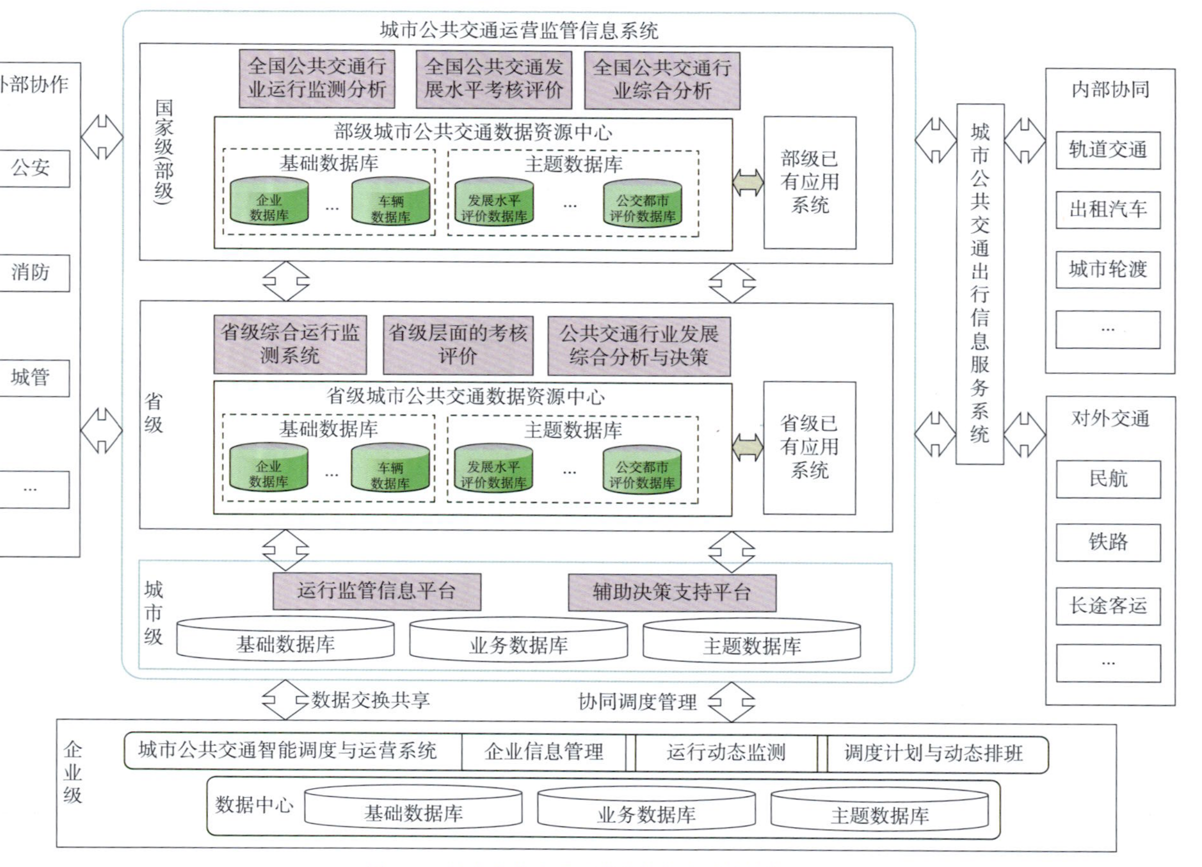

图6-6 城市公共交通运营监管信息系统结构

二、城市公共交通运营监管信息系统功能

城市公共交通运营监管信息系统功能需求见表 6–2。

城市公共交通运营监管信息系统功能需求表　　表6–2

管理层级	功 能 需 求
国家级（部级）层面	全国城市公共交通行业综合运行监测与统计分析，全国城市公共交通发展水平绩效评价，以及全国城市公共交通行业综合决策分析三个方面
省级层面	省域范围内的城市公共交通综合运行监测，城市公共交通发展水平绩效评价，以及行业发展综合决策分析
城市层面	城市公共交通主管部门直接面向运营企业，功能需求主要包括： （1）基础业务管理需求：需要对企业、线路、场站、车辆和从业人员的基本信息的登记、审核、变更以及查询统计等基础业务管理；需要对企业、从业人员的从业情况进行监督管理；需要进行政务信息公开，及时发布公共交通行业的相关政策法规、办事指南与公告，提供公众监督、投诉与建议的渠道； （2）综合运行监测需求：需对城市公共交通的车辆、场站、客流、路况、换乘、能源消耗、安全事故等行业运行情况进行动态监测； （3）综合分析决策需求：需在基础业务管理的基础上对行业总体情况进行综合分析，对全市公共交通发展水平进行综合评价，对企业的服务质量进行考核，同时为公交线网优化调整、财政补贴核算等行业决策提供技术支持； （4）安全应急管理：对安全事故进行动态监测与应急处置； （5）公众出行信息服务：为公众提供多方式、准确、动态、统一的出行信息服务

（一）国家级（部级）公共交通运营监管信息系统功能设计

国家级（部级）公共交通运营监管信息系统主要功能是通过对下级运营监管信息系统上报数据的管理，实现对全国城市公共交通行业发展进行综合监测，对全国各城市的公共交通发展水平进行绩效评价，从而指导行业发展规划、政策的制定，为中央财政公共交通补贴核算提供决策支持，制订年度的财政补贴预算方案以及公示行业政策性文件，如行业发展规划、标准规范等文件。国家级（部级）公共交通运营监管信息系统功能架构如图 6–7 所示。

1. 系统管理

系统管理包括用户管理、上报数据审核、数据存储备份三个基本功能。

（1）用户管理。为国家级（部级）公共交通运营监管信息系统的用户分配唯一的身份编号，并对不同的用户分配相应的权限，实现对系统用户的管理。

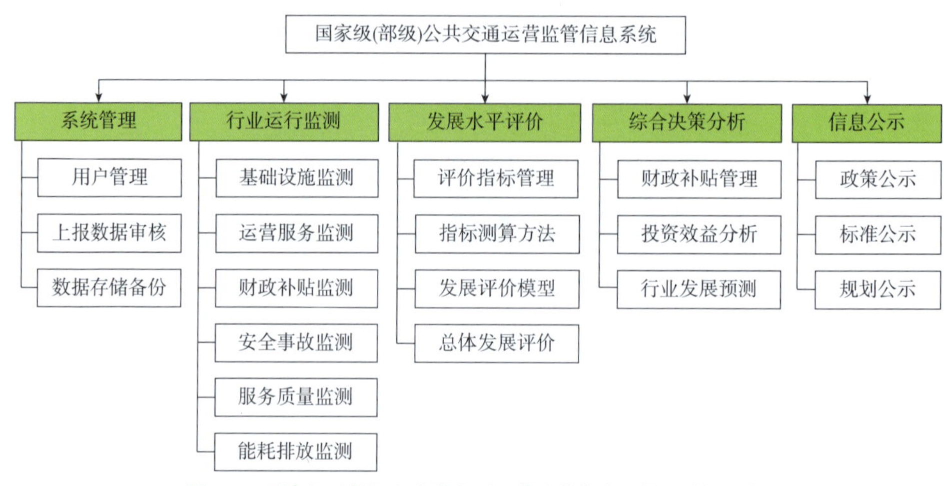

图 6-7　国家级（部级）公共交通运营监管信息系统的功能需求

（2）数据审核。对城市公共交通主管部门、企业上报的数据进行审核，对于不符合规范或者数据不真实的报告，认定为无效报告。无效报告应限期责任人进行再上报。

（3）数据备份。对国家公共交通运营监管信息系统进行定期备份存储。

2. 行业运行监测

行业运行监测可了解全国公共交通总体宏观发展状况，为行业规划决策提供基础数据支持。监测的内容涵盖基础设施建设、企业运营服务、财政补贴、安全事故、服务质量、节能减排等方面，通过该功能全方位了解公共交通行业运营管理服务的现状。

（1）基础设施监测。统计全国公共交通（常规公交、BRT、城市轨道）运营线路数及里程、车辆数量、场站数量和公交专用道里程；对比分析各个城市基础设施建设规模。

（2）运营服务监测。统计全国城市公共交通营运企业及从业人员数量；统计全国城市公共交通客运量；分析公共交通客运量的总体变化趋势；对比分析各个城市客运规模及变化趋势。

（3）财政补贴监测。统计全国公共交通财政投资总额，公共交通财政补贴总额，分析城市公共交通财政投入的变化趋势；对比分析各个城市公共交通财政投资总额及财政补贴总额。

（4）安全事故监测。统计全国城市公共交通安全事故的总数及变化趋势，对比分析各个城市的公共交通安全事故率。

（5）服务质量监测。对比分析各个城市公共交通满意度及乘客投诉率等。

（6）能耗排放监测。统计全国城市公共交通的能源消耗、碳排放总量，对比分析各个城市公共交通的能耗及排放量。

3. 发展水平评价

为深化落实《国务院关于城市优先发展公共交通指导意见》等文件所提出的关于加快建立健全城市公共交通发展绩效评价制度，在建立城市公共交通发展水平评价指标体系、指标测算方法与评价模型的基础上，重点从公交保障能力、基础设施水平、运营服务水平、运营管理水平等几大方面对行业发展水平指标项进行监测评价，通过建立评价分析模型，设计相应的指标评分标准，对行业发展水平进行分项打分计算；设计各评价项指标的权重系数，对行业发展水平进行总体得分计算和评价。

（1）评价指标体系管理。从公交保障能力、基础设施水平、运营服务水平、运营管理水平等主要方面，对行业发展水平评价的指标体系进行分级、分类管理，提供指标属性（数据字典）维护功能，如指标名称、定义、适用范围等。

（2）评价指标测算方法。根据评价指标体系和评价模型，系统动态连接和访问公交动、静态数据库资源，对各项评价指标进行计算，根据计算结果进行分项评价和打分。提供单项指标（如公交专用道设置比例）的查询、分析操作界面，并以图表方式展示指标统计监测结果。

（3）评价模型管理。根据具体的行业发展水平评价要求，对各项评价指标的评分标准和权重值进行设定和管理，建立评价打分计算和分析模型，并对模型进行管理，以方便调整、维护。

（4）总体发展评价。在各分项统计监测和评价分析的基础上，利用总体评价模型确定的各项评价权重系数，进行行业发展水平总体评价，并给出发展水平评价等级，形成公共交通行业发展水平报告。

4. 综合决策分析

（1）财政补贴管理。实现对公共交通行业财政补贴包含燃油补贴、基础设施建设投资补贴以及其他中央财政补贴等的数据管理。

（2）投资效益分析。开展公共交通投入对缓解交通拥堵、降低能源消耗与排放、促进公平服务、增加就业等方面的影响分析与评估。

（3）行业发展预测：基于国家公共交通数据开展面向基础设施、运输服务、线网规模、运力投放等方面的行业发展预测。

5. 信息公开

国家级（部级）公共交通运营监管信息系统需要实现对行业发展政策、行业发展规划、行业标准规范等文件的财务信息公开。

（二）省级公共交通运营监管信息系统功能设计

省级公共交通运营监管信息系统是对省域范围内城市公共交通行业发展进行监测与管理，其功能需求包括对下级上传数据的管理，城市公共交通发展监测与考核评价，省域范围内的公共交通行业综合决策分析如投资效益分析、财政补贴管理、行业发展政策等功能，同时对外进行信息公示等。功能需求架构与国家级（部级）公共交通运营监管信息系统保持一致，不再赘述。

（三）城市级公共交通运营监管信息系统功能设计

城市公共交通运营监管信息系统基本功能包括：系统管理、基础业务登记管理、综合运行监测、综合决策分析、信息公示及服务等内容，如图 6–8 所示。

1. 系统管理

系统管理包括用户管理、上报数据审核、数据存储备份三个基本功能。

（1）用户管理：为监管系统用户分配唯一的身份编号，并分配相应的权限。

（2）上报数据审核：对企业上报的数据进行审核，如果数据不符合规范或者数据不真实，认定为无效的报告；对于无效的报告限期责任人进行再上报。对社会督察员反映的公交服务问题进行审核，无效的投诉不应计入公交投诉数据。

（3）数据存储备份：对城市公共交通运营监管信息系统进行定期备份存储。

2. 基础业务管理

（1）企业管理：实现对企业相关信息进行登记备案、特许经营审核，从业资质认定等功能，为企业信用建立以及行业执法管理提供基础数据。

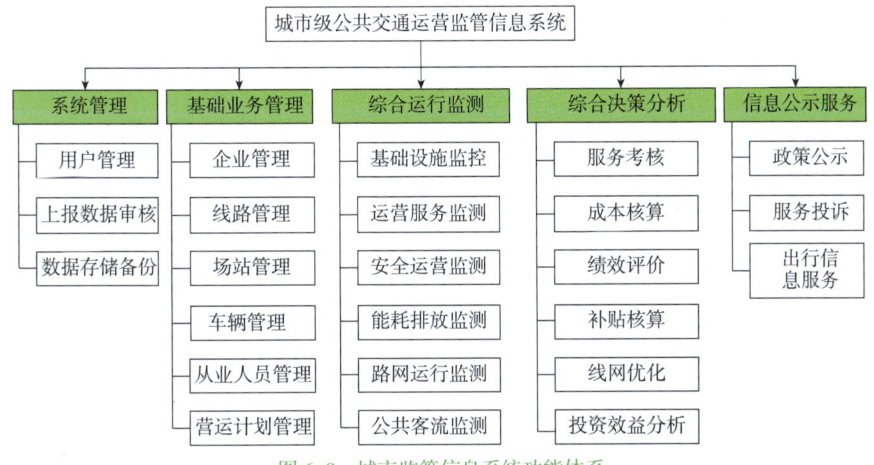

图 6-8 城市监管信息系统功能体系

（2）线路管理：实现对公交线路的更改、新增等进行登记管理，对公共交通运营企业提出的线路优化方案形成初步意见，对公交线路、站点布局、公交线路首末站、线路重复系数等进行数据核查。

（3）场站管理：实现对行业站点、场站的基本信息、变更和维护等方面进行信息化跟踪管理。基于 GIS 实现基础设施点位的地图显示以及基础设施新增、调整或删除等维护操作。

（4）车辆管理：实现对行业运营车辆相关信息进行登记备案、发放行业准入许可等功能，为行业执法管理提供数据支持。

（5）人员管理：实现对从业人员相关信息进行登记管理，为行业从业人员信用档案建立提供基础信息的功能，并与行业执法形成联动，规范从业行为。

（6）营运计划管理：实现对企业上报的营运计划进行导入审核与管理。

3. 综合运行监测

城市级公共交通运营监管信息系统对公共交通的基础设施、运营服务、安全运营、能耗排放、路网运行以及公共交通客流进行动态监测。

（1）基础设施监测：借助视频监控设备、站点人员巡视等手段，实现对枢纽站点、公交站点等基础设施情况进行动态监测的功能。监测发生的突发情况或者故障并及时处理，确保设备设施正常服务，枢纽场站或站点发挥正常功能。

（2）运营服务监测：运营服务监测主要公交车辆运行运营过程，从运行角度监测车辆的行驶路线轨迹、车速、停靠站情况等；从运输服务提供的角度监测运营计划执行情况、服务规范性、准点情况、服务质量等，并对上述情况进行统计分析，作为主要的运营业务分析内容。

（3）安全运营监测：应支持识别超速、非正常开关门、异常制动以及其他安全事件并记录存储，支持对交通事故、车辆故障等安全事件进行记录存储。对企业上报的事故报表，结合存储的车辆运行数据、视频数据可进行事故认责。能够对安全违规、事故、故障进行统计分析，一方面支持分组统计管理，能够按分公司、线路、车辆、驾驶员对安全事件进行统计，另一方面支持不同时间维度下（按日、月、季、年）对安全事件统计分析。

（4）能耗排放监测。支持基于 GIS 地图对城市公共交通能源消耗、尾气排放空间分布的监测。及时监测能耗排放较大的区域、线路及车辆，为线路调整、公交车辆更新提供支撑。

（5）路网运行监测：依托运营的公交车辆所采集到的 GPS 动态数据以及运营的出租汽车所采集的卫星定位数据，通过与路网地图数据进行空间分析，可以对城市的路网运行情况进行实时监测，并且根据路网现有情况预测下一时段的公交车辆运行状态。

（6）公共交通客流监测：对运输需求进行监测统计，包括线路、站点的客流量，断面客流量等，分析城市公共交通出行客流需求的分布及时空规律。应支持对重要站点客流的实时监测等。

4. 综合决策分析

城市公共交通综合决策分析是基于城市级公共交通行业管理基础数据，为城市行业管理部门综合决策提供技术支持，包括服务考核、成本核算、绩效评价、补贴核算、线网优化、投资效益分析。

（1）服务考核：支持定期按照相应的标准规范考核企业服务质量，指导运输服务企业提升服务质量。

（2）成本核算：支持会计核算企业运营成本，测算规制成本的取值范围以及定期更新规制成本的取值范围。

（3）绩效评价：支持以核算成本为投入服务质量为产出的企业、线路管理绩效评价工作，分析企业、线路之间的绩效差异，向相关管理部门或企业提供改善建议。

（4）补贴核算：综合考虑服务质量、运营成本、绩效水平等要素，测算城市公交企业营运补贴合理数额。

（5）线网优化：能够依据网络客流监测数据、公交运行数据，支持对公交网络服务能力的评价以及公交线网的动态优化。

（6）投资效益分析：能够估算预测政府投资可带来的经济社会效益，包括信息系统建设、车辆购置、设施改善、线路开辟、票价调节等投资效益分析。

5. 信息公开及服务

（1）政务信息：通过多种信息发布手段发布城市公共交通行业的相关政策法规、标准规范、办事指南与公告信息。

（2）服务投诉：通过网站、电话等方式接受公众对公共交通服务的投诉。

（3）出行信息服务：对公众发布城市公共交通票制、票价，公共交通运营时间，暂停服务时间，故障影响范围等信息。

三、城市公共交通运营监管信息系统数据资源架构

（一）四级数据资源架构

城市公共交通运营监管信息系统数据架构自上而下由国家级（部级）、省级、城市级、企业级四级公共交通数据资源构成，一般各级应建设数据中心，如图 6-9 所示。

国家级（部级）数据资源面向全国范围内城市公共交通的综合运行监测、统计分析、发展水平评价、行业决策分析、信息公示等业务需求，通过定期交换共享获取各省的城市公共交通静、动态数据资源，以集成的思想，形成全国统一的公共交通基础数据库、主题数据库。

省级数据资源面向省域范围内城市公共交通的综合运行监测、统计分析、发展水平评价、行业决策分析、信息公示等业务需求，通过定期交换共享获取所辖城市的公共交通静、动态数据资源，以集成的思想，建设省域范围内统一的公共

交通基础数据库、业务数据库和主题数据库。同时通过数据交换平台，实现与部级平台之间的信息交换共享。

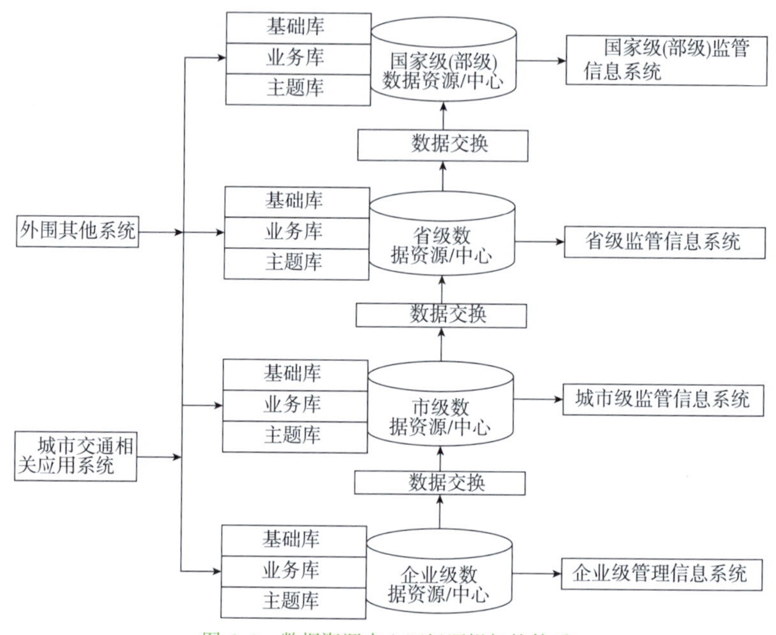

图 6-9　数据资源中心四级逻辑架构体系

城市级数据资源面向公共交通日常管理、应急指挥调度、行业分析决策和公众出行信息服务等业务需求，通过定期交换共享或实时获取企业的公交静、动态数据资源，整合城市其他客运方式的基础数据资源和相关业务数据资源，以集成的思想，建设全市集中、统一的公共交通基础数据库、业务数据库和主题数据库。通过统一的数据交换平台，实现与省级交通主管部门、城市其他相关部门之间的信息交换共享。

企业级数据资源面向企业公共交通监控调度、运营生产管理等过程，实现企业内部公共交通动、静态数据资源的采集、处理和存储，建成统一的公交基础数据库和公交业务数据库。

（二）三级数据交换体系架构

城市公共交通运营监管信息系统数据交换基于四级数据资源实现，其数据交换体系架构分为国家级（部级）与省级、省级与城市级、城市级与企业级三级。

企业级系统与城市级系统进行连接，应按要求将数据上报到城市级公共交通数据中心。视频监控信息、车辆实时位置信息等车辆运行状况实时信息可通过无线通信方式或通过公共交通企业配置的通信服务器，在传输至企业的同时，实时转发至城市级公共交通数据中心。

省级系统应部署数据接口服务，通过数据接口服务通信实现数据的上报、下发。通过城市级系统将数据上报至省级系统；省级系统通过部省联网系统将数据统一汇总至国家级（部级）系统。

城市公共交通运营监管信息系统三级数据交换架构如图 6–10 所示：

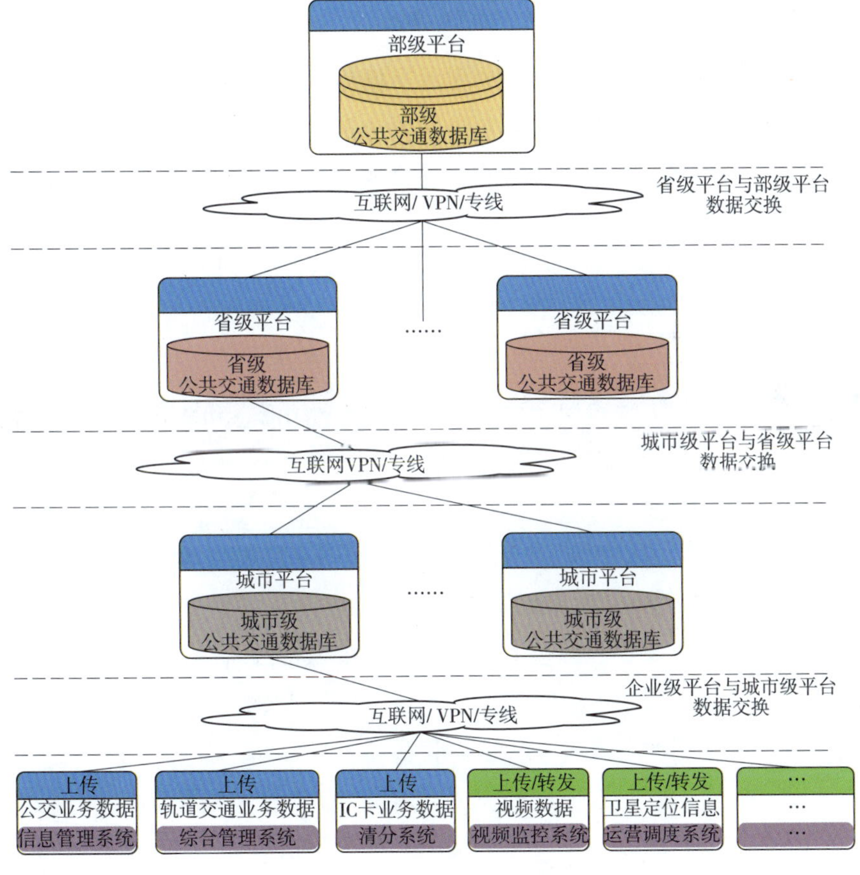

图 6–10 三级数据交换架构示意图

第五节　城市公共交通系统优化与运营监管模型方法

城市公共交通系统基础设施优化配置、运营服务与成本绩效是行业管理部门重点关注的三个主要问题，本节重点介绍城市公交线网优化、公共交通绩效评价与运营成本规制三个方面的内容。

一、城市公交线网优化方法

（一）城市公交线网优化设计任务

城市公交系统规划与城市用地规划及城市交通枢纽规划等紧密相关，总体而言，公共交通系统规划分为五个阶段：交通调查与分析、交通需求分析与预测、规划方案制订与调整、公交系统客流分析与评价、公交优先发展保障体系设计。

根据公交在城市规划中的地位，可将公共交通系统规划分为两类：适应型公交规划和导向型公交规划。

1. 适应型公交规划

传统的公共交通系统规划大多根据城市土地利用形态和性质，结合客流需求，基于既有的道路设施网络构建公共交通线路及枢纽网络。

2. 导向型公交规划

TOD（Transit Oriented Development）即公交引导城市发展，最早由加州学派的彼得•卡尔索普（Perer Calthorpe）提出。TOD 理念是实现土地利用与交通系统互动的重要途径，是构建以公共交通为主体的城市综合交通系统的重要方法，强调公共交通与土地利用规划紧密结合，倡导形成以公共交通走廊为纽带，公共交通为导向，综合用地组团为节点的城市布局方式。

公交线网优化设计是城市公交系统规划的核心问题，指导面向建设实施的公交线网方案编制。其工作定位及其相关研究的层次关系如图 6-11 所示。

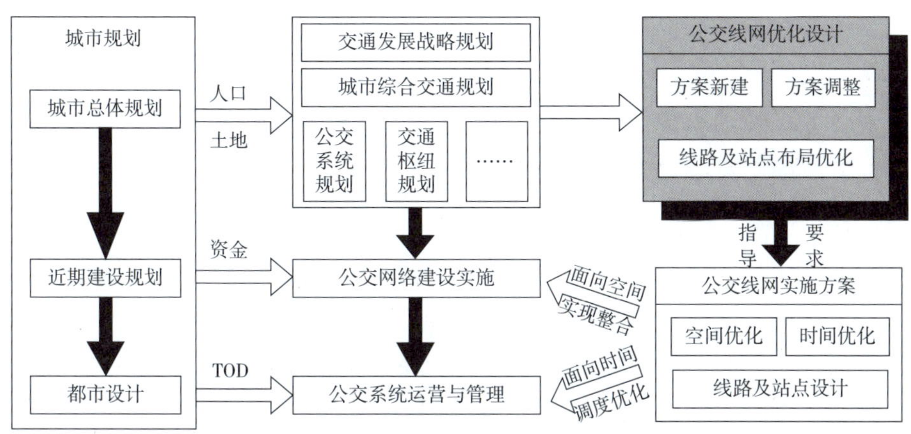

图 6-11 城市公交线网优化设计研究定位

国外研究方面，Chua 和 Silcock 最早将公交线网设计方法初步分为六类。后来 Chua 又合并启发式设计方法与数学解析方法为数学寻优法，从而归纳为规划手册法、系统分析法、市场分析法、交互式辅助系统分析法及数学寻优法等五类。

1. 规划手册法（Manual Approach）

这种方法根据公交规划手册与规范列举的公交线网的特性及其设计原则，依靠规划者的专业知识、技术经验进行主观判定来编制公交线网方案，较缺乏科学依据。因具有操作简单、费用低廉的优点，在实际工程中应用较多，但是这种方法生成的线网一般效率不高。

2. 系统分析法（System Analysis）

以规划者初步设计的公交线网为基础，按照公交客流分配理论与方法，计算各方案线路的“实际”运输效果，并建立其他评价模型对公交线网进行综合评价。这种方法虽然缺乏明确的设计步骤，但基于建立的评价模型进行线网分析，能比较客观地反映公交的客流需求。

3. 市场分析法（Market Analysis Project）

这种方法分析影响公交现状收益和成本的所有因素，重新设计路网方案并预测未来的收益及成本，反复调整直至评价效果满意为止。该方法基于 OD 调查等资料，线网方案的产生和出行量的预测、分布等仍需人工处理，因此不适合用于较复杂和庞大的城市区域，通常应用于乡村和城际间。

4. 交互式辅助系统分析法（System Analysis with Interactive Graphics）

交互式辅助系统基于 GIS 等图形平台和数据库管理系统（DBMS），结合计算机的运算功能，直接与用户进行交互式的公交线网优化与评价。现在市场上的 EMME/2、TransCAD、VISUM 等软件都能提供这种方式的辅助决策功能，此类软件可快速处理大量的路网、OD 等资料，并能提供多样化的图形输出，使规划者能够直接通过不断在屏幕上修改，寻求最优的网络设计方案。

5. 数学寻优法（Mathematical Approach）

这种方法将公交线网结构与客流需求之间的供需关系简化，建立数学模型来确定最佳的公交线网方案，一般采用启发式方法进行求解。该方法对于较简单结构的路网，如棋盘式等公交线路实现效果较好。

前四种方法或基于经验或基于现状，在对既有方案进行评价的基础上进行公交线网的优化设计；第五种方法则为基于既有需求数据、通过数学建模直接求解的方案生成型公交线网优化设计方法，是比较理想和科学的方法，也是目前研究的难点和热点。上述各方法优缺点及适用范围见表 6–3。

各类公交线网优化设计方法优缺点及使用范围比较表　　表6–3

方法	优　点	缺　点	适用范围
规划手册法	简单、便利、低成本	规划者主观价值判断	范围小、路网简单、路线少、短期规划
系统分析法	系统化、适合综合性分析、简单、低成本、可多目标优化	测试方案少、偏向现有线路、需大量资料	中小型都市，路网复杂，路线多，近期、远期战略规划
市场分析法	系统化、可用于综合性分析、低成本	同上，不适于大型城市路网	范围小、近期规划、乡间或城际路网、路网简单
交互式辅助系统分析法	系统化、测试方案多、操作时间短、图形用户接口	成本高、覆盖范围小、偏向于既有路网改善、受限于计算机容量与处理能力	根据模型不同，可适用于近、中、远期大小城市区域公交规划
数学寻优法	科学系统化、测试方案多、不限于既有线网、配合启发式算法可得最优解	成本高、覆盖范围小、复杂、需分析所有候选方案	小到大型城市、全新公交线网设计、公交系统规划、中远期规划

国内研究方面，迄今为止的公交线网设计方法大体可分两种：一种是逐条布线的线网规划方法，如图 6–12 所示；另一种是全网最优的线网规划方法。这两种线网规划方法的宗旨都是为了实现公交线网运载的客流量最大，乘客总的出行时间最小等目标。全网最优的线网规划方法比较复杂，影响因素、约束条件众多，求解方法烦琐，使该方法在实践中应用较为困难，尤其是在网络较为庞大时，该

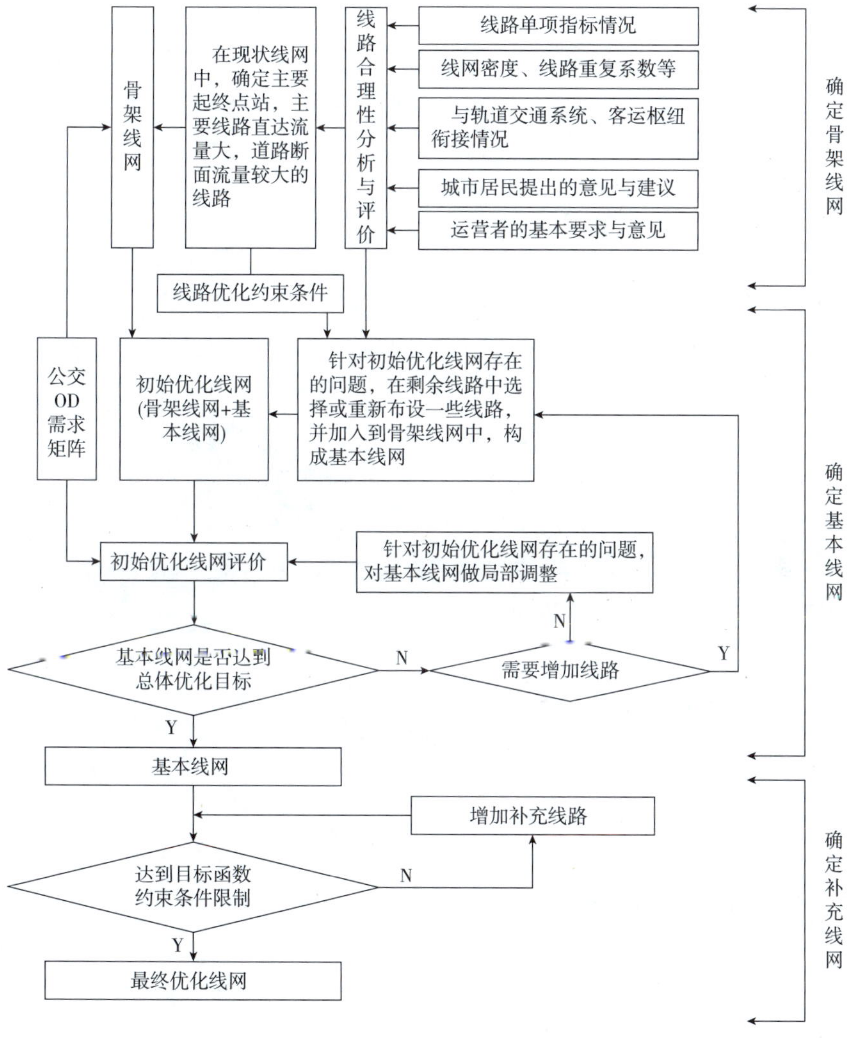

图 6–12 “线路分类、逐条布设”线网优化技术路线图

方法的求解甚至变得不可能。逐条布线法是根据某一个或几个指标，在可行路线中，逐条找出最优的公交线路，迭加成完整的公交线网，思路简单、直观，方法上切实可行，是目前使用较多的一种方法，但由于它逐条布线，成网后缺乏合理反馈，从而使生成的公交线网与其本身布线的原则有时存在矛盾，故调整过程需要反复，重复劳动多。上述两种公交网络优化方法研究的代表性成果主要有：东南大学王炜教授等提出的全网最优的规划方法、逐条布设优化成网的规划方法、结合现状公交网络的启发式逐步优化方法等，韩印等人提出的“逐条线路预选与搜索、优化成网（PSO）”的城市公交线网调整优化方法等。

（二）城市公交线网优化设计方法

城市公共交通系统规划按其物理叠加层次涉及道路设施网络、公共交通线路及枢纽网络、公交客流需求网络三个层次的网络，如图 6-13 所示。

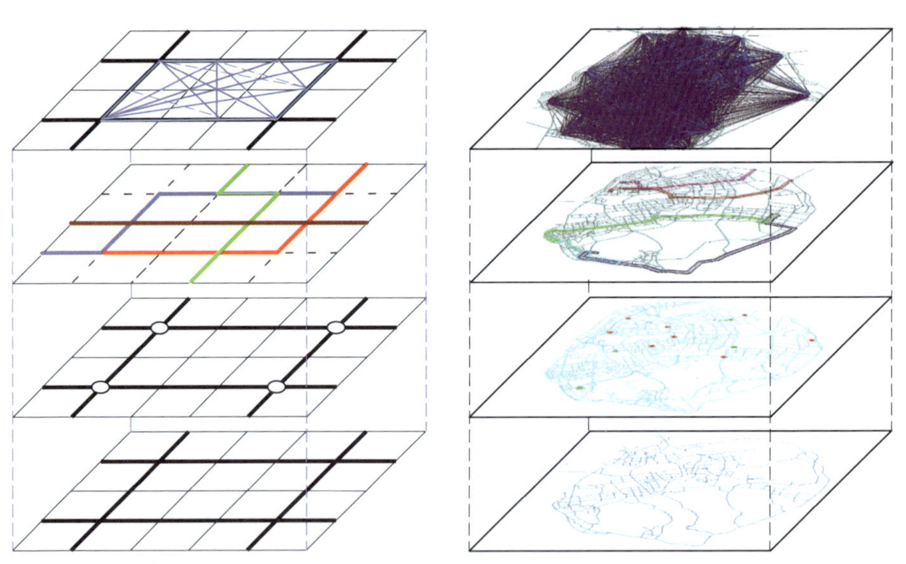

图 6-13　公交线路及枢纽网络规划的相关层次网络

公交线网设计优化的思路通常有两种模式。

1. 方案改进型公交线网优化设计

方案改进型公交线网优化设计基于网络、客流等数据，依据一定的网络优化目标，结合公交客流分析方法，并按照公交线网评价指标体系对既有公交网络进行设施水平、运输能力、服务水平、效益水平等方面的综合评判，管理决策者与规划人员结合已有的公交网络评价标准与专业经验，根据综合评判的结果确定公交线网从结构和功能上的调整、改进方向，从而进一步优化公交网络，再对其进行评价，反复直至评价结果满意。

方案改进型公交线网优化设计适用于两种情况：

1）城市现有公交线网调整与改善

基于现状或近、中、远期客流需求，结合管理决策者与规划人员的专业经验，对公交线网进行有针对性的改进，再对其反复给予评价和改进，直至得到满意的公交线网优化方案。

2）新城公交线网方案制订

基于近、中、远期客流需求，管理决策者与规划人员根据专业背景知识编制“科学合理”的规划公交线网方案，对该新建公交网络按改进型公交线网优化设计反复操作，直至得到满意的规划期公交线网方案。

对应上述两类应用，方案改进型公交线网优化设计有两种路网和 OD 数据形式。总体上，方案改进型公交线网优化设计的工作流程如图 6-14 所示。

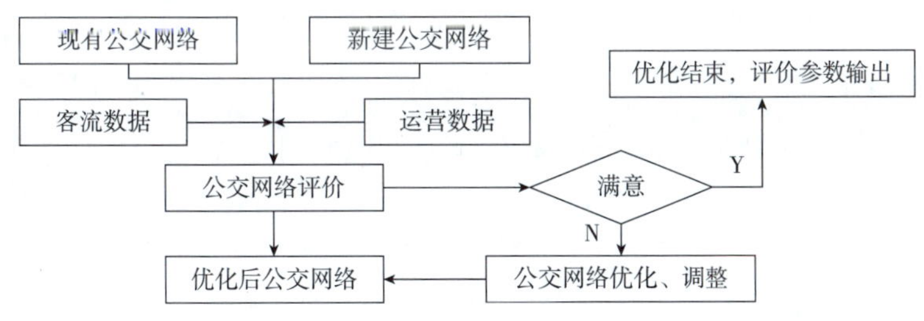

图 6-14　方案改进型公交线网优化设计的工作流程

方案改进型线网优化设计需要较多的人工干预，自动化程度较低，而循环优化的过程一般也较方案生成型线网辅助决策方法花费较多的时间。目前工程领域应用的诸多软件如 EMME/2、TransCAD、VISUM 等的公交规划模块究其功能都属于本文提出的方案改进型线网优化设计的决策工具。

2. 方案生成型公交线网优化设计

方案生成型公交线网优化设计基于客流数据，根据初始的站节点集合或线路集合，在指定评价指标标准的约束下，以某种目标最优为条件按一定模型策略搜索连接节点或可行线路，产生一系列合理的公交线路作为公交线网优化方案。

方案生成型公交线网优化设计决策方法适用于两种情况。

1）城市现有公交线网的全新设计方案制订

城市公交线路在其自然形成的过程中，由于城市用地形态变化、客流发展过快等原因，线网线路的布设缺乏统一的规划与指导，造成现状线路供给与需求的不平衡，同时不同公交运营企业由于客源竞争，带来诸多如线路重复过多等弊病。此种情况下有必要根据客流需求与城市用地性质，在不完全受现状网络约束的前提下，对公交线网进行系统级的全新优化。

2）新城公交线网优化方案制订

基于近、中、远期客流需求，在对城区未来公交线网或未来新城公交线网布局模式进行合理功能架构的基础上，按网络设计方法流程结合 OD 数据及道路网络结构建立最优的公交线网。

除此之外，针对 TOD 的需求，其公交线网优化设计需要更好地体现交通与土地协调规划思路，并将换乘枢纽分类，公交服务分区，公交线路分级落到实处，如图 6-15 所示。体现 TOD 内涵并将其延伸，做到城市公共交通对土地利用的有效引导，基于 TOD 的公交线路及枢纽网络规划流程如图 6-16 所示。

（三）城市公交线网优化设计智能化应用技术

公交线网规模的日益庞大与复杂，使得单纯依靠经验的设计变得越来越困难，如何借助计算机强大的计算功能，结合数据与知识进行公交线网优化设计就变得越来越重要。随着信息采集技术和大数据技术的应用推广，目前城市公交线网优化设计已突破了传统的四阶段模型方法，在应用方面更务实有效，其中主要的智能化技术应用有以下三个方面。

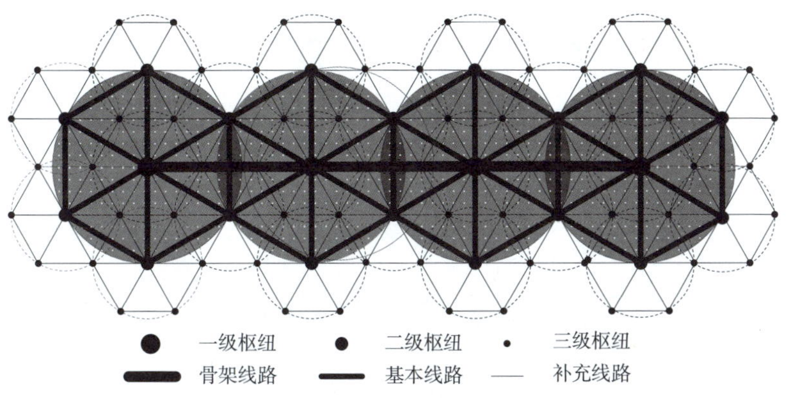

图 6-15 理想条件下公交网络及枢纽布局模式

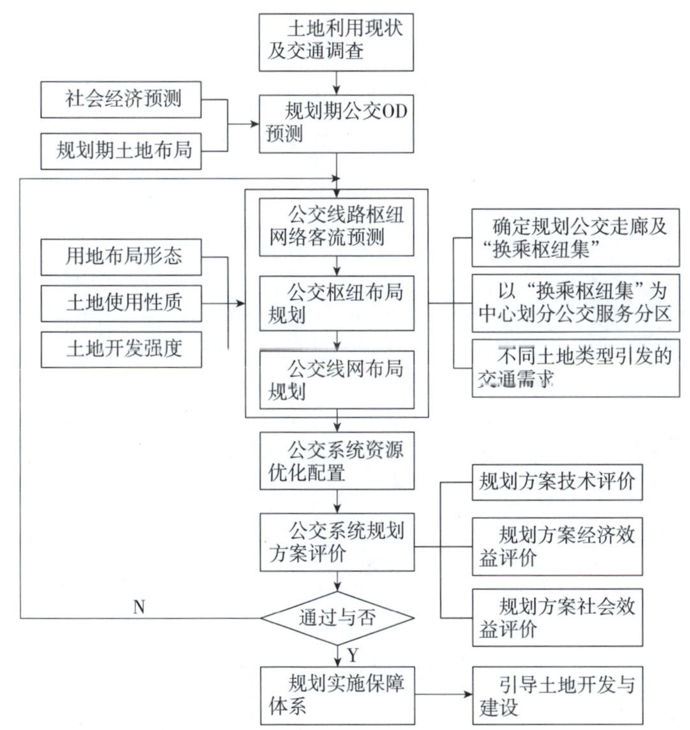

图 6-16 基于 TOD 的公交线路及枢纽网络规划流程

1. 交通调查数据采集

传统的跟车调查、公交出行行为问卷调查由于人工因素过多，带来调查困难、数据不准、处理难度大等问题。近年来已出现了不少基于移动终端的电子调查工具，方便了交通数据的采集，提高了数据精度。

2. 公交出行特征分析

城市空间布局与出行信息环境的快速变化，传统的交通调查数据已不能满足大样本、高精度的要求。手机信令数据、APP 后台数据以及 IC 卡流量数据等开始在城市公交出行调查中得到应用，其样本量、精度远远超出了传统调查数据，为城市公交出行特征分析提供了海量数据，对于挖掘城市公交客流出行 OD 分布、时间、行为规律等起到了重要作用。

3. 公交线网优化与评价

基于地理信息系统（GIS）、城市公交 IC 卡客流数据、交通调查数据等，建立专业的城市公交客流分配模型，建立决策支持系统，实现对现状线网以及优化方案线网的运输能力评价。

面向应用，目前国内北京、上海、深圳、广州等城市均已建成完善的城市公共交通规划决策模型，并能通过补充调查数据、手机信令大数据等不断调整和校准模型，滚动为当地的规划部门、交通运输主管部门提供高效的科学决策。可以预见，将来我国二、三线城市也将开始这方面的工作，以提高我国城市公交线网布局的合理性。

二、城市公共交通绩效评价方法

为了提升城市公共交通系统的运输服务效率与水平，需对城市公共交通的绩效进行评价。普遍的做法是首先通过设定一个评价应当达到的目标，其次围绕目标构建评价指标体系，再针对指标体系综合配置各指标的权重，进而构建公共交通绩效评价模型，最后通过实际评价工作对指标及权重进行优化迭代，以构建适应需求的评价体系。

（一）城市公共交通绩效评价目标

国际上关于城市公共交通绩效评价研究和应用较多的是城市公共交通服务质量评价，其绩效评价目标是为了公共交通运营线路的服务质量考核与招投标工作，服务质量考核一般作为企业运营成本核算、财政补贴以及票价调节的重要依据，通常其指标设计中除了客观的定量评价外，还有公众对于服务质量的主观感受。

根据我国城市公共交通运营管理体制以及国家公交优先发展战略的相关要求，目前我国的城市公共交通绩效评价主要包含两个层面的评价，一方面是城市交通运输主管部门对城市公共交通运营企业的服务质量考核评价；另一方面是交通运输主管部门对城市人民政府所提供的公共交通发展水平进行绩效评价。对于企业服务质量考核评价而言，其绩效评价目标与国际通行的做法基本一致，既要客观评价各企业、线路是否满足服务合同规定的相关服务内容，又要站在公众出行的角度对其综合服务质量进行评价，并将评价结果作为城市政府核定财政补贴、调整票制与票价、续签服务合同等的依据；对于城市公共交通发展水平评价而言，其绩效评价目标是希望搭建同等规模城市之间在国家公交优先发展战略落实方面的横向比较平台，促进各地加大对公共交通发展的重视与投入，进而增强各城市公共交通的吸引力，提高城市公交分担率，缓解城市交通拥堵。

（二）公共交通绩效评价指标体系

1. 指标体系的定义及形式

指标体系是指根据不同研究目的的要求和研究对象的特征，把客观上存在联系的、体现或说明社会经济现象性质的若干个指标，科学地加以分类和组合形成的指标集的总称。管理学中使用较多的关键绩效指标（Key Performance Indicators，简称 KPI）也是指标体系的一种重要阐述与组成。

指标体系按其表现形式可以分为以下三种。

1）单层指标体系

单层指标体系（图 6-17）是指除总目标外的指标层只有一层，即最终指标直接隶属于总目标，直接对总目标加以说明和解释。单层指标体系是所有指标体系中最简单的一种，一般适用于较简单的社会经济问题。

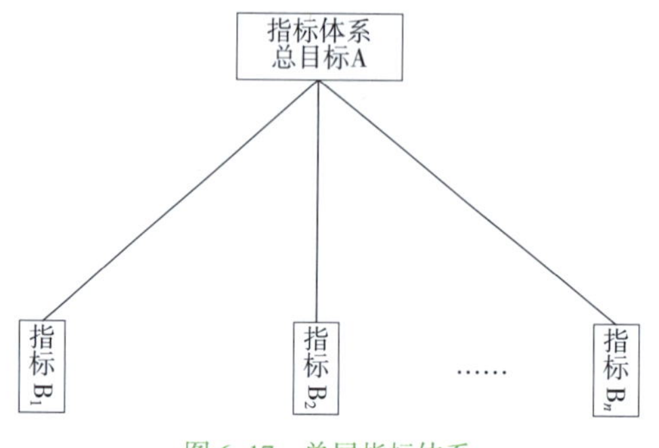

图 6-17　单层指标体系

2）树形多层指标体系

树形多层指标体系（图 6-18）是指除总目标之外，指标体系至少含有两个不同的指标层。同一层次的不同指标之间是一种并列的关系。下一层次的任一指标只隶属于与之相邻的上一层指标中的一个指标。整个指标体系呈现出明显的树形结构。树形指标体系所含指标层数的多少，一般应由所研究的问题的复杂性来决定。树形多层指标体系应用最为广泛。

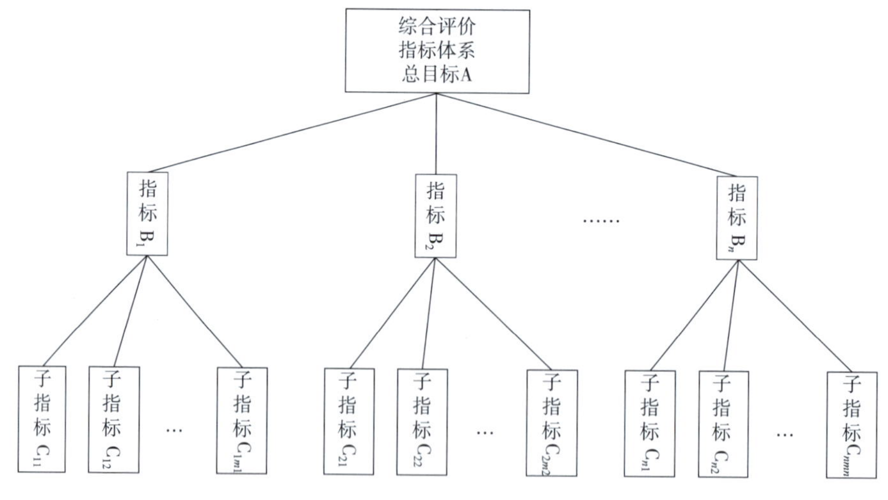

图 6-18　树形多层指标体系

3）非树形多层指标体系

非树形多层指标体系（图 6–19）是指标体系中相对较为复杂的一种。所谓非树形多层指标体系是指指标体系中除总目标外，至少包含两个指标层，同一指标层中的不同指标之间存在并列关系，彼此之间不存在隶属关系；在相邻的两个指标层中，下一层中的某一指标可以同时隶属于上一层中的多个指标，非树形多层指标体系与树形多层指标体系的区别也就在于此。

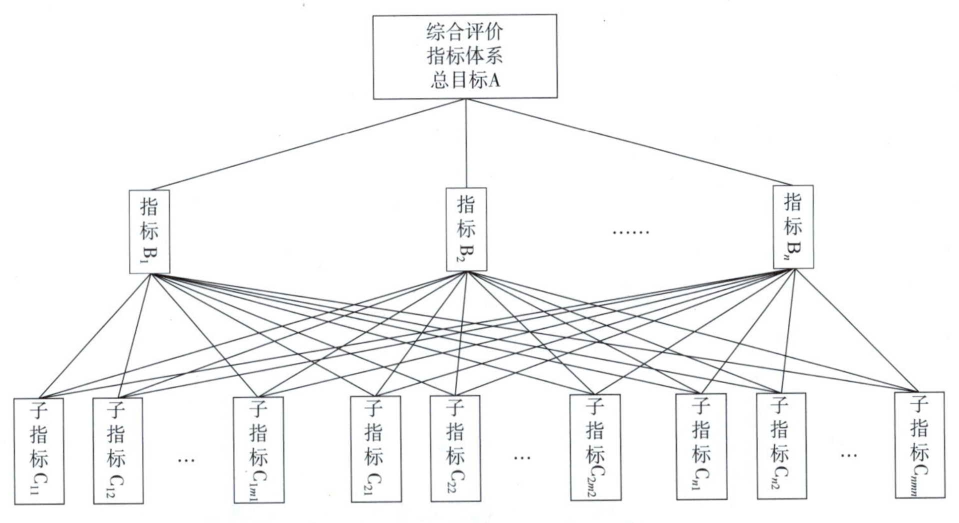

图 6–19　非树形多层指标体系

2. 城市公共交通绩效评价指标体系选取原则及构成

根据指标体系的定义、特点及形式可知，城市公共交通绩效评价指标体系是对公共交通的服务质量与发展水平进行客观评价的指标的集合。由于城市公共交通系统牵涉到土地利用、线网优化、财政补贴、票制票价、安全应急、节能减排等多方面，所以开展公共交通绩效评价，以多目标优化为出发点，对城市公共交通的各个方面进行定量和定性的分析，建立切实可行、有利于城市公共交通发展的评价体系，应遵循以下原则。

科学性原则：城市公共交通绩效评价指标体系中指标的选择、指标权重和量度的确定、数据的采集和处理必须以科学的理论准则为依据。反映指标的数据来源要可靠、具有准确性，处理方法具有科学依据，评价指标目的清楚、定义准确，能够量化处理。

可比性原则：城市公共交通绩效评价指标体系的设计要求各项指标尽可能采用国际上通用的名称、概念和计算方法，使之具备必要的可比性，同类城市公共交通系统可进行互相比较。此外，具体评价指标也应该具有某种时间上的可比性，从而对城市公共交通发展水平进行动态分析和评价。

可操作性原则：城市公共交通绩效评价指标体系应是简易性和复杂性的统一，要充分考虑数据取得和指标量化的难易程度。结构要尽可能简单，具体指标要通俗易懂，这样才能易于被公众所接受。

系统性原则：城市公共交通系统涉及经济发展、社会发展、环境和资源等方面，包括城市管理与服务等方面的现代化，基础设施建设、管理与服务构成城市公共交通系统有机整体，无论哪个环节滞后都会影响城市公共交通发展的进程。因此，确定城市公共交通评价指标时应有系统观念。

代表性原则：城市公共交通系统评价是个系统概念，包括许多方面，但作为衡量城市公共交通系统的指标体系，不可能也没必要将所有涉及的因素都作为衡量指标，应根据实际情况选取有代表性的指标构成城市公共交通发展水平评价体系。

专栏 6-1：城市公共交通发展水平评价指标体系

为支持落实《国务院关于城市优先发展公共交通的指导意见》（国发〔2012〕64 号）提出的“建立城市公共交通发展绩效评价制度”要求，针对国内外关于城市公共交通发展水平的评价主体对象不明确、指标体系不统一、数据量纲不统一、统计方法不统一等问题，面向对城市人民政府发展公共交通绩效的考评需求，兼顾常规地面公交和轨道交通的共性和个性特点，考虑了不同类型城市的差异性，注重指标的客观性和可获取性，力求全面、准确反映城市公共交通发展水平，交通运输部组织研究构建了涵盖公共交通综合服务效能、政府保障能力与管理水平、公共交通公众体验和公共交通综合效益 4 个方面共计 46 项指标的评价指标体系，如图 6-20 所示，并建立了指标模型，首次提出了面向城市政府的绩效评价要求。

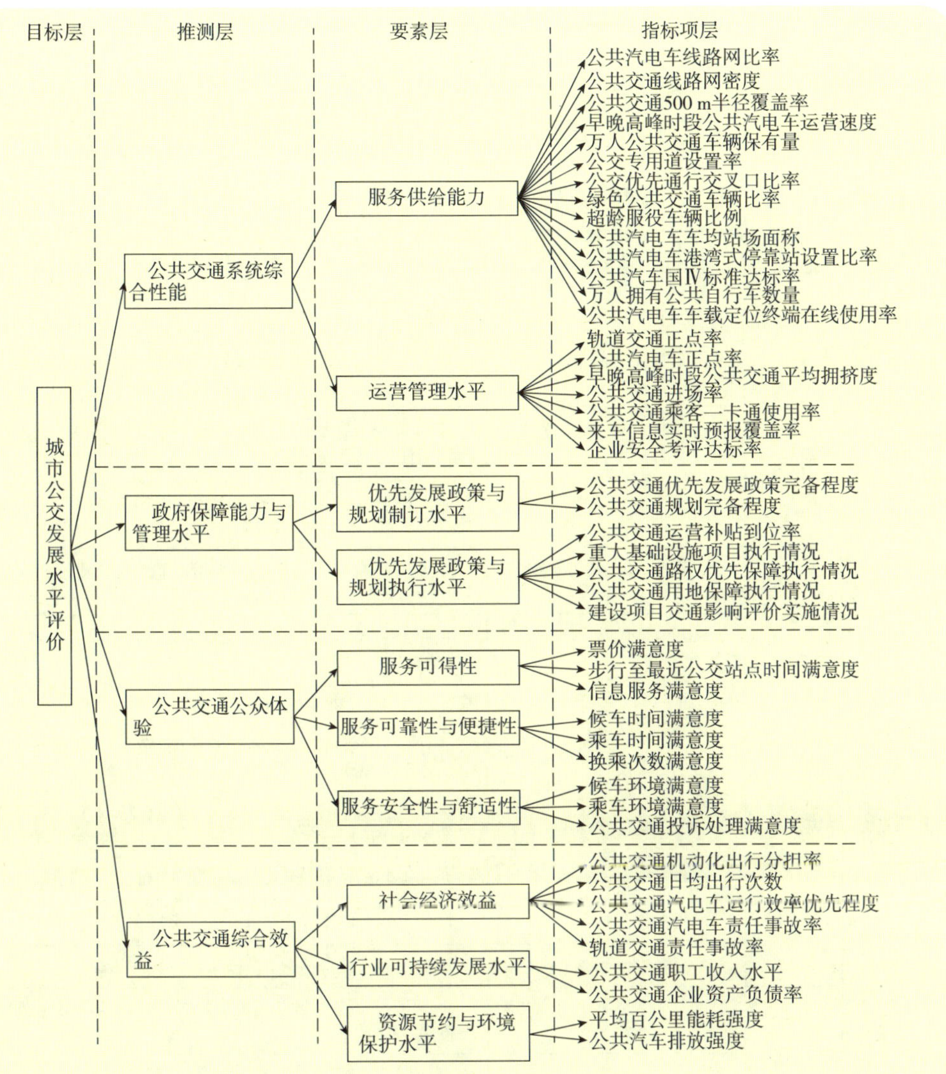

图 6-20 城市公共交通发展水平评价指标体系

专栏 6-2：城市公共汽电车企业服务质量评价指标体系

城市公共汽电车企业服务质量评价指标体系涉及城市公共交通功能服务、运营服务、保障服务、管理服务的相关要素，涵盖面广、内容多，指标选取考虑的影响因素也较多。以考评城市公共交通企业服务质量为目标，交通运输部组织研究建立了安全性、便捷性、舒适性、可靠性、满意度、节能环保 6 大准则，涵盖 19 个评价指标的评价指标体系，并建立了指标模型，见表 6–4。

公共汽电车企业服务质量评价指标体系　　表6–4

目标层	准则层	指标层	指标解释
城市公交企业服务质量	安全性	配有安全设施车辆比例（%）	根据标准规定配备安全设施车辆数 / 企业运营车辆总数 ×100%
		行车责任事故频率（次 / 百万公里）	企业年度运营车辆每行驶百万公里运营里程平均发生行车责任事故的次数
		行车责任死亡事故频率（次 / 百万公里）	企业年度运营车辆每行驶百万公里运营里程平均发生行车责任死亡事故的次数
	便捷性	市区高峰小时发车间隔（分）	企业所属线路高峰时段在市区区域内首站连续发出的某线路车辆的平均时间间隔
		语音报站设备车辆比例（%）	企业安装有自动语音报站设备车辆数 / 企业运营车辆总数 ×100%
		乘客信息化服务水平	企业为乘客提供出行前、出行中公交信息服务的水平
	舒适性	高峰集中小时平均满载率（%）	在高峰集中小时内，通过最大客流断面的企业各车次乘客数之和 / 企业车辆的额定载客量之和 ×100%
		全日线路平均满载率(%)	企业每日单位标台车辆载客量 / 企业单位标台车辆额定载客量 ×100%
		座位容量百分数（%）	企业单位标台车辆座位数 / 企业单位标台车辆额定载客量 ×100%
		空调车比例（%）	企业空调车辆数 / 运营车辆总数 ×100%
		车厢服务合格率（%）	被检车辆车厢服务合格车辆数 / 被检车辆总数 ×100%
		车辆整洁合格率（%）	被检车辆整洁合格数 / 被检车辆总数 ×100%
	可靠性	突发事件应急预案	企业是否按规定制定了为应对客运过程中突发事件的应急保障措施
		发车正点率（%）	企业年度首站车正点发车次数 / 企业年度首站发车次数总数 ×100%
	满意度	乘客满意度（%）	对企业服务质量满意和比较满意的乘客数 / 被调查的乘客数 ×100%
		乘客投诉率（起 / 百万人次）	企业年度被投诉次数 / 企业年度客运量
		乘客投诉处理率（%）	企业年度对乘客投诉处理和回复的件数 / 乘客年度投诉件数 ×100%

续上表

目标层	准则层	指　标　层	指　标　解　释
城市公交企业服务质量	节能环保	国Ⅲ以上排放标准车辆比例（%）	企业国Ⅲ以上排放标准车辆数/企业车辆总数×100%
		百公里能源消耗（L/标台，m^3/标台）	企业所属车辆年度消耗的能源总量/年度运营总里程

（三）公共交通绩效评价方法及权重分配

1. 评价方法的选取

综合评价方法应用最多的有 Delphi 法、主成分分析法、模糊综合评判法、层次分析法、聚类分析法和灰色关联度法等。

Delphi 法是将所需调研的问题发给专家匿名征询意见的一种专家咨询法。研究者收集多位专家的意见，并将综合结果反馈给专家，允许专家根据综合结果对自己的意见进行修改。根据需要，专家意见征询可反复进行多次。公共交通是一个综合、复杂、开放、动态的大系统，在公交评价中主观因素起着很重要的作用。在确定城市公共交通企业服务质量评价指标的过程中，评价指标和结果仅仅依靠专家们的主观意愿决定具有很大的主观性。因此，仅采用 Delphi 法并不适合于城市公交企业管理与服务水平的科学评价。

层次分析法首先将所要进行的决策问题的多种影响因素层次化，形成了一个多层的分析结构模型，之后运用数学方法与定性分析相结合，通过层层排序，最终根据各方案计算出的所占权重来辅助决策，可有效解决影响因素多样、统计评价数据不全等困难。

城市公共交通服务质量评价指标方法可采用 Delphi 法和层次分析法相结合的方法，即应用 Delphi 法以打分分值的形式来判断评价指标的重要性，应用层次分析法建立评价模型确定评价指标的权重。

2. 指标权重的确定

利用 Delphi 法，通过向科研机构、管理部门、公交企业发放指标需求表和指标权重打分表。结合 Delphi 法确定指标权重分值，应用层次分析法计算各指标占目标层的权重，按照如下过程确定：

（1）构造判断矩阵。以 A 表示目标，u_i、u_j 表示因素。u_{ij} 表示 u_i 对 u_j 的相对重要性数值。并由 u_{ij} 组成判断矩阵 P。

（2）计算重要性排列。根据判断矩阵，求出其最大特征根 λ_{max} 所对应的特征向量 W。方程如下：

$$P_w=\lambda_{max} W$$

所求特征向量 W 经归一化，即为各评价因素的重要性排列，也就是权重分配。

（3）一致性检验。为判断以上得到的权重分配是否合理，还需要对判断矩阵进行一致性检验。检验使用公式：

$$CR=\frac{CI}{RI}$$

式中：CR——判断矩阵的随机一致性比率；

CI——判断矩阵的一般一致性指标。它由下式给出：

$$CI=\frac{\lambda_{max}-n}{n-1}$$

RI 为判断矩阵的平均随机一致性指标，1 ~ 9 阶的判断矩阵的 RI 值参见表 6–5。

平均随机一致性指标 ***RI*** 的值　　表6–5

n	1	2	3	4	5	6	7	8	9
RI	0	0	0.58	0.9	1.12	1.24	1.32	1.41	1.45

当判断矩阵 P 的 $CR<0.1$ 时或 $\lambda_{max}=n$，$CI=0$ 时，认为 P 具有满意的一致性，否则需调整 P 中的元素以使其具有满意的一致性。

最终要得到各元素，特别是最底层中各指标对于目标的权重，从而进行方案评价。在确定了各个底层指标的指数及根据层次分析法给出了对应指标的权重后，通过各指标指数的大小及对应权重的加权求和即可给出某个企业的评价分值。

$$H_1=W_1 \cdot C^T$$

式中：H_1——公共汽电车运营企业的评价分值；

W_1——各个底层指标相对于目标层的权重向量，$W_1=(W_1, W_2, \cdots, W_{19})$，$w \in [0, 1]$，且$\sum w_i=1$；

C^T——各个底层指标指数。

最终确定的各指标的权重分值可用来评价某个企业的服务质量水平，并且可以用来与其他企业进行横向对比，分析其管理与服务领域的优势或不足。

三、城市公共交通运营成本规制方法

（一）公共交通运营成本规制背景需求

1. 规制的定义和分类

“规制”一词来源于英文“Regulation”，是政府规制部门通过对某些特定产业或产品的定价、产业准入与退出、投资决策、危害社会环境与安全等行为进行的监督与管理的统称，属于管理学与经济学的范畴。由于规制活动所涉及范围的广泛性，规制经济学已经成为经济学领域的一个重要分支。

依据规制性质的不同，规制可分为社会性规制与经济性规制。社会性规制主要关注政府在约束企业定价、进入与退出等方面的作用，重点针对具有自然垄断、信息不对称等特征的行业。经济性规制主要通过以下几种方式实施：一是对企业进入及退出某一产业或对产业内竞争者的数量进行规制；二是对所规制企业的产品或服务定价进行规制，也称为费率规制，包括费率水平规制或费率结构规制；三是对企业产量进行规制，产量高低直接影响着产品价格，进而关系到生产者与消费者的利益，通过规制可限制或鼓励企业生产；四是对产品质量进行规制，相对于前几种方式，对产品质量进行规制的成本较高，主要包括对成本监督检查。

2. 公共交通运营成本规制的迫切需求

为落实国家公交优先发展战略，很多城市政府出台了实际执行票价远低于成本票价的公交低票价政策，且执行票价长期保持不变，见表6-6。该政策主要表现为两种形式：一种是政府兜底的形式，即政府通过公共财政补贴的方式对企业运营亏损部分进行补贴，一般情况下，公交运营的财政补贴资金会逐年急剧增长，公共财政资金效率低下，如图 6–21 所示；另一种形式是政府未能足额及时进行补贴，由企业负担低票价所带来的运营成本负担，使得众多公交企业亏损加剧，运营举步维艰，如图 6–22 所示，这两种模式都不利于城市公共交通的可持续发展。

国内典型城市公交票价设定情况　　表6–6

城市	公交基础票价	基础票价变动情况	是否有票价折扣	基础票价与运营成本比较
北京	1 元或 2 元	6 年未调整	有	票价低于运营成本
上海	平均 1.8 元 / 人次	14 年没有调整	有	票价低于运营成本
深圳	平均 2.02 元 / 人次	7 年未变化	有	票价低于运营成本
广州	基础票价 1 元或 2 元	14 年未调整	有	票价低于运营成本
郑州	一票制 1 元	10 年左右未调整	有	票价低于运营成本
济南	基础票价 1 元或 2 元	多年未调整	有	票价低于运营成本

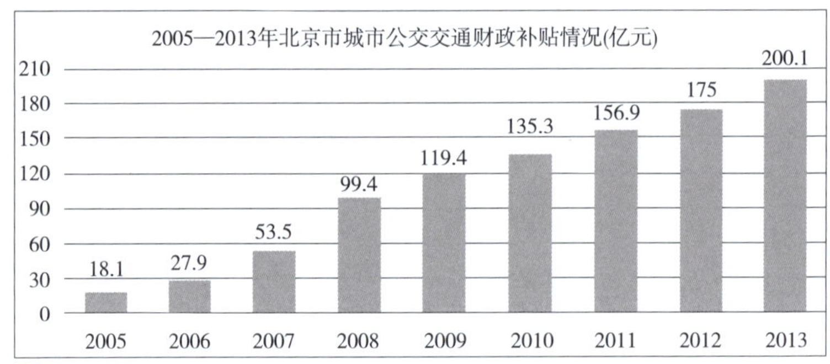

图 6–21　北京市 2005—2013 年城市公共交通财政补贴增长情况

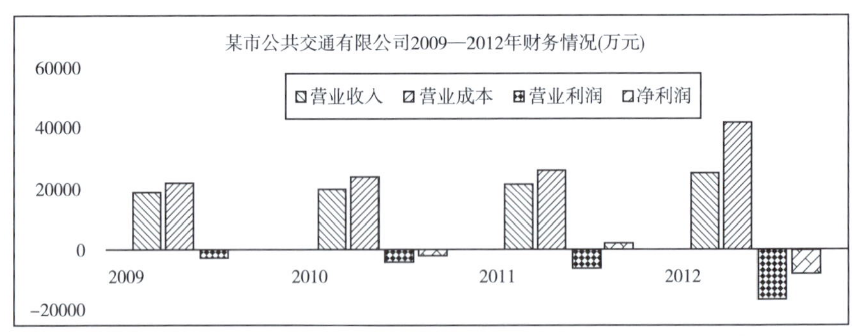

图 6–22　某市公共交通有限公司 2009—2012 年财务情况

由表 6–6 可知，这些城市的执行票价（乘客实际支付票价）均低于成本票价，至于超出执行票价的部分则由中央成品油价格补贴资金以及地方公共财政补贴来补足。通过对北京、上海、深圳三个城市的调查发现，执行票价的占比均低于 50%，其中北京的执行票价甚至不到成本票价的 20%，其成本票价的 78% 是由市公共财政来支付，见表 6–7。

国内典型城市每人次出行营收占比（2011年） 表6–7

城市	成本票价（元）	公交每人次出行营收占比		
		乘客实际支付（元）及占比	中央燃油补贴额（元）及占比	地方财政补贴额（元）及占比
深圳	3.73	1.82 49%	0.59 16%	1.32 35%
北京	3.15	0.40 13%	0.29 9%	2.46 78%
上海	3.60	1.80 50%	0.42 12%	1.38 38%

公交成本是企业盈亏测定、政府财政补贴核算、票制票价调节的基础，同时公共交通行业属于政府管制的准公共产品，所以科学开展公交运营成本测算非常必要，由此我国城市公共交通行业尤其是城市公共汽电车行业近年来提出了公交运营成本规制。目前，全国先后有深圳、上海、常州、武汉、厦门、乌鲁木齐、石家庄等城市颁布相应的操作办法，省级层面目前有河南、河北、湖北开展了前期相关研究，其中深圳和上海的成本规制做法有代表性。深圳市政府 2008 年率先在国内提出并实施了“成本规制”，所颁布的《深圳市公交财政补贴及成本规制方案（试行）》规定了公共汽电车企业运营成本中可纳入政府补贴范围的种类，以及各单项成本的合理标准范围。

（二）城市公共交通运营成本规制模型

公共交通运营成本规制的主要目的是合理界定所设定的服务质量下公共交通运输企业的合理运营成本，进而为城市政府相关决策部门科学界定企业盈亏状况、合理设定公共财政补贴额以及票制票价的调节提供定量依据。公共交通成本规制模型应重点解决运营成本的构成、规制的基本原则以及各项成本的规制方法。

1. 公共交通企业运营成本构成

分析公共交通企业运营成本构成是开展成本规制的基础和前提，由于公共交通的准公共产品属性，各城市公共交通企业的成本构成并不完全一致，如有些城市的公共交通场站由当地政府直接投资建设，免费提供企业使用，这类场站的固定资产折旧成本就不能纳入运营成本的范畴，还有一些城市由政府根据公共交通企业的要求直接购置车辆或由社会捐赠车辆，这些营运车辆的固定资产折旧成本也不能纳入运营成本的范畴，另外还有公共交通企业在非高峰时段将营运车辆投入到非公共交通运输的营利性营运过程中，这类营运过程所产生的成本也不能计入规制成本范畴，综上所述，应当纳入公共交通企业成本规制范畴的运营成本构成指的是与公共交通运营相关并由运营企业出资的人员费、车辆购置费、能源消耗费、场站建设或租赁费、固定资产折旧费、维修费、保险费、事故费、管理费等相关费用，深圳市、河南省公共汽电车企业运营成本构成如图 6–23 所示。

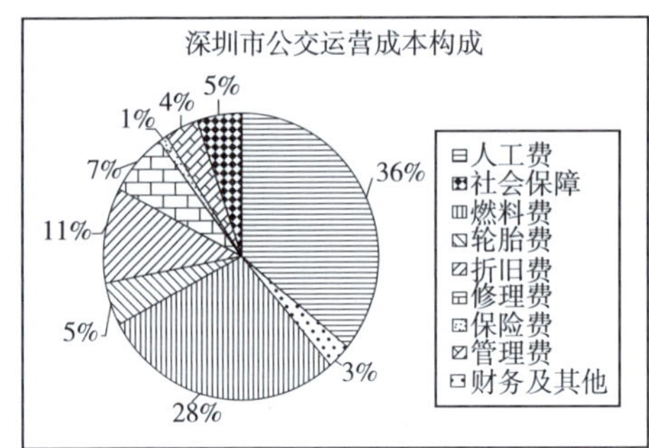

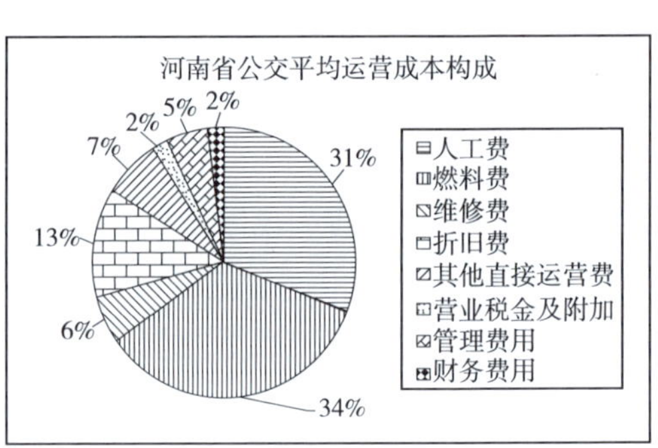

图 6–23　深圳市、河南省公共汽电车企业运营成本构成

2. 成本归属及规制的基本原则

（1）合法性原则：纳入公共交通运营成本的各项费用应当符合有关法律、法规和国家统一会计制度规定。不符合有关法律、法规规定的费用，不得计入需规制的运营成本。

（2）相关性原则：计入公共交通运营成本的费用，应当与公共交通服务经营过程直接相关或间接相关，与公共交通运输服务经营过程无关的费用不能计入需规制的运营成本。

（3）合理性原则：公共交通运营成本应当依据正常经营活动过程中发生的合理费用进行核算。计入需规制运营成本的费用，应当反映经营活动正常需要，并按照合理方法和合理标准核算。影响运营成本水平的主要指标应当符合行业标准或公允水平。

（4）业务关联原则：成本规制的表象是对各项运营成本进行规制，但其本质是对运营业务及其服务量进行监审，成本规模直接由运营业务及其服务量的规模来决定，所以成本规制很重要的工作就是对各项成本及运营业务进行关联规制。

3. 运营成本规制方法

目前国内外关于成本规制有两大类方法，一种是基于运营里程（即车公里成本或标台公里成本）的规制方法，一种是基于乘客周转量的规制方法（即人公里成本）。

1）基于运营里程的成本规制方法

基于运营里程的规制方法是将企业运营的各项成本与所有营运车辆总的运营里程进行关联，得到企业级或线路级的车公里或标台公里规制成本，简称单位里程规制成本，最终企业规制总成本由核定的总标台运营里程与单位里程规制成本进行卷积得到。

对于某一个城市而言，可以测算形成统一的单位里程规制成本，作为各公交企业规制总成本的测算依据，单位里程规制成本是成本规制的核心，其具体测算方法为过去某一统计周期内各项运营成本规制值的总和除以对应的总标台运营里程。

各项运营成本的规制值根据规制原则里的合法性原则，不同的成本项在进行规制时应遵守国家相关法规要求，如人工费规制应该以劳动法为依据，按照有人售票、无人售票，车辆运营时间、运营模式以及公司组织管理架构，合理确定人车比，再根据车辆总数及人车比合理规制从业人员总数，最后根据各城市对公共交通行业工资水平的定位，规制得到公司人工费规制总额；如固定资产折旧费规制应该以会计准则为基准。

2）基于乘客周转量的成本规制方法

基于乘客周转量的规制方法是将企业运营的各项成本与总的营运人次里程进

行关联，得到企业级或线路级的单位人公里规制成本，最终企业规制总成本由核定的总人次运营里程与单位人公里规制成本进行卷积得到。该规制方法的核心是准确获取乘客周转量的总人次里程数，从技术实现而言应准确获取每一位乘客乘坐公共交通载运工具的里程，这种方法在部分公共交通支付体系较发达的国际城市如新加坡、首尔等已经可以实现，国内除北京外能支持上下车刷卡的城市非常少，所以这种规制方法目前在国内使用的条件还不是很成熟。

4. 运营成本规制流程

根据上述相关定义及规制方法的描述，规制的核心是对企业各项成本根据其业务数据及财务数据按照国家相关准则核定一个合理的标准成本，并与企业实际报送的成本数据进行比对，最终确定各项成本的规制值。图 6–24 是公共汽电车企业运营成本的规制流程。

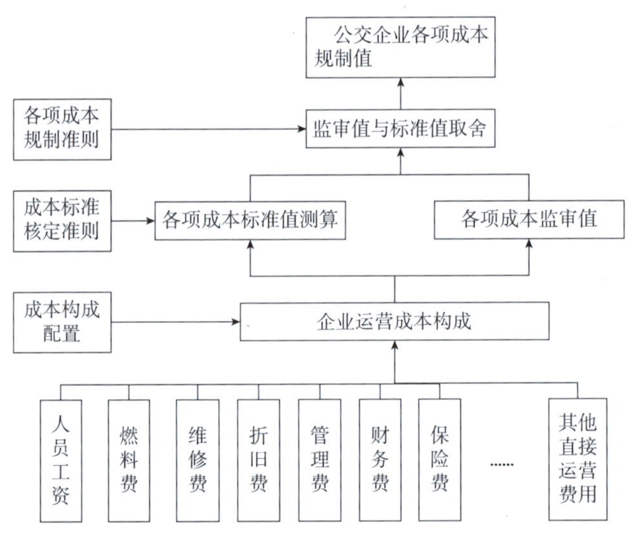

图 6–24　公共汽电车企业运营成本的规制流程图

目前，交通运输行业正在研究制定有关城市公共汽电车运营成本测算的相关标准，为企业提供运营参考。部分城市也制定了相应的成本规制管理办法，不断探索和实践城市公共交通运营成本规范与规制管理的经验。

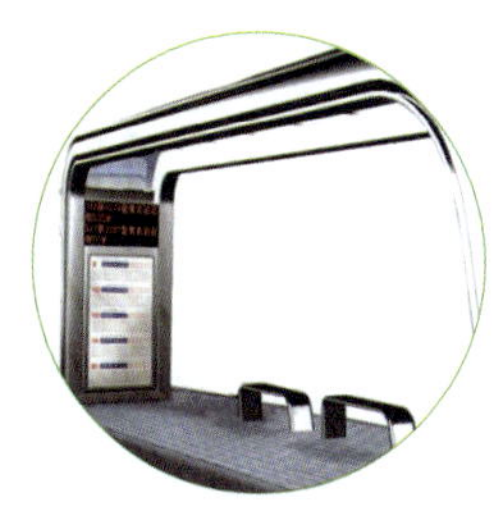

第七章　城市公共交通出行信息服务系统

第一节　城市公共交通出行信息服务概述

近年来，随着国家公交优先发展战略的落实，尤其是在《国务院关于城市优先发展公共交通的指导意见》中明确要求“按照智能化、综合化、人性化的要求，推进信息技术在城市公共交通运营管理、服务监管和行业管理等方面的应用”之后，城市公共交通系统和相应的信息服务系统建设得到了快速发展。

公共交通出行信息服务系统是城市交通信息系统的重要组成部分，以改善乘客出行的便利性，提升公共交通吸引力为目的，依托城市交通领域相关的ITS系统和其他交通运输行业管理系统，通过整合和挖掘公共交通运营企业车辆、设施设备、客流等信息，加强与相关部门的信息交换与协作，在相对统一规范的技术要求框架下，以多种方式（包括服务网站、呼叫中心、公交电子站牌、场站发车指示屏、车载终端、个人移动设备应用软件、场站静态标识、触摸式信息服务终端等）、多时间维度、多种形式为公众提供快速、准确、方便的出行路径规划、线路站点信息查询、车辆运行状况提示、车内拥挤程度以及其他相关信息服务。同时，通过积极推动大数据、云计算、移动互联网等新技术在公共交通领域的应用，能不断拓展信息服务内容，持续提升信息服务品质。

以人为本是发展城市交通的出发点，广大乘客对公共交通出行信息服务具有巨大需求，优质的城市公共交通出行信息服务是提升城市公共交通整体服务水平的重要手段，发展公共交通信息服务系统，是让城市交通信息服务惠及百姓、关注民生的惠民工程，是推动全社会共享城市公共交通发展成果，共同建设绿色低碳城市的共同任务。

大力发展公共交通出行信息服务能为出行者节约时间，尤其是减少候车时间，提高出行效率，改善公共交通出行体验，促进更多市民优先选择公共交通出行方式；能提高公共交通系统利用效率，减轻公共交通运营负担，减少能源消耗和尾气排放，缓解交通拥堵；能推动相关信息产业的发展，助力信息服务市场的成长，增强城市的综合竞争力。

第二节　城市公共交通出行信息服务体系

一、国内外公众出行信息服务体系典型架构

日本的实时交通信息服务以（Vehicle Information and Communication System，简称 VICS）最为典型。自 1996 年推出服务，搭载 VICS 服务的车载终端数量稳步增加，2013 年新增终端数达到 4559427 台，截至 2014 年 6 月月底，累计销售达到 43078880 台，覆盖了日本国内大半的车辆。通过日本都道府县的警察部门及道路管理者采集的各类交通信息，首先汇集到日本道路交通信息中心，随后传输至 VICS 中心，同时其他相关信息，如天气等，也传输到 VICS 中心。基于整合后的信息，VICS 中心形成向出行者发布的各类信息，并通过多种方式发布。VICS 提供交通信息的三种技术途径为：①电波信标，主要覆盖高速公路；②光信标（红外信标），主要覆盖一些主要的普通公路；③ FM 多频广播，主要覆盖城市地区等。当前 VICS 所提供的信息类型主要有如下五类：拥堵信息、旅行时间、交通障碍（事故、施工）信息、交通管制信息、停车场信息。这些信息通过图形及文字的方式在车载终端进行显示。VICS 显示信息的方式有三种途径：文字表示型，以纯文字的方式显示上述各种信息；简易图形型，以简易图形的方式显示各类交通服务信息，

其图形非地图形式；地图显示型，以真实的地图为基础进行实时交通信息的显示。

欧洲的实时交通信息服务则基于数字广播，形成了覆盖全欧大部分地区的广播数据系统 - 交通信息频道（Radio Data System–Traffic Message Channel，简称 RDS–TMC）交通信息应用系统，并通过该系统提供多类交通信息服务。RDS–TMC 技术起源于欧洲，同时也在欧洲应用最为广泛。从 1994 年开始，至今全球已有数十个国家和地区实施了 RDS–TMC 项目。广播数据系统（Radio Data System，简称 RDS）是 1984 年由欧洲广播联盟（European BroadcastingUnion，简称 EBU）制定的数据广播系统的欧洲规范。与中波相比，RDS 城市交通信息广播的主要特点是，利用现有的调频广播资源，通过在广播信号里插入数字码实现只需少量的投资即可建成广播发射端。而交通信息频道（Traffic Message Channel，简称 TMC）是一个数字编码系统。RDS–TMC 是采用 RDS 技术实现信息发布的应用之一。RDS–TMC 的数据内容可以包括交通公告、广告信息、标准时间、天气预报等，同时提供了开放式数据接口，为特殊要求用户提供数据文本应用通道。接收 RDS–TMC 需要一个特别的无线电接收机，其最主要部分就是 TMC 卡，该卡包含了具体的路线信息等。RDS–TMC 的功能主要包括导航、信息服务及定位。标准的 TMC 用户报文可以提供：

（1）事件描述，天气状况或交通问题及其严重程度的详细资料；

（2）受影响的位置、区域、路段或点位置；

（3）方向和范围，指出受影响的相近路段或点位置，以及影响的交通方向；

（4）持续时间，问题预计的持续时间；

（5）分流建议，是否建议驾驶员寻找替选路线等信息。

其后，为克服 RDS 的传输速率的瓶颈，DAB–TMC（TPEG）交通信息应用开始在欧洲普及。

美国的实时交通信息服务则形成了近乎覆盖全美国的“511”电话交通信息服务系统。通过该电话系统，出行者可以获得每数分钟更新的道路状况、事故信息、交通天气信息等相关服务。在美国，“511”和紧急救援电话“911”同样闻名。1999 年，美国交通运输部向联邦通信委员会提出请求，要求为交通信息选定一个全国性的三位数服务电话号码。2000 年 7 月 21 日，联邦通信委员会选定“511”

作为全国交通信息服务电话号码。在初期，"511" 以服务美国公路交通出行为主，全美国超过 300 个电话出行系统可以直接联入 "511"，提供出行服务。在 2002 年一年，"511"共接到呼叫 74 万余次，通话时间接近 100 万分钟。同时，基于"511"电话系统，全美国各州分别建立了出行信息网站和出行信息服务系统，并可直接联入车载平台终端。

除上述覆盖整个国家或地区的信息服务系统外，交通信息服务系统的另一发展轨迹为，全球范围内形成了一批较为有实力的提供交通信息服务的公司：第一类是专业的交通信息服务提供商，如 NAVTEQ（2008 年被诺基亚收购）、TomTom 等；第二类为 IT 行业大型企业，一些 IT 巨头也涉足交通信息服务，如 Google、Apple 等；第三类则为较大的汽车厂商，其结合车联网系统的发展与专业交通信息提供商合作提供交通信息服务，如丰田汽车公司的 G-BOOK，通用汽车公司的 OnStar 等系统。

国内的交通信息服务从 2005 年交通部组织实施的"公众出行交通信息服务系统"示范工程开始初具规模。作为三大信息化建设示范工程之一，该工程依托公路信息资源整合各客运场站管理信息系统的信息资源，通过互联网、呼叫中心、手机和 PDA 等移动终端、交通广播、路侧广播、图文电视、车载终端、可变情报板、警示标志、车载滚动显示屏、分布在公共场所内的大屏幕、触摸屏等显示装置，为出行者提供较为完善的出行信息服务。为驾车出行者提供路况、突发事件、施工、沿途、气象、环境等信息；为采用公共交通方式的出行者提供票务、营运、站务、转乘、沿途等信息，能够让出行者提前安排出行计划，变更出行路线，使公众出行更安全、更便捷、更可靠，是公共交通信息服务的早期阶段。"十二五"期间，随着智能调度系统在各地的推广和普及，车辆位置信息等实时公共交通信息服务成为可能，同时，随着智能手机的快速普及，公共交通信息服务的服务内容和用户数量得到了跨越式的发展。特别是"十二五"中期，在国家"公交优先"发展战略背景下，交通运输部组织开展了"公交都市"创建示范工程，并面向"公交都市"创建示范城市，组织开展了城市公共交通智能化应用示范工程的建设，该工程的建设将大幅提高城市公共交通信息服务水平和服务能力。

2015 年 7 月，国务院颁布的《关于积极推进"互联网 +"行动的指导意见》中明确指出，要"加快互联网与交通运输领域的深度融合，通过基础设施、运输工具、运行信息等互联网化，推进基于互联网平台的便捷化交通运输服务发展，显著提高交通运输资源利用效率和管理精细化水平，全面提升交通运输行业服务品质和科学治理能力”。交通运输部对该指导意见迅速响应，提出了“互联网+高效物流”和“互联网+便捷交通”两项工程。其中“互联网+便捷交通”旨在打造智慧交通服务体系，鼓励和支持以市场为主体开展各种基于移动互联网的出行信息服务，利用互联网整合各种运输方式资源，提升交通运输服务能力和水平，方便社会公众的各种出行需求。“互联网+便捷交通”行动包括为社会公众提供动态信息服务、加快道路客运的联网售票系统和票务信息的一体化建设、推动定制公交等新型服务方式发展等内容，而提升城市公共交通的信息化水平，为乘客提供全过程、多模式的公共交通信息服务无疑是行动中的重点内容之一。可以预见，“十三五”期间，“互联网+便捷交通”行动计划的推进，必将为城市公共交通信息服务的发展带来更大的机遇和挑战。

二、公共交通出行信息服务体系框架

按用户主体、服务主体、用户服务系统功能等要素构成公共交通出行信息服务体系。

用户主体是服务面对的主要用户。公共交通出行信息服务的用户主体是广大公众，主要服务对象是选择了公共交通方式的正在或即将出行的乘客，也包括在出行前进行交通方式比选以及出行目的地选择的潜在乘客，还包括正在进行居住地选择以及商业活动选址等其他希望了解公共交通信息的群体。

服务主体是服务的提供方，与用户主体是服务与被服务关系。公共交通出行信息服务的主体可以是各城市交通行业管理部门，也可以是公共交通运营企业，还可以是专业的信息服务领域的第三方机构。

对于用户服务和系统功能等公共交通出行信息的服务内容，包括提供给最终用户的具体的服务内容和能力。其具体内容包括票制票价、线路、场站、换乘、首末班时间等静态出行信息和车辆实时位置、车辆到站预报、车辆拥挤情况、车辆运行异动、场站运行状态、道路路况、交通管制等动态信息。提供的信息服务功能按照用户的使用场景可分为：出行前通过网站、移动终端、服务热线等方式获取出行方式、线路、换乘、出行时间、费用、动态路况等出行信息；候车时通过站台静态标识和电子站牌、移动终端、服务热线等信息服务方式查询和获取公共交通线路、车辆位置、首末班车时间、预计到达时间、换乘诱导等出行信息；乘车中通过车厢内电子信息服务屏、语音播报、移动终端等信息服务方式查询和获取公共交通服务信息，如车辆到站信息预报、交通路况、天气情况、运行异动等信息；出行后通过网站、移动终端、服务热线等多种形式获得服务评价、投诉建议、失物招领等信息服务。

服务的方式是提供服务的载体和手段。城市公共交通出行信息服务方式按信息载体和服务手段划分，主要有公共交通场站信息服务、车载信息服务、互联网应用服务和呼叫中心服务等形式，如图 7–1 所示。

图 7–1　公共交通出行信息服务方式

三、公共交通出行信息服务系统架构

公共交通出行信息服务系统由公共交通信息采集、数据交换、数据加工、交通信息发布和后台管理与维护等功能组成，如图 7–2 所示。

公共交通信息采集模块主要包括公共交通站点、线路、票价、首末班发车时间、运营企业等静态信息，以及车辆实时位置、车内拥堵状况、站台候车状况、突发事件等动态信息。

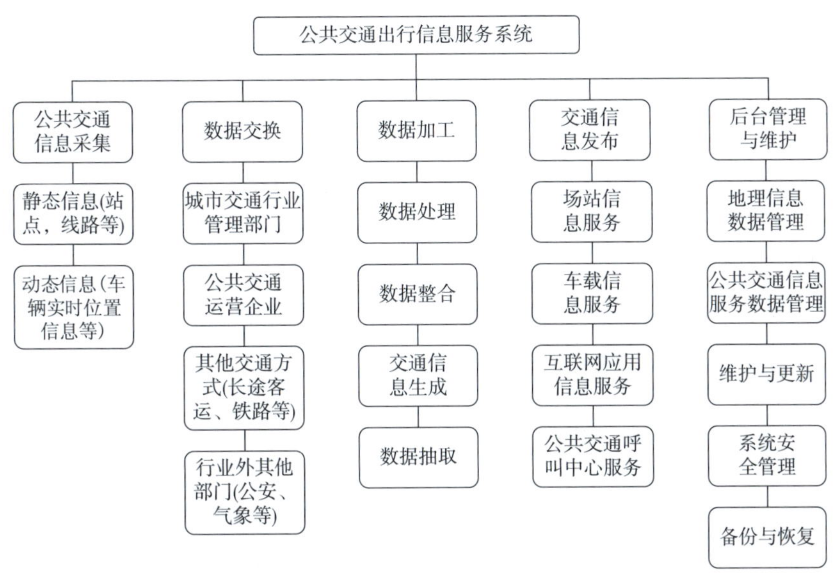

图 7-2 公共交通出行信息服务系统

数据交换包括与城市交通行业管理部门、公共交通运营企业之间的数据交换，也包括与出租汽车、长途客运、铁路、民航等其他交通方式间的数据交换，还包括与公安交通管理部门、气象部门之间的信息交换。信息交换应按照相关标准规范的要求，以统一的格式、规格对数据进行处理。

数据加工是在对交换来的数据进行清洗、格式转换等数据处理的基础上，对不同交通方式和来源的各类数据进行整合，形成能够为出行者提供帮助的交通信息，并根据不同用户的信息需求对交通信息进行快速、准确地抽取。

交通信息发布是通过公共交通场站信息服务、车载信息服务、互联网应用服务和呼叫中心服务等形式，对外进行交通信息发布，直接向最终用户提供服务。

后台管理与维护包括地理信息类数据的管理、公共交通信息服务数据的管理、公共交通出行信息服务系统整体的维护与更新，以及系统的安全管理、定期备份与发生问题时的恢复等功能。

第三节　城市公共交通出行信息服务要求

城市公共出行信息服务按信息载体和服务方式划分，主要有公共交通场站信息服务、车载信息服务、互联网应用服务和呼叫中心服务等形式，应根据服务载体和服务方式的各自特点，在信息内容、功能设计、性能要求上有所侧重，做到多种信息服务互相配合和补充，共同为公众在出行前、出行中、出行后提供全过程、全方位、精细化的信息服务。

一、公共交通场站信息服务要求

公共交通场站信息服务包括场站静态标识信息服务和电子站牌信息服务。

场站静态标识包括公共汽电车站点、城市轨道交通站点和综合枢纽等物理场所内与公共交通出行相关的静态信息服务标识。

（1）在静态标识的内容上，应能够清晰明确地显示发车间隔信息；对于地形、线路复杂的站点区域，宜提供标志建筑物位置导向、主要道路出入口、公交换乘指导等导向信息；不具备电子站牌条件且综合信息需求强烈的站点，可提供简单清晰的公交站点附近相关的综合信息示意。

（2）在静态标识的外观上，同一城市的公共交通静态标识应保持一致性；在综合换乘枢纽等公共交通区域，静态标识的颜色选用、图形示意规则应保持一致性，避免在不同区域产生歧义；多种交通方式汇集的区域，静态标识信息显示应具有一致性和连续性；在满足行人交通导向服务作用基础上，可考虑与周边环境的协调和美观，在总体规划下进行单体设计。

（3）在静态标识的部署位置上，应基于行人交通流向分析，从行人实际需求出发，根据行人路径决策点确定静态标识的布设位置。

（4）在静态标识的维护管理上，应注意在信息内容需要变更时，过渡阶段应有其他辅助标示说明变化信息内容。

公交电子站牌信息服务指通过设置在公共交通首末站、中途站和综合枢纽等物理场所的电子站牌向公众提供公共交通系统相关动静态信息的信息服务。对电子站牌的一般要求是：电子站牌宜与静态标识组合设置，电子站牌的显示子系统应能够支持动态信息以文字和图形的形式发布，发布内容设置应简洁明了，易读、易懂、易记。在功能上的具体要求有：电子站牌的静态信息显示应包括地址牌和线路牌信息，地址牌信息包括本站名称和站点汉语拼音，线路牌信息包括站名、首班发车时间、末班车发车时间、线路承运公交公司名称、票价等信息，静态显示线路牌应方便更换。电子站牌的动态信息应能以数字或文字形式显示距离本站最近的各条线路公共汽电车辆的到站站距信息，宜提供距本站的线路距离（单位：m）、预计到站时间（单位：min）等，应及时发布线路变更、首/末班车发车时间变更等信息，宜提供道路拥堵、车辆延误、天气预警、政府公告、公益宣传及其他信息，有条件的线路可采用颜色动态显示车辆的拥挤度信息，如以“红色”表示车内乘客拥挤、“黄色”表示车内乘客不拥挤，“绿色”表示车内座位空闲。电子站牌的扩展信息显示可包含运营企业标识、站台附近简要地图等信息，企业二维码、公交出行换乘信息查询等便民信息，以及周围商业信息等内容。电子站牌的语音功能作为可选功能，宜能够对车辆到站信息进行语音提醒，能够接收电子站牌信息发布系统对语音播报的内容及音量等的指令，能进行整点报时，能播报应急事件、公益信息、线路更换信息等。对电子站牌的性能要求主要有动态信息的更新周期不宜过长，如不超过 60s；提供的车辆到站信息应准确，如预计到达本站的站距信息误差不大于 1 站；电子站牌显示时间应准确，如与标准时间误差≤ 1min/年。

二、公共交通车载信息服务要求

公共交通车载信息服务包括静态信息标识和动态信息发布，车载信息发布设备宜包括 LED 显示屏、LCD 多媒体液晶屏、移动数字电视等能够向乘客发布动态信息的终端设备，车载信息发布设备应支持中英文字和图形显示，支持中英文语音播报，可具有多种不同的提示声音来分辨不同操作及业务提示。在功能上，车载信息发布设备的内容应包括线路信息、沿途站点信息、票价信息等静态信息；应支持以语音、文字形式自动或手动报站；应支持车内、车外不同语音内容报站；播报的站点宜包括公交运营站点和转弯、通过路口、上下坡等需要提醒乘客注意的特殊点；宜提供文明乘车提醒、安全乘车提醒、让座帮扶倡议；宜提供换乘信息，包括停靠站周边常规公交、快速公交、轨道交通等换乘信息；宜提供便民信息，包括线路周边旅游信息、天气信息、预警信息。在性能上，车载信息更新周期不宜过长，如不超过 10s；信息移动快慢及停顿时间应可调节；内置字库应符合国家相关标准；应具备足够的信息存储能力，如可存条数应不少于 200 条。

三、公共交通互联网应用服务要求

公共交通互联网应用服务包括出行信息服务网站、出行信息服务个人移动设备应用、接入互联网的触摸屏查询机等形式。

出行信息服务网站应以出行者的信息需求为核心，结合公共交通信息服务的特点，围绕信息服务、信息公开和出行服务进行网站的内容设计；网站服务分类应清晰、明确，服务导航应方便、快捷；网站界面应简洁大方，用户体验良好。在功能上，出行信息服务网站应提供公共交通运营企业信息；应提供线路静态查询功能，包括查询全市各路线的首 / 末车站、中途所经车站、首 / 末班车发车时间、发车间隔、票价、沿途的景区和商业区等信息，以及线路变更、限行等信息，相关信息应在地图上进行标记；应提供线路动态查询功能，线路上运营车辆的实时位置、线路临时变更等信息；应提供换乘查询功能，根据给定的起点站和终点站的站名或模糊站名信息，提供距离最短、价格最低或换乘最少的乘车方案并在地图上显示；应提供服务质量评价及信息反馈功能，乘客可对公共汽电车运营服务质量进行评价，对存在的问题以及相关人员进行投诉，对驾驶员和乘务员服务质量、公交运行的制度和政策等提出意见建议；宜提供线路沿线其他交通方式辅助信息查询，如公交线路沿线火车站、飞机场、长途客运站、轨道交通、出租汽车停靠等交通站点的位置信息，沿线的租赁自行车站点位置、价格、租赁数量等信息；宜提供便民信息查询，包括气象、道路改造、政府公告、公益广告等信息；宜具备地图服务功能，所有信息服务应能在地图上进行展现。在性能上，信息更新周期不宜过长，如不超过 60s；应根据当地人口规模合理设定同时在线访问人数；网站应用系统应具备访问控制功能，制定安全访问策略，严格管理远程访问权限；应具有数据备份和恢复措施，提高网站灾难恢复能力。

出行信息服务个人移动设备应用包括基于智能手机、PAD 等移动设备提供的在线应用服务，软件应根据移动应用的特点，以出行中信息服务和实时信息查询为核心进行功能设计，合理设置功能栏目；界面应简洁明了，易读、易懂、易操作。在功能上，应提供选定线路的最近 1 ～ 2 辆车辆的定位信息；应提供选定线路、站点的到站车辆预报，如距本站最近的 1 ～ 2 辆车辆的站距或距离；应提供线路沿线站点、换乘信息查询；应提供公共交通出行路线规划功能；宜提供信息个性化定制服务；宜提供驾乘人员服务质量评价及相关信息的查询和发布服务；有条件的线路可提供选定站台、车厢内的拥挤情况;宜能在地图上进行信息服务展现。在性能上，车辆位置信息的更新周期不宜过长，如不超过 60s；提供的车辆到站信息应准确，如预计到达本站的站距信息误差不大于 1 站；应根据当地人口规模合理设定同时在线访问人数；应用程序应具有数据备份和恢复措施，提高灾难恢复能力。

接入互联网的触摸屏查询机，作为信息服务网站的拓展服务终端，宜在具备条件的站点和公共交通枢纽等场所设置，应对信息服务网站的功能和界面进行优化和精简，提高外场使用的方便性，应达到界面友好、操作简便、字体大小适宜、功能划分明确的基本要求。在功能上，应与出行信息服务网站和电子站牌提供的信息保持一致；宜提供场站、站点周边换乘和路线详细示意图；宜提供站点周围相关商业服务信息的查询；宜提供城市气象、旅游等信息查询。在性能上，信息更新周期不宜过长，如不超过 60s；触摸响应时间不宜过长，如不超过 1s。在部署位置上应综合考虑公交站点或综合枢纽区域的功能、环境、客流特征和服务需要，结合出行者流线分析，在客流必经且方便的关键区域进行部署，但应选择开阔区域部署，不应在人流密集地点部署，避免造成人为的客流聚集影响。

四、公共交通呼叫中心服务要求

公共交通呼叫中心服务，应以静态信息查询、咨询和投诉建议为主，应根据城市人口规模、公众日常呼入量等因素合理确定中继线路和软硬件配置，满足乘客日常出行相关的咨询需求。在功能上，呼叫中心服务应包括线路站点、发车间隔、首末班车时间等信息查询服务和公交换乘信息服务；应支持模糊查询功能，可以使用站名，或是附近标志性地名作为查询条件；应能够开展公共交通出行服务的客户满意度调查与评价、服务投诉受理和信息反馈等工作。在性能上，呼叫中心服务自助语音系统应支持 7×24h 不间断运行；人工服务可根据各地咨询情况安排工作时间，但不应少于 7×8h；故障恢复时间不应超过 24h；应支持各种网络拓扑的分布式结构；应具有良好的可扩展性。在部署上，呼叫中心的座席安排应根据城市人口规模、呼入量、接通率、高峰期排队队列单次最长等待时间等的需求，合理设置。

五、公共交通信息交换共享要求

为提高公共交通信息服务水平，增强公共交通与其他交通方式的服务衔接能力，宜加强与其他交通方式和相关部门的信息交换共享，并在适宜的服务载体上予以发布，鼓励互联网第三方应用数据的接入和使用。

城市公共交通信息服务系统应为铁道系统、机场管理系统、出租汽车系统、客运枢纽系统、长途客运场站系统、客运轮渡系统、水上旅游系统等相关的行业内其他交通方式出行信息服务系统提供路线、班次、首末班车时间、发车间隔时间、下一班车距离相应站站距或距离、预计到站时间、线路变更、临时加班和调整、车内拥挤度、轨道站点的站内与出站客流、公交站点的拥挤度等信息。可为公安等行业外系统提供报警信息、路况拍照等必要信息。

同时，应争取从其他行业内为信息服务系统接入能提高公共交通信息服务水平的相关信息，如路况信息；客运、轮渡等的场站、枢纽的客流量，场站内突发事件等信息；机场航班计划变更、预计达到航班班次和人数等信息；公安系统的交通路况、管制信息、交通事故信息；气象系统的雨、雪、雾、高温、低温等恶劣天气提示、分级别的预警信息等。

用于信息服务的信息应统一管理，动态信息与静态信息应保持完全一致，在有变更时同期更新，所有服务方式的信息内容和信息时效性方面也应保持一致。

第四节　城市公共交通出行信息服务系统实践

一、城市公共交通出行信息服务网站

公众出行信息服务网站是出行信息服务系统最主要的服务方式之一。公众出

行信息服务网站能够通过互联网向公众提供全面、翔实、表现形式多样的公共交通及其他交通方式的综合出行信息服务。

公共交通出行信息服务网站的服务内容包括信息查询和信息发布。早期的信息查询服务以公交、轨道交通的线路、站点、换乘方式、发车频率、票价等静态信息查询为主。随着公交智能调度系统的普及和公交车辆卫星定位系统安装率的提高，公交车辆实时位置信息查询服务在全国多个城市成为可能。未来还可能包括车内拥挤程度、站台等候人数等更详细的公共交通服务系统的实时信息。通过与长途客运、民航、铁路等运输管理部门的信息交互共享，实现综合出行信息服务，公众可查询到长途客运、民航、铁路的运行时刻表、运营班次、票价、剩余票数等情况，常规公交、BRT与长途客运站、火车站、机场等的换乘方式，以及其他运输方式的晚点、停运、取消等异动信息，可以方便公众合理安排出行行程。

目前，出行信息服务网站大多为包含多种交通方式的综合性公众出行信息服务网站。例如，湖南省交通运输厅联合铁路、民航、气象等部门共同打造湖南省交通公众出行信息服务网，集成了出行新闻、路况信息、市内公交、城际出行、自驾出行、图行湖南、出行规划等信息服务内容，是为社会公众提供综合性和一站式出行信息服务的网站。网站内容主要包括全省范围内实时动态路况信息、气象信息、出行规划、航空信息、铁路信息、客运班线信息、旅游信息等服务子系统。其中，出行线路规划与GIS电子地图相结合，可通过GIS电子地图展现最佳的出行路线、交通服务设施及实时动态路况信息，方便公众随时访问服务。各地的交通公众出行信息服务网通过为社会公众提供高效、便捷和可靠的出行信息服务，有效提升了当地的交通运输行业服务水平。

二、城市公共交通电子站牌系统建设

电子站牌是乘客利用信息服务的最直接的方式，不需要乘客自备任何终端电子设备，也不需要乘客进行任何操作，老少皆宜，能服务于在站台候车的所有人群。

电子站牌是指在公共汽电车车站设置的向乘客显示本线路来车方向、运营车辆的动态位置及预计候车时间等信息的电子显示指示牌，电子站牌系统是基于公交智能调度管理系统、视频监控系统、公共信息发布系统等系统的新一代信息服务应用系统。电子站牌依托公交智能调度管理系统的公交车辆卫星定位数据，建立公交车辆到站预报系统，为公众发布线路公交车辆的实时到站信息，可以为候车乘客提供实时准确的车辆到站预报，多数电子站牌附带有多媒体视频播放、实时视频监控、公共信息发布等功能，部分电子站牌还能作为 Wi-Fi 热点，为候车乘客提供 Wi-Fi 接入服务。

典型的电子站牌信息服务系统，一般由电子站牌壳体、到站信息显示屏、多媒体信息发布屏，以及车辆信息发布系统、广告发布系统、视频监控系统、无线传输系统、环境控制系统、后台监测系统、集中控制系统等构成，如图 7-3 所示。

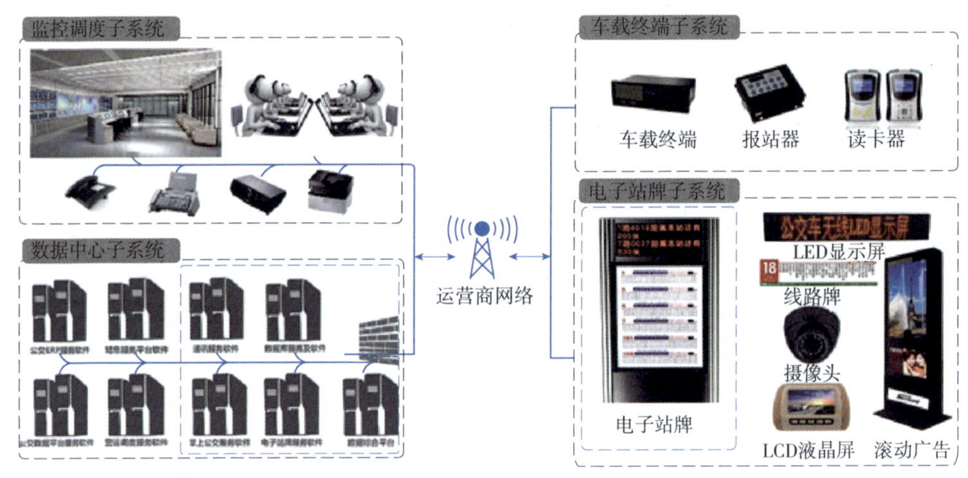

图 7-3　电子站牌系统示意图

电子站牌是很好的广告媒体，电子站牌提供的 Wi-Fi 热点服务带来的用户使用数据等也具有潜在的商业价值，因此除了由交通运输管理部门或公交企业投资建设的传统模式以外，各地在建设模式上也开展了多种利用社会力量的尝试。较典型的 BOT 模式是由专业的电子站牌运营企业提供电子站牌系统的资金建设及后期维护，以获得相关的广告特许经营权，双方约定一定的经营权周期，期满后经营权及设备归还交通运输管理部门或公交企业；其他的 PPP 模式还有由第三方提供建设电子站牌系统，建成后交由公交企业或公交企业选定的广告公司运营，第三方获得约定期限内广告收入的一定分成；或采用共同运营模式，第三方获得一定空间或时间比例的广告屏资源等。电子站牌 PPP 模式在降低交通运输管理部门或公交企业的建设、运维资金负担的同时，能有效发挥第三方专业公司在电子站牌系统建设和运营上的成本优势，便于通过广告资源整合和数据挖掘形成资源增值，对电子站牌系统的推广具有积极意义。但是，建设电子站牌系统的核心目的是为候车乘客提供公交信息服务，在采用由第三方实施运营的公私合作模式时，要以能有效保证公交信息服务的准确性和实时性为前提，防止出现电子站牌提供的公交信息不准确、不及时，甚至公交信息发布服务中断，电子站牌变为普通路侧广告屏的不良情况。

三、城市公共交通出行信息服务移动应用

城市公共交通出行信息服务移动应用，是在移动互联网迅速发展、全面改变大众生活方式的时代背景下，人们获得出行信息的最便捷、最频繁的途径，是最有可能实现综合、动态、个性化服务的信息服务方式，是大数据、云计算、移动互联网等新技术广泛应用的平台，也是各种新商业模式层出不穷的舞台。

目前影响较大、用户较多的城市公共交通出行信息服务移动应用可分为三大类，如图 7-4 所示。

(1)公交信息服务专业APP

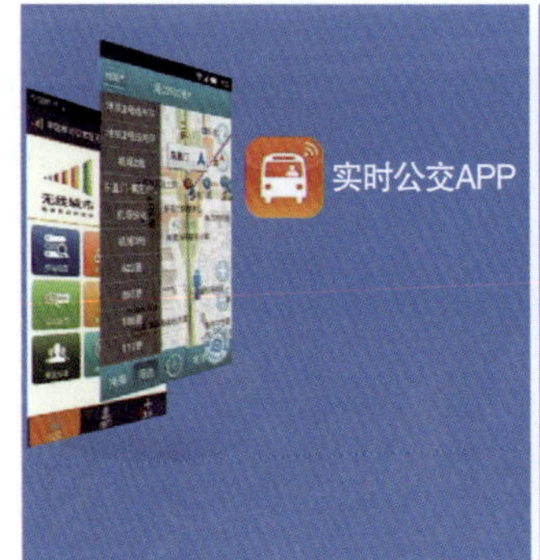

(2)城市交通综合信息服务APP

(3)百度地图、高德地图等综合信息服务APP

图 7-4　公共交通出行信息服务移动应用

（一）公交信息服务专业 APP

公众在出行中对公交乘车信息的巨大需求使得公交信息服务专业 APP 成为智能手机普及后较早出现的 APP 种类之一，此类 APP 数量众多，如信息服务商提供的服务范围覆盖多个城市的全国性 APP 和各城市交通运输管理部门或公交运营企业提供的地域性 APP。此类 APP 多数能够实现自动定位、地图选点、乘车方案查询、到站提醒等功能。使用场景的特点决定了移动应用用户对公交车辆实时位置信息的需求尤其突出，随着公交智能调度系统的普及和公交车辆卫星定位系统安装率的提高，公交车辆实时位置信息查询服务在全国多个城市成为可能，以公交车辆实时位置信息服务为主的 APP 近年发展迅猛，例如，某实时公交 APP 截至 2014 年年底已接入了 50 多个城市的公交车辆位置动态信源，全国用户数超过 1500 万，仅厦门市的累计用户数就超过了 200 万人，日访问量突破 70 万次。

未来，公交信息服务移动应用除了在信息内容上会增加车内拥挤程度等乘客关心的信息以外，在信息提供方式上将会更加主动，例如，2014 年年底，高德地图推出了公交导航版应用软件，针对公交用户担心换乘错误、乘坐过站、步行迷路等出行需求，为用户提供车站步行引导、线路实时引导、到站和换乘提醒、全程语音导航等细分功能服务，即通过语音导航指引用户完成从出发地点到目的地整个行程。

（二）城市交通综合信息服务 APP

城市交通综合信息服务 APP 的服务内容不局限于城市公共交通，而是整合各种交通方式数据，为公众提供城市综合交通信息服务。

例如，广州市交通委员会联合广州联通发布的“沃・行讯通”主要包括实时公交、路况信息、停车服务、出租汽车查询、出行规划、地铁信息、航空信息、铁路信息、客运信息、驾培信息、交通资讯等 11 个功能模块，融合市内 700 多条公交线路、10000 多辆公交车辆的实时路况及到站信息，可以查询实时公交、地铁等公共交通系统信息以外，还能查询实时路况、停车场服务、铁路航空信息，方便市民随时随地掌握实时交通状况。该应用的公交数据由广州市各公交企业统一报送，具有较好的权威性、系统性。下载量于 2013 年 7 月已经突破 100 万次。

此类应用的代表还有杭州市交通运输局于 2013 年年初推出的“交通 • 杭州”APP。该应用整合了包括公交车、地铁、水上巴士、公共自行车、出租汽车、长途客运等公共交通信息和路况信息，能提供线路站点、班线时刻、票价里程、换乘转乘、路径规划、实时路况、通行费用等交通出行信息的查询。公交乘车路径规划查询服务能为用户提供多条供参考的线路，市民可以根据需求自行选择最佳公交线路，系统还能提供公共自行车租车实时路况、寻找停车位等非常实用的服务，用户还可以在 APP 中点开道路上的摄像头标志，查看每个路段的实时状况。多种交通方式的信息整合和集中发布为公众出行带来了极大的便利，2013 年春运，“交通 • 杭州”还推出了春运版，让许多旅客获得了及时准确的出行辅助信息，对缓解春运交通压力起到了非常好的作用。截至 2014 年年底，“交通 • 杭州”APP 已有 30 万次的下载量，平均每天的查询次数约为 3 万次。“交通 • 杭州”APP 成功的背后是杭州市交通信息资源云平台（以下简称平台）的有力支撑，该平台实现了交通、交警、城管、铁路、民航等单位和公交、地铁、水上巴士、公共自行车、出租汽车等五位一体公交体系相关数据的接入和整合，包括高速公路流量、营运车辆 GPS、城市道路路况、道路公共停车泊位、公交车 GPS、公共自行车借还数、地铁客流、铁路客货运量、萧山机场旅客流量、长途班车客流量等，入网的营运车船达到 32360 辆（艘），还接入了 14221 路的监控视频。现在，每天交换至该平台的数据超过 1.8 亿条，除公众信息服务以外，平台为杭州综合交通的行业监督、运行监测、辅助决策及应急指挥也提供了数据支撑。

（三）百度地图、高德地图等综合信息服务 APP

城市公共交通出行 APP 未来仍会在进一步突出各自优势，强化自身特点的道路上继续发展。例如，公交信息专业查询类 APP 未来会针对公交服务系统日益复杂，服务模式日益多元化，乘客对信息服务的要求日益严格的发展特点，不仅提供公交路线规划、换乘建议等基本信息服务，还将推出类似汽车导航服务的全面导航指引服务。经过二十多年的发展，导航应用已经从定位、导航等基础功能升级到以规划路线、躲避拥堵、提供交通信息乃至娱乐功能的一体化应用，硬件也从车载导航仪过渡到以智能手机为代表的移动设备。但目前的导航应用还多是仅仅对驾车用户提供全程导航功能，对于乘坐公共交通工具出行的用户都只能仅仅提供路线建议或换乘规划，而无法全程参与用户的出行过程，只能起到部分指引的作用。对于不经常乘坐公交、地铁的乘客，以及在去往陌生地段的用户来说，在现有的公交、地铁路线规划指引功能下很容易出现错误。例如在北京，多条地铁线设置繁杂的换乘站，多个采用分离式设计的公交站点，同一条公交线路设置多个站名相似的站点，都很容易让人在乘坐时糊涂，从而出现乘坐错误、找不到方向等问题，更多的出行人群需要步行、公交乃至地铁全方位的导航。未来，在汽车导航技术已经日益完善、市场已经日趋饱和的背景下，导航企业将会更加重视公共交通出行中的导航需求，汽车导航行业培育出的技术和经验将在公共交通导航中得到更广泛的应用，导航将更多应用在更广泛的步行和公共交通等出行领域。在导航过程中，地图界面将实时呈现用户乘坐公共交通时经过的每一个站点，而在到站时，也能通过振动、铃声等进行提示。同时，导航应用将会把乘客整体的出行线路规划合一，在步行、公交以及多种交通工具聚合线路的起始、换乘及到达终点前都会有提示，并从头至尾进行指引，在地面交通发生严重拥堵或地铁发生严重拥挤时，自动为用户提供更合理的代替路线，能够在最大程度上支持用户的出行，为用户提供最佳、最全、最整合的公交路线指引方案。

随着互联网+与公共交通的深度对接，公共交通信息服务水平将得到进一步提高，随着信息开发共享的推进，站内信息、慢行交通设施信息等信息的进一步整合贯通，移动支付、电子客票、线上预约等服务的普及和深入，公共交通信息服务APP必将打通私人汽车、公共交通、慢行交通等各种交通方式，对用户出行全程中涉及的公共汽车、公共自行车等系统空闲信息的自动查询、预约、支付等全过程进行全方位支持，在公众出行全程中给予用户更多的帮助，让移动互联网的发展更好地惠及公众出行。

第五节　城市公共交通收费信息服务技术

一、城市公共交通收费信息技术概述

我国城市公交系统经过多年的运作，在管理上已日趋完善，尤其在推行“无人售票”的业务管理模式方面，对车辆的承运速度和业务管理起了很大的促进作用，但是由于“不设找赎”，对身上没有足够零钞的乘客来讲，肯定是增加了经济负担，这正是推行“无人售票”之后，乘客最大意见之处。此外假钞流行，给企业和政府带来巨大的损失，“无人售票”需要完善，另外随着经济环境的变化，取消月票也是势在必行。非接触式公交 IC 卡（Integrated Circuit Card）技术的推出为实现城市公交自动收费提供了现代技术的支持。公交 IC 卡的使用既便利了消费者，同时也使一直困扰公交公司的零钞、假钞、残钞等突出问题得到有效解决。

IC 卡是集成电路卡的简称，于 1974 年诞生于法国，当时有位叫罗兰・莫雷诺（Roland Moreno）的工程师为了将一些个人信息存放在一个便于携带、保存的存储媒体上，提出了将一个集成电路芯片嵌装于一块塑料基片上构成一张存储卡的想法，并按此方法做了一张卡片，这就是世界上第一张 IC 卡。目前，以欧洲为中心的 IC 卡市场已发展成为世界性的市场。

IC 卡由于其固有的信息安全、便于携带、标准化比较完善等优点，在身份认证、银行、电信、公共交通、车场管理等领域正得到越来越多的应用，例如二代身份证，银行的电子钱包，电信的手机 SIM 卡，公共交通的公交卡、地铁卡，用于收取停车费的停车卡等，都在人们日常生活中扮演重要角色。

IC 卡可以按照镶嵌芯片的不同和外界数据交换界面的不同进行分类。

（一）按镶嵌芯片的不同分类

按卡内镶嵌芯片的不同，可将 IC 卡分为存储器卡、逻辑加密卡和 CPU 卡三类，在 CPU 卡的基础上又发展有 JAVA 卡。

1. 存储器卡

存储器卡卡内嵌入的芯片为存储器芯片，这些芯片多为通用 EEPROM（或 Flash Memory）；无安全逻辑，可对卡片内信息不受限制地任意存取；卡片制造中也很少采取安全保护措施；不完全符合或支持 ISO/IEC 7816 国际标准，而多采用 2 线串行通信协议（I^2C 总线协议）或 3 线串行通信协议。

存储器卡功能简单，没有（或很少有）安全保护逻辑，但价格低廉，开发使用简便，存储容量增长迅猛，因此多用于某些内部信息无须保密或不允许加密（如急救卡）的场合。

2. 逻辑加密卡

逻辑加密卡由非易失性存储器和硬件加密逻辑构成，一般均为专门为 IC 卡设计的芯片，具有安全控制逻辑，安全性能较好；同时采用 ROM、PROM、EEPROM 等存储技术；从芯片制造到交货，均采取较好的安全保护措施，如运输密码 TC（Transport Card）的取用；支持 ISO/IEC 7816 国际标准。

逻辑加密卡有一定的安全保证，多用于有一定安全要求的场合，如保险卡、加油卡、驾驶卡、借书卡、IC 电话卡、小额电子钱包等。

3. CPU 卡

CPU 卡也称智能卡、保密微控制器卡、加密微控制器卡（片内带加密协处理器），在 IC 卡家族中出现最晚，也最具生命力。CPU 卡的硬件构成包括 CPU、存储器（含 RAM、ROM、EEPROM 等）、卡与读写终端通信的 I/O 接口及加密运算协处理器 CAU，ROM 中则存放有片内操作系统（Chip Operation System，简称 COS）。

由于 CPU 卡具有很高的数据处理和计算能力以及较大的存储容量，因此应用的灵活性、适应性较强。同时，CPU 卡在硬件结构、操作系统、制作工艺上采取了多层次的安全措施，这保证了其具有极强的安全防伪能力。它不仅可验证卡和持卡人的合法性，而且可鉴别读写终端，已成为一卡多用及对数据安全保密性特别敏感场合的最佳选择，如金融信用卡、手机 SIM 卡等。

虽然通常将所有 IC 卡都称作智能卡，但严格地讲，只有 CPU 卡才真正具有智能特征，也即只有 CPU 卡才是真正意义上的“智能卡”。

4. JAVA 卡

JAVA 卡是一种可以运行 Java 程序的 CPU 智能卡。是 Sun 微系统为智能卡开发平台而制定的一个开放的标准。在 JAVA 卡内有一个能执行 Java 字节码(Applet)的 JAVA 虚拟机——它提供一整套标准的 JAVA 卡编程的 API，使得开发人员无须了解复杂的智能卡硬件和智能卡专用技术，就可以进行智能卡应用的开发，从而大大减少开发时间和降低开发难度。

JAVA 卡还有两大优点：支持一卡多用途和重用。支持一卡多用途是指 JAVA 卡上可以同时存在多个不同的应用。这些应用可以来自同一个卡供应商，也可以来自不同的卡供应商。这样一张 JAVA 卡就可以完成不同的功能，例如，它可以有电子钱包功能，同时也可以有身份鉴别功能。重用是指 JAVA 卡上的应用可以根据需要进行删除或重新添加新的应用，而无须更换新的智能卡，这样大大增强了智能卡的灵活性。

（二）根据卡与外界数据交换界面的不同分类

根据卡与外界数据交换界面的不同可将智能卡分为接触式 IC 卡和非接触式 IC 卡。

接触式 IC 卡以符合 ISO/IEC 7816 标准的多个金属触点为卡芯片与外界的信息传输媒介，成本低，实施相对简便；

非接触式 IC 卡则不用触点，而是借助无线收发传送信息，因此在前者难以胜任的交通运输等诸多场合有较多应用。

此外，还有兼备接触式和非接触式两种接口的组合卡。

城市公共交通收费信息技术在应用模式上主要分为公交 IC 卡自动收费系统和轨道交通自动售检票系统两种，这两种模式的区别关键在于公交 IC 卡在业务交易过程中是否通过网络和远程服务器进行实时交互，由远程服务器集中控制交易流程。对于轨道交通自动售检票系统不再赘述。

二、城市交通卡的发展历程

自 20 世纪 90 年代，我国启动城市 IC 卡应用工作以来，基于城市现有的一卡通在技术手段、平台搭建以及运营模式等方面都已日趋成熟，城市一卡通从单一的公交应用发展到跨行业的多元应用及跨区域的互联互通市民卡。截至 2012 年 10 月，全国累计超过了 440 多个城市建立了不同规模的 IC 卡系统，全国累计发卡量 3.1 亿张。城市交通卡的发展主要经历了以下阶段。

（一）城市公交车电子票卡

第一阶段：20 世纪 90 年代逐步开始出现以非接触厚卡、逻辑加密卡为介质的城市公交电子票、月票，这时主要还是由各公共交通公司独立实施的公交卡系统。

（二）公交一卡通

第二阶段：21 世纪初在原有公交卡的基础上，由住房和城乡建设部主导逐步形成了以逻辑加密卡（M1 卡）或 CPU 卡为技术手段的城市公共交通一卡通，除可乘坐公交车辆外，还可乘坐地铁、出租汽车、轻轨等城市交通工具。

（三）城市一卡通

第三阶段：随着技术的发展，又进一步发展为以非接触式的逻辑加密卡或非接触式的 CPU 卡为技术手段的城市一卡通，卡的应用范围除公共交通的收费项目以外，还可扩展到水、电、加油等公共事业缴费项目，以及超市、饭店等的小额支付。

（四）市民一卡通

第三阶段：自 2003 年开始逐步出现了复合卡，即将接触式 CPU 卡、非接触式 CPU 卡、银行卡（磁条或 PBOC2.0 芯片卡）联名，实现市民出行、政府公共服务、公共事业服务、小额支付、银行卡支付的集成，形成市民一卡通。

（五）互联互通

2013 年，交通运输部提出公交 IC 卡全国互联互通，这也是“国家金卡工程”提出的实现目标。作为“国家金卡工程”行业大卡之一，在统一的技术标准、统一的安全体系、统一的结算机制、广泛的应用基础上，在交通领域开展公交 IC 卡互联互通的时机已基本成熟，条件已基本具备。公交 IC 卡互联互通的核心是建立全国数据处理中心，满足各地消费数据的清分清算。目前，该工作已经启动且在 37 个公交都市以及吉林、广东和江苏等省开展试点工作，根据试点经验再全面推广。

三、城市公共交通移动支付技术

（一）移动支付的概念及其分类

移动支付，也称为手机支付，就是允许用户使用其移动终端（通常是手机）对所消费的商品或服务进行账务支付的一种服务方式。

移动支付主要包括远程支付和近场支付两种。远程支付指用户通过移动终端登录银行网页进行支付、账户操作等，主要应用于线上电子商务网站的购物与消费；近场支付是指消费者在购买商品或服务时，即时通过手机向商家进行支付，支付的处理在现场进行，并且在线下进行，实现与自动售货机以及 POS 机的本地通信，近场支付是城市公共交通移动支付的重点。

实现近场支付功能现在主要有三种技术手段，包括 NFC 支付、基于 13.56MHz 的 SIMpass 标准支付、基于 2.45GHz 的 RFID-SIM 支付。

（1）NFC 技术：Near Field Communication 的缩写，是一种短距离的高频无线通信技术，主要用于手机等手持设备的 M2M（Machine-To-Machine）通信。这种方式的最大缺陷在于用户若要使用手机支付，必须更换带有 NFC 功能的手机。

（2）基于 13.56MHz 的 SIMpass 标准，无须更换手机，只需更换 SIM 卡即可。

（3）NFC 和 SIMpass 是国际移动支付标准，它的优势是适用于大部分现有的 POS 终端机，SIMpass 由国内研发，它可以与目前的 NFC 设备兼容。

（4）RFID-SIM 技术：中国移动推出的基于 2.45GHz 的 RFID-SIM（非接触式射频识别技术），只需更换 SIM 卡，免去了更换手机的麻烦。因为工作频点与银行、公交等主要行业的 POS 机不一致，需要重新铺设或者改装终端机，目前相对来说增加了运营的成本。

（二）移动支付应用情况

移动支付产业属于新兴产业，发展前景巨大，各开发商也大力宣传，在2011年9月金融展上，拉卡拉、快钱、掌中付等纷纷亮相，其中掌中付提出了一套完整的支付解决方案，获得优秀解决方案奖。2012年5月，福脉通推出的移动支付终端器，运用世界最先进的六信道技术，力求确保移动支付设备安全性能的提升。目前我国已开展多个SIMpass试点应用。其中，湖南移动公司2006年下半年开始进行SIMpass试点工作，试用人数达500人，应用包括湖南移动公司办公大楼门禁、食堂消费、小卖部消费、美容美发消费及停车场缴费，已进入正常使用状态。厦门移动公司采购20000张双界面SIM卡用于公交一卡通的应用，厦门移动与厦门E通卡及建行合作开展了移动支付平台的建设。广东移动公司搭建基于双界面SIM卡的移动支付平台，主要应用在广州的地铁项目；广东移动省公司及江门移动公司在一卡通内部应用上已经换卡2000张。中国移动集团总部、广东移动省公司等已将SIMpass用于大楼门禁、内部食堂消费、小卖部消费等，员工已充分体验这项技术带来的便利。南京移动公司全新推出的“智汇移动手机一卡通”业务，将惠及全市700万的移动用户，市民乘坐公交车、乘地铁、搭出租汽车，甚至是去超市购物、加油站加油，都能直接潇洒地“刷”手机买单。

2011年浙江国银通电子商务有限公司成立科研中心，自主研发生产“移动支付通”刷卡手机，满足了线下便民支付需求，有力地推动了中国移动支付新变革。

（三）移动支付标准情况

多年来，移动支付技术标准始终围绕由中国移动主导的2.45GHz标准和银联主导的13.56MHz标准展开。在这几年的竞争中，13.56MHz标准可谓遥遥领先，而2.45GHz标准则开始逐渐淡出人们的视线。

2.45GHz手机支付技术是具有我国自主知识产权的手机支付技术。2004年，我国企业开始对该技术进行研究，并于 2008 年推出首批 2.45GHz 手机支付产品。三大运营商均分别制订了各自的 2.45GHz 手机支付企业标准。

基于 13.56MHz 近场通信技术是比较成熟的技术。并且在三大运营商、银联、银行、央行甚至一卡通公司的推动下，基于 13.56MHz 的 NFC、闪付等技术及标准都得到了广泛的应用。

公开资料显示，基于 13.56MHz 的手机支付技术拥有 1700 项专利，主要掌握在国外企业手中；而基于 2.45GHz 的手机支付技术拥有 600 项技术，全部掌握在中国企业手里。行业角度来说，13.56MHz 核心技术为国外所掌控，一方面存在安全问题，另一方面需要缴纳巨额的专利费，芯片等核心产品也由国外厂商所把控，完全采用该标准将影响我国移动支付行业的发展。

工业和信息化部（以下简称工信部）于 2014 年 8 月公开征集对《基于 13.56MHz 和 2.45GHz 双频技术的非接触式销售点（POS）射频接口技术要求》。此次工信部就两个国家标准立项征求意见，宣告标准之争告一段落，后续的应用将由市场来选择。

四、城市公共交通卡互联互通技术

（一）互联互通是行业发展的趋势和必然要求

新型城镇化和区域经济一体化是我国社会经济发展的趋势。为优化经济发展空间布局，党中央、国务院提出了“一带一路”、“长江经济带”、“京津冀协同发展”等区域经济发展战略。各地区也根据自身发展的情况制订了相关规划，例如广东省发布了《珠江三角洲地区改革发展规划纲要》，做出了打造“广佛肇”、“深莞惠”、“珠中江”三大经济圈的战略部署。

区域交通运输一体化是区域经济一体化的重要形式之一，是区域经济整体协调发展的前提和基础。2014 年 5 月，交通运输部召开京津冀协同发展区域交通一体化专题会议，要求推动三地交通“规划同图、建设同步、运输一体、管理协同”；2014 年 10 月，广东省评审通过了《深莞惠交通运输一体化规划》，对综合客运枢纽、城际公交等 7 个专题作了统一的规划。

随着城镇化、区域同城化进程的加快，城市间交流和合作日益密切，城市公共交通跨区域、跨城市的出行需求日益增长，既有大区域间的出行需求（如京津冀、长三角各地市之间），也有省内出行的需求（如广东省各地市之间）。城市公共交通一卡通的互联互通可以为群众跨区域的出行和消费提供便利条件，有利于促进区域间的经济互通和协调发展，区域间互联互通成为公共交通一卡通行业发展的趋势和必然要求。

（二）互联互通在国内的发展现状

《国务院关于城市优先发展城市公共交通的指导意见》（国发〔2012〕64 号）中提出“加快建设城市公共交通一卡通互联互通平台，推进城市公共交通一卡通跨市域、跨省域互联互通工作”。交通运输部把推进一卡通互联互通作为向人民群众提供更高品质运输服务的重要抓手，为加强组织领导和统筹协调，加快推进实施，2013 年 9 月下发了《交通运输部办公厅 < 城市公共交通 IC 卡业务及技术应用规范 > 征求意见单》（厅运征〔2013〕3 号），向全行业公开征求意见。2014 年交通运输部发布了关于做好《城市公共交通 IC 卡技术规范（试行）》验证工作的通知，要求通过以点带面、先区域后全国、先验证后推广的方式，先在全国选取京津冀、长三角、珠三角、东三省等部分区域开展联网工作，逐渐过渡到全国联网。

2015 年，交通运输部印发的《交通运输部关于促进交通一卡通健康发展加快实现互联互通的指导意见》正式发布了《城市公共交通 IC 卡技术规范》，包括总则、卡片、读写终端、信息接口、非接口通信、安全和检测等七部分内容，解决了推进全国交通一卡通互联互通工作的重要基础和先决条件，京津冀、长三角、珠三角地区率先作为试点启动了互通工程。

珠三角地区从 2006 年开始实现公共交通 IC 卡的互联互通，佛山交通卡能够与广州“羊城通”卡实现两城之间的异地充值和异地刷卡消费。2011 年 6 月，由多家企业合作正式成立了广东岭南通股份有限公司，整合珠三角地区现有公交智能卡系统和资源，发行全省通卡“岭南通”卡，截至 2013 年 12 月底，“岭南通”卡已可在广州、佛山、肇庆、东莞等 20 个城市应用，原有的地方公交卡如广州“羊城通”卡和佛山“广佛通”卡已自动升级为“岭南通”卡，并与香港、澳门实现互联互通，累计发卡量已达到3500万张。

（三）互联互通存在的问题

国内各区域在推动互联互通的过程中，面临着缺乏统一的行业管理和规划、缺乏统一的产品标准的问题，主要表现在IC卡技术标准不同、地方政策不同、业务规则不同等方面。

IC卡根据集成电路类型的不同可分为逻辑加密卡和CPU卡；从卡片中数据的传输方式上可分为接触式IC卡和非接触式IC卡；从协议上可分为Type A卡、Type C卡、Type F卡等。目前国内各城市公共交通IC卡采用的技术标准不尽相同，为各城市间实现互联互通带来了很大的挑战，如何实现多种标准卡片的无缝融合，同时最大限度保留现有已发行的卡片，减少资源浪费，成为各城市都必须解决的问题。例如广州市采用的是ISO/IEC 14443标准的Type A卡，而深圳市采用的是同标准的Type C卡。在城市间互联互通时必须根据实际的情况提出具体的解决方案。

由于缺乏统一的管理和规划，各城市分别自主建设了自己城市内的公共交通一卡通系统，各城市的运营主体不同，有的城市采用政府主导建设的运营模式，有的城市采用纯市场化的运营模式。各城市的优惠政策也各不相同，有的城市根据普通卡、学生卡、老人卡等不同类型享受优惠政策，各交通方式间换乘也有优惠政策，而有的城市的优惠政策则比较简单。各地市在工本费、押金额度、存储额度、押金退还及手续费等业务规则方面都有很大的差异。在城市间互联互通时必须统筹兼顾不同城市的业务规则。

（四）互联互通的实现方式

互联互通目前在国内主要有两种实现方式，分别是两两互联的模式和中心互联的模式。

1. 两两互联的模式

两两互联的模式是两个城市之间直接互联，采用点对点的方式，实现城市之间的异地发卡、充值和消费。首先实现小范围的互联互通，并逐步以点带面进行拓展，以渐进式的推广实现与更多城市之间的互联互通，目前长三角地区普遍采用该种联网模式。

互联互通的城市之间在保障互通的原则下，采用自主的发卡方式，以保障各方的利益。各城市独立发卡，可不对原有的发卡系统进行改造，仅需对新投放的卡片和读卡设备进行升级，以实现不同城市间卡片和读卡设备的兼容，并逐步实现对已发行的卡片和已有读卡设备的升级改造。各城市之间采用两两清算的资金清算模式，仍然采用城市各自原有的结算平台，例如 A、B、C 市实现了互联互通，那么需分别实现 A 市与 B 市、A 市与 C 市、B 市与 C 市之间的相互结算。

采用该联网模式的优点是城市间互联互通推进的速度快，能快速实施并获得成果展现，但随着加盟互通城市数量的增多，发卡环节的复杂程度增大，城市间清分结算的工作量也将越来越大。

2. 中心互联的模式

中心互联的模式是建设互联互通区域的管理中心，以区域中心为核心节点，采用中心辐射的形式实现与所有城市的互联互通，目前珠三角地区普遍采用该种联网模式。

互联互通区域应首先制定统一的技术标准和服务规范，为卡片与终端资源整合打下基础。由区域中心负责一级发卡，按照统一的技术标准对卡片进行统一洗卡，对卡片的文件结构进行升级，并灌入区域级的卡片密钥。由各地市进行二级发卡，可在统一洗卡的基础上自主拓展和管理各自的卡片发行工作，以保持各地的原有特色，进一步拓展外围业务。对于已发行的卡片，可在用户充值时通过重新洗卡或现场置换的方式进行卡片升级；对于已部署的读卡设备，可通过软件更新或硬件升级的方式实现与卡片的兼容。参与互联互通的城市协商建立区域中心的清结算平台，各城市的一卡通清结算平台均需与区域中心的清结算平台进行连接，区域中心负责所有城市之间的数据交换和业务往来。

采用该联网模式的优点是区域间信息和资金流转效率高，有利于形成区域合力、提高整体效益，并具有广泛的发展空间。区域中心的清结算平台有利于保证各城市清结算结构的高效运转，能够在保障公平公正的前提下降低系统维护成本。

但采用该联网方式需协调多个城市间各方的利益，协调难度较大，系统推广应用的速度较慢。

（五）互联互通的建设方案

1. 建设互联互通的密钥体系

公共交通一卡通互联互通系统应用范围广，涉及运营商、持卡用户、合作商家等多个业务实体，业务处理过程涉及售卡、充值、脱机消费、清算结算等多个环节，对安全性的要求很高，需要通过密钥体系的建设保障互联互通系统的安全性。

采用两两互联模式的情况下，各地市仍保持原有的密钥体系，通过对卡片和读卡设备的升级改造实现对多个城市密钥的兼容。

采用中心互联模式的情况下，需建设区域中心级的密钥管理系统和地方级密钥管理系统。区域中心级密钥管理系统负责生成各种区域中心级管理密钥、应用密钥和城市主密钥；地方级密钥管理系统负责生成各种地市级管理密钥和应用密钥。区域中心负责生成多种卡密钥，并负责密钥的传输和存储，应采用密码机进行密钥管理，针对不同的业务需求，实现多种功能的调用指令。

2. 建设互联互通的运营管理系统

为整合区域公共交通一卡通资源，为一卡通运营商、持卡人、合作商户提供跨区域的运营管理和信息交换，应建设一卡通运营管理系统，实现基础资料管理、消费设备接入、发卡、充值、清算结算、黑名单管理等功能。

采用两两互联模式的情况下，各地市仍保持原有的运营管理系统，各自独立发卡，并各自负责自己城市内新发行及已发行卡片和设备的升级改造。

采用中心互联模式的情况下，应首先制定区域范围内统一的技术标准，并按照该标准对区域内不符合技术标准的卡片和读卡设备进行升级改造。对满足洗卡条件的已发行卡片，可在用户充值时直接进行卡片升级；对不满足洗卡条件的已发行卡片，可在用户充值时采用备用卡现场换卡的方式实现卡片升级。如果因技术标准和协议类型差别过大，导致无法通过洗卡及换卡的方式实现，则应采用“双芯片、双钱包”的方式发行联名卡以实现互联互通。在融合多种标准卡片的同时，也应对读卡设备进行升级改造，一般情况下可通过软件升级方式实现，对于型号较老的设备，需通过硬件升级方式实现。通过对卡片和读卡设备的升级改造和技术检测，最终达到所有卡片和读卡设备的整合兼容。

3. 建设互联互通的清结算平台

为有效获取各种卡片在各城市、各种类型终端上的消费记录，对区域内所有互联互通的跨区域交易进行统一的安全认证和转发处理，需建设互联互通的清结算平台，对各地市的跨区域充值消费交易按照一定的周期进行结算。

采用两两互联模式的情况下，各城市的清结算平台相互之间独立进行数据交换。根据卡片发行方的不同，分为本地交易和异地交易，本地交易产生的费用由各城市一卡通清结算平台仍按照原有流程处理；异地交易产生的费用，例如持卡人在 B 城市购卡充值然后在 A 城市刷卡消费，需 A 城市清结算平台将交易数据发送到 B 城市清结算平台进行结算。

采用中心互联模式的情况下，需建设区域中心清结算平台，各城市清结算平台均与区域中心清结算平台进行数据交换，各一卡通运营商的业务数据统一上传到区域中心，由区域中心进行统一清结算，再下发到各地市一卡通运营商。区域中心清结算平台可依据卡内交易数据的城市标志实现异地交易的识别并完成分离；可依据标准中规定的加密算法对异地交易数据的安全性和合法性进行验证。通过建设统一的清结算平台，可有效保证跨区域清算结算的公平性和高效性。区域中心还负责制定统一的异地充值手续费和跨区清算服务费标准，根据各地市出具的跨区域结算报表统一与各地市进行结算。

第八章　城市公共交通智能化标准规范研究

第一节　标准化管理概述

标准化是信息化建设的重要基础和持续保障性工作。在城市公共交通领域，近十几年来，城市公共交通信息化与智能化从科技研发，逐步应用到运营、管理与服务中，由于标准化工作同步跟进不及时，带来了很多城市公共交通信息化系统出现不兼容问题。

实践中，许多城市建设了不同规模的智能公共交通系统和信息平台，但是由于城市公共交通信息化与智能化标准的缺失，主要存在以下问题：

（1）车载终端等设备种类繁多、标准不一，成本价格不一致，功能性能不一致，给系统建设选材选型造成了很大的困难，用户难以确定建设成本、功能性能目标。

（2）设备间信息不互通、复用性差、不利于公平竞争与产品更新。不同厂商的设备系统无法互通，形成产品壁垒，给城市用户和公交企业的应用都造成了麻烦，通常一旦先期系统建成，由于其他产品无法进入，将造成一个企业、城市公共交通信息化系统被某一品牌长期垄断，不利于产品和技术的升级。

（3）系统层缺乏统一的标准化、规范化规划设计，扩展性、共享性、维护性差。公共交通数据资源以及运营、调度、监管和信息服务等系统建设缺乏规范的顶层设计和功能规划，数据资源与系统的交互共享不畅，使得后期的系统维护工作复杂，扩展难度大，造成了系统重建浪费等。

近几年随着智慧城市的建设以及信息技术的快速发展，亟须加强公共交通信息化标准、规范方面的制定工作。交通运输部杨传堂部长在2013年全国交通运输工作会议上的讲话中，也明确要求“加快涉及交通安全、综合运输、城市客运、节能减排、信息化等领域标准的制修订”。“十二五”期间，在交通运输部“城市公共交通智能化应用示范工程”推进工作中，相关标准化建设工作作为工程实施的重要基础和保障，首次被系统地提出来，并将部分工程技术要求通过交通运输行业标准的形式加快实施。

城市公共交通智能化标准规范建设有利于形成统一的车载、场站智能终端，实现公共交通业务数据与运行信息的动态采集，围绕政府行业管理部门、公众、运输服务企业的三方需求，建设统一的城市公共交通数据资源中心、企业运营智能调度平台、行业运行监管与决策分析平台、出行信息服务平台，实现城市公共交通运行状态的宏观监测，发展水平评价，服务质量评价，多样化、一体化的公共交通出行信息服务等，并便于实现与部、省间互联互通与信息共享。

我国标准化管理政策体系由《中华人民共和国标准化法》、《中华人民共和国标准化法实施条例》、《国家标准管理办法》、《全国专业标准化技术委员会管理规定》等法律、法规、部门规章及规范性文件组成。

《中华人民共和国标准化法》由中华人民共和国第七届全国人民代表大会常务委员会第五次会议于1988年12月29日修订通过，自1989年4月1日起施行。根据《中华人民共和国标准化法》，国务院标准化行政主管部门统一管理全国标准化工作。国务院有关行政主管部门分工管理本部门、本行业的标准化工作。省、自治区、直辖市标准化行政主管部门统一管理本行政区域的标准化工作。省、自治区、直辖市政府有关行政主管部门分工管理本行政区域内本部门、本行业的标准化工作。市、县标准化行政主管部门和有关行政主管部门，按照省、自治区、直辖市政府规定的各自的职责，管理本行政区域内的标准化工作。

通常我们使用的标准分为国家标准、行业标准和企业标准。

对需要在全国范围内统一的技术要求，应当制定国家标准。国家标准由国务院标准化行政主管部门制定。对没有国家标准而又需要在全国某个行业范围内统一的技术要求，可以制定行业标准。行业标准由国务院有关行政主管部门制定，并报国务院标准化行政主管部门备案，在公布国家标准之后，该项行业标准即行废止。对没有国家标准和行业标准而又需要在省、自治区、直辖市范围内统一的工业产品的安全、卫生要求，可以制定地方标准。地方标准由省、自治区、直辖市标准化行政主管部门制定，并报国务院标准化行政主管部门和国务院有关行政主管部门备案，在公布国家标准或者行业标准之后，该项地方标准即行废止。企业生产的产品没有国家标准和行业标准的，应当制定企业标准，作为组织生产的依据。企业标准需报当地政府标准化行政主管部门和有关行政主管部门备案。已有国家标准或者行业标准的，国家鼓励企业制定严于国家标准或者行业标准的企业标准，在企业内部适用。

国家标准、行业标准分为强制性标准和推荐性标准。保障人体健康，人身、财产安全的标准和法律、行政法规规定强制执行的标准是强制性标准，其他标准是推荐性标准。省、自治区、直辖市标准化行政主管部门制定的工业产品的安全、卫生要求的地方标准，在本行政区域内是强制性标准。

中国国家标准化管理委员会（中华人民共和国国家标准化管理局）是国务院授权的履行行政管理职能，统一管理全国标准化工作的主管机构。负责协调和管理全国标准化技术委员会的有关工作。

交通运输部是负责交通运输行业标准的行政主管部门。目前，交通运输行业共有 18 个标准化技术委员会，其中涉及城市公共交通信息化相关标准制定的有 3 个，分别是全国智能运输系统标准化委员会、交通运输部信息通信及导航标准化技术委员会以及 2012 年成立的全国城市客运标准化技术委员会。

第二节　标准编制路线与程序

标准编制有规范的管理和程序，这里介绍一般性的国家标准工作程序。交通运输行业标准制定具体可以参考《交通标准制定、修订程序和要求》（JT/T 18—2008）。

一、标准制定的路线

制定标准的部门应当组织由专家组成的标准化技术委员会（TC），负责标准的草拟，参加标准草案的审查工作。标准化技术委员会（TC）是在一定专业领域内，从事国家标准的起草和技术审查等标准化工作的非法人技术组织。TC 委员应具有广泛的代表性，可来自企业、科研机构、检测机构、高等院校、政府部门、行业协会、消费者等。

二、标准制修订程序

根据标准化工作导则，标准制修订共有九个阶段：预研→立项→起草→征求意见→审查→批准→出版→复审→废止。

1. 预研阶段

在研究论证的基础上提出制定项目建议。

（1）预研阶段的前期：标准化科研。

（2）预研阶段为 TC 评估项目提案（PWI）的过程。

PWI，应附标准建议稿或标准大纲。标准建议稿应给出主要章条及各章条所规定的主要技术内容；标准大纲应给出标准名称和基本结构，涵盖技术要素，列出涉及章条的标题。

（3）TC 应做出下列决定之一：

终止。PWI 不能满足要求。

继续。PWI 符合要求，由 TC 根据 PWI 形成项目建议书（NP），向国务院标准化行政主管部门提出立项建议。

（4）预研阶段的文件

输入：PWI

输出：NP

2. 立项阶段

对项目建议进行必要的可行性分析和充分论证。

立项阶段为国务院标准化行政主管部门对 TC 提交的 NP 进行审批的过程：

（1）立项阶段自国务院标准化行政主管部门登记 NP 时开始。主要工作是对项目建议进行审查、征求意见与批准。

（2）立项阶段的周期一般不超过 5 个月。

国务院标准化行政主管部门将做出下列决定之一：

（1）终止，否决项目建议。

（2）继续，批准项目建议，并下达国家标准制修订计划。

立项阶段的文件：

（1）输入：NP。

（2）输出：国家标准制修订计划。

专栏 8-1：立项阶段的程序

目前立项制度：常年公开征集制度

（1）行业部门、TC 和省级质监局负责征集项目，审查并随时提出项目建议（NP）。

（2）任何单位、个人均可向行业部门、TC、省级质监局或直接向国家标准化管理委员会提出项目提案（PWI）；直接向国家标准化管理委员会提出的 PWI，委托行业部门或 TC 进行可行性研究，被采纳的，由行业部门或 TC 提出 NP。

（3）NP 全部实行网上申报，网上申报系统全年开放，随时接受申报。

（4）国家标准化管理委员会随时审批 NP，分批次在网上向社会公开征求意见，分批次下达国家标准制修订计划。

内部审批程序：

1. 专业部审查

审查内容包括以下内容：

（1）必要性：符合国家标准范围、年度工作重点、产业发展政策、采标政策，符合立项时机，规定时限内能完成。

（2）查重：与现有国家标准、计划项目、修订标准项目及采用国际标准项目不重复。

（3）归口：征求 TC 意见并确定最终归口单位，核对是否符合国际对口的归口原则。

（4）起草单位：落实主要起草单位代表性及资质情况。

（5）校核：规范项目名称，复核其他数据项。如申请快速程序，是否符合快速程序制定国家标准的条件。

（6）协调：部内的协调、本部门项目与其他部门的协调。

（7）专业部审查一般应在一个半月内完成。

2. 委内审查

（1）综合业务部组织委内项目协调会，对专业部审查结论为通过和协调的项目进行审查。

（2）一般情况下每季度召开一次委内项目审查会。

（3）审查通过项目清单提交主任办公会审议。

3. 征求意见

（1）审议通过的项目，在网上公开征求社会意见。

（2）征求意见时间为 1 个月。

（3）专业部负责处理意见。

（4）综合业务部汇总对意见的处理结果，形成拟立项项目清单，并再次提交主任办公会审议。

4. 计划下达

（1）审议通过的项目，形成计划，并下达各有关单位。

（2）下达范围：行业部门、直属 TC、省级质监局。

（3）计划下达文件和项目清单在国家标准化管理委员会网站上公布。

（4）计划在国家标准制修订工作管理信息系统中落实。

3. 起草阶段

编写标准草案（征求意见稿），编写编制说明。

起草阶段为 TC 编写标准，完成工作组草稿（WD）的过程。起草阶段的周期不应超过 10 个月。

（1）起草阶段自 TC 登记国家标准制修订计划项目时开始。主要工作是成立标准编写工作组（WG），由 WG 起草 WD，完成并提交 WD 最终稿。

（2）WG 应按计划的内容进行起草：确认标准制定的目标准确，认真听取各有关方面的意见，与国际相关标准进行比对，完成技术指标的实验和验证工作，对相关事宜进行调查分析。

（3）WG 应做出下列申请之一：

①终止。WG 确认该 WD 存在不宜继续制定的因素，向 TC 提出建议终止项目的申请；

②继续。WG 对 WD 达成一致意见后，向 TC 提出继续进行的申请，并提交 WD 最终稿。

TC 应在 WG 申请基础上，做出下列决定之一：

（4）建议该项目终止，并向国务院标准化行政主管部门提出申请。

（5）继续，确认 WG 提交的 WD 最终稿。

专栏 8–2：起草阶段的文件

WG 向 TC 报送：

（1）征求意见稿申报单。

（2）WD 最终稿，按 GB 1《标准化工作导则》的要求起草。

（3）征求意见稿编制说明，应包括但不限于以下内容：

①任务来源、计划编号和其他基本情况；

② WG 简况；

③起草阶段的主要工作内容，重要 WG 会议的主要议题和结论；

④标准编制的原则；

⑤技术内容的确定方法与论据；

⑥重大分歧意见的处理经过和依据；

⑦其他应说明事项，如与其他文件的关系，涉及专利等；

⑧可将主要试验、验证技术报告，调查分析报告作为编制说明的附件。

（4）国际标准原文和译文，适用于采用国际标准制定国家标准的项目。

4. 征求意见阶段

广泛征求意见。征求意见阶段为 TC 对 WD 最终稿（CD）征求意见的过程。征求意见阶段的周期不应超过 5 个月。

专栏 8-3：征求意见阶段的文件

由 TC 分发的：

（1）TC 关于标准征求意见的通知。

（2）CD。

（3）征求意见稿编制说明。

（4）征求意见反馈表。

（5）国际标准原文和译文，适用于采标项目。

提交到审查阶段的：

（1）CD 最终稿。

（2）送审稿编制说明，征求意见稿编制说明的基础上增加：

①征求意见阶段的主要工作内容；

②征求意见阶段中重大技术修改意见的处理情况。

（3）意见汇总处理表。

（4）国际标准原文和译文，适用于采标项目。

5. 审查阶段

会审或函审，对送审稿进行审查，根据意见并对送审稿进行修改形成报批稿。审查阶段为 TC 对 CD 最终稿（DS）进行技术审查的过程。审查阶段的周期不应超过 5 个月。

专栏 8-4：审查阶段的文件

由 TC 分发给委员以供审查的文件：

（1）TC 关于审查标准的通知。

（2）DS。

由 WG 编写。DS 与 CD 中规范性技术要素的差异，应与意见汇总处理表中所反映的意见和处理结果一致。

（3）送审稿编制说明。

（4）意见汇总处理表。

（5）国家标准送审稿函审单，适用于以函审形式进行审查的项目。

6. 批准阶段

审查批准、编号。批准阶段为国务院标准化行政主管部门对报批稿（FDS）及相关工作文件进行程序审核和协调的过程。批准阶段的周期不应超过 3 个月。

7. 出版阶段

发布、印刷出版、备案。出版阶段为国家标准的出版机构按照 GB/T 1.1 的规定，对 FDS 进行编辑性修改，并出版国家标准的过程。出版阶段的周期不应超过 3 个月。

国家标准由中国标准出版社出版。

8. 复审阶段

适时复审，及时修订。复审是 TC 对国家标准的适用性进行评估的过程。主要工作是评估国家标准的适用性，形成复审结论。

9. 废止阶段

不再需要。对于复审后确定为无存在必要的标准，予以废止。国务院标准化行政主管部门发布废止公告，标志着某些标准被废止。

第三节 城市公共交通智能化标准规范体系实践

一、城市公共交通智能化标准规范应用现状

如前所述，我国的标准分为国家标准、行业标准、地方标准、企业标准 4 个层级。目前，与城市公共交通信息化相关的有 3 个标准体系表，分别为：

（1）交通信息化标准体系表；

（2）智能运输系统（ITS）标准体系表；

（3）城市客运标准体系表。

（一）交通信息化标准体系

交通信息化标准体系由信息通信及导航标准化技术委员会编制，结构共分为3层。第1层分类从交通运输行业的专业领域划分，具体包括公路建设与管理、水运建设与管理、运输及物流、安全应急、综合事务5个分类。其中与城市公共交通智能化工作相关的分类包括运输及物流、安全应急以及综合事务3类，如图8-1所示。

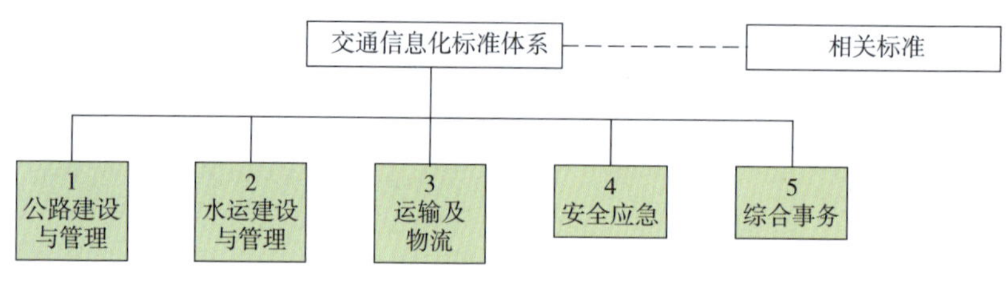

图8-1　交通信息化标准体系结构框架

第2层分类从标准定义的信息化内容划分，信息化内容包括基础设施、信息应用、信息资源、信息安全和信息工程5个分类。进一步细分该维度，可将基础设施分为硬件设备、网络通信2个子分类，信息应用分为功能架构、性能要求、用户视图3个子分类，信息资源分为数据与数据元、分类及代码、数据交换3个子分类，信息安全分为物理安全、网络安全、主机安全、数据安全、应用安全5个子分类，信息工程分为工程管理、工程设计、工程实施3个子分类。

第3层分类从标准层次定义，由基础标准和专用标准组成，反映了标准的适用范围。

（二）智能运输系统（ITS）标准体系

智能运输系统（ITS）标准体系由全国智能运输系统标准化技术委员会（以下简称ITS标委会）制定，ITS标委会成立于2003年9月，由国家标准化管理委员会直接管理，具体从事全国性智能运输系统标准化工作的技术组织工作，负责智能运输系统领域的标准化技术归口工作。其主要工作范围包括：地面交通和运输领域的先进交通管理系统、先进交通信息服务系统、先进公共运输系统、电子收费与支付系统、货运车辆和车队管理系统、智能公路及先进的车辆控制系统、交通专用短程通信和信息交换，以及交通基础设施管理信息系统中的技术和设备标准化。ITS 标委会所制定的标准体系结构如图 8–2 所示。

智能运输系统（ITS）标准体系主要结构分为两层，上层为智能运输系统通用标准，下层为分系统标准。通用标准层包括专用术语及定义、基础信息分类编码及表述、数字地图及定位 3 部分。分系统标准分为 7 部分，即：多模式通信、信息服务、交通与紧急事件管理、电子收费、综合运输及运输管理、车辆辅助驾驶与智能公路、数据管理与安全。

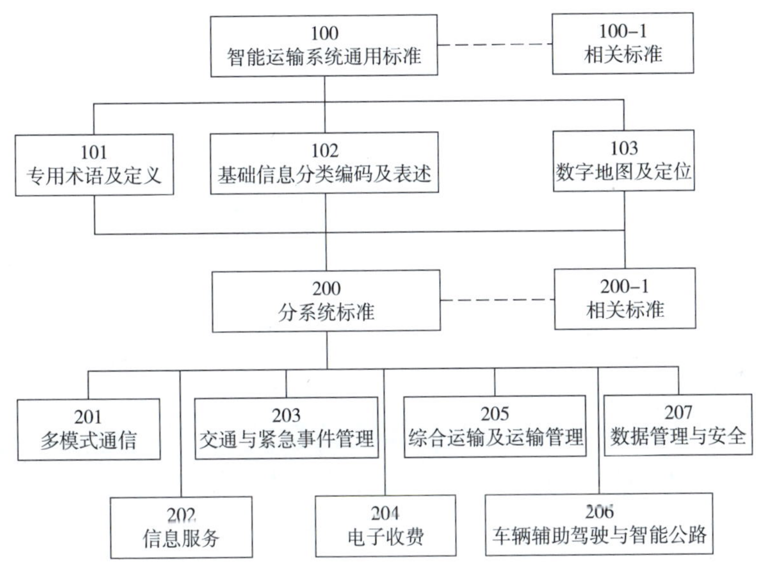

图 8–2 智能运输系统（ITS）标准体系结构层次图

（三）城市客运标准体系

城市客运标准体系由全国城市客运标准化技术委员会（以下简称“城市客运标委会”）制定，城市客运标委会成立于 2012 年 7 月，主要负责公共汽电车、轨道交通运营、出租汽车、轮渡及水上旅游客运、城市客运枢纽场站和其他客运附属服务设施等领域的国家标准制定和修订工作，与国际标准化组织智能运输系统技术委员会相关联。城市客运标委会所制定的标准体系结构如图 8-3 所示。

上述标准体系中规划了城市公共交通相关的标准规范，构成了目前领域内使用的标准规范，从近年发展情况看，公共交通信息化与智能化领域的标准规范应用还存在以下一些问题：

（1）在“大部制”改革前，主管城市公共交通的住房和城乡建设部没有成立专门的城市客运标准化委员会，从现有标准制定情况来看，城市客运标准化工作的系统性、规范性有待继续提高。

（2）目前涉及城市公共交通智能化应用的三个标委会的标准体系中，相应的标准制修订计划有一些交叉，如终端、通信协议、数据接口规范等，需要进行进一步梳理。

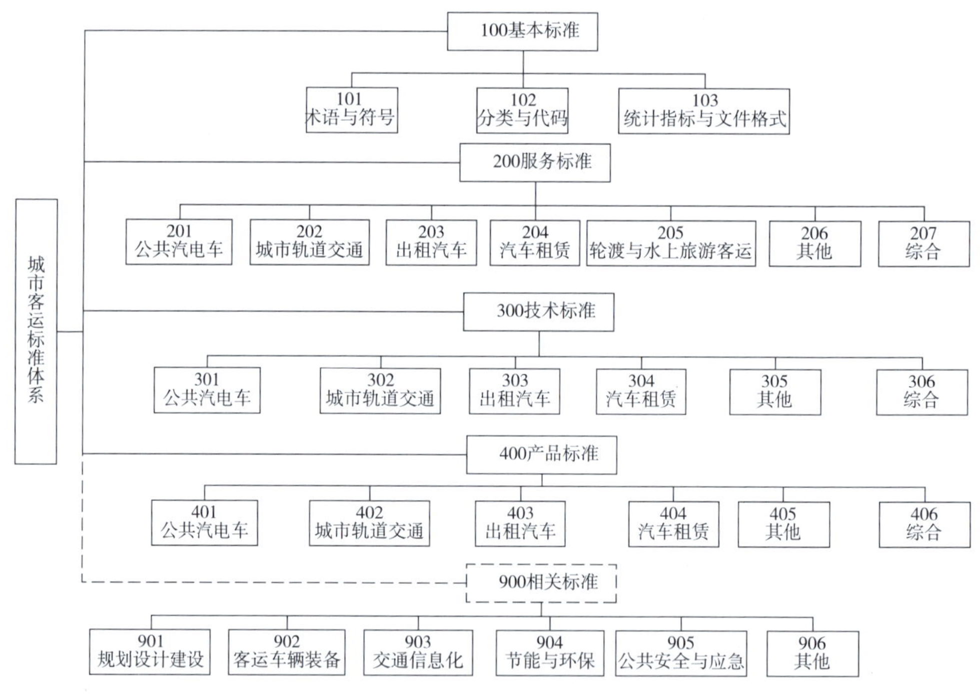

图 8-3　城市客运标准体系结构层次图

（3）现有交通信息化标准的对象多为传统道路运输行业，城市公共交通具有不同的运营特征，不能直接将现有标准应用到城市公共交通行业。如《道路运输车辆卫星定位系统终端通讯协议及数据格式》（JT/T 808—2011）和《道路运输车辆卫星定位系统车载终端技术要求》（JT/T 794—2011），其制定的对象是长途客运车辆，未考虑公交系统的语音报站、发车排点排班、无驾驶员行为规范、无串车和大间隔提醒等功能需求，也未考虑与公交特有设备关联的功能需求。

（4）近年来，城市公共交通行业发展很快，如地面公交、轨道交通、BRT等多方式的公共交通运输服务，业务内容覆盖运营调度、行业管理、成本核算、服务质量评价与考核等决策，现行部分相关标准的制定年代相对较久，已不适应城市公共交通行业发展的实际需求，需要针对新形势、新任务制定或修订相关标准。

二、城市公共交通智能化标准规范体系规划

参考交通信息化、智能运输系统和城市客运标准体系，结合我国城市公共交通信息化的现状，在交通运输部“十二五”重点领域“城市公共交通智能化应用示范工程”中，从终端设备、网络与通信、信息资源、信息管理与服务四个方面梳理了城市公共交通信息化与智能化标准体系，具体如图 8-4 所示。

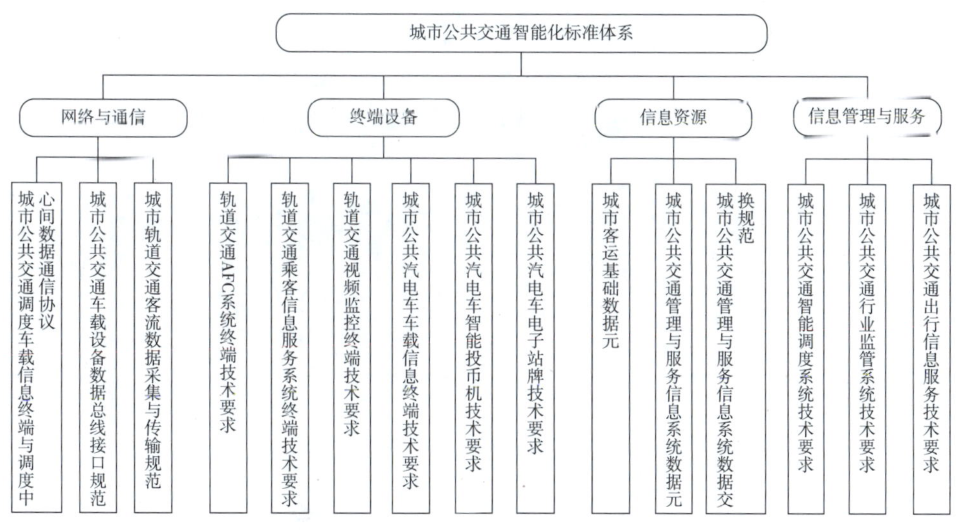

图 8-4　城市公共交通智能化标准体系

上述标准构成了我国城市公共交通信息化标准基本体系，在交通运输行业城市公共交通信息化建设中正在逐步实施，尤其结合交通运输部“十二五”重点领域“城市公共交通智能化应用示范工程”，主管部门、技术支持单位和地方城市基于上述体系开展了编制与验证实施工作。

专栏 8-5：城市公共交通智能化应用示范工程标准

为了提高行业标准草案的质量，加强标准的验证测试要求，结合交通运输部“十二五”重点领域“城市公共交通智能化应用示范工程”，交通运输部科技司、运输服务司会同全国城市客运标准化技术委员会组织编制了 11 项“工程标准”（图 8-5），旨在通过示范工程，加强标准的实施性要求，其中 9 项为本章提出的体系框架中的内容，另外 2 项其一为面向整个示范工程的技术要求；其二为早期编制中交通信息基础数据元中的城市客运部分，意在通过示范工程进一步完善对数据资源部分的要求，作为后期修编的依据，本书编制过程中，该标准正在进行后期编制。

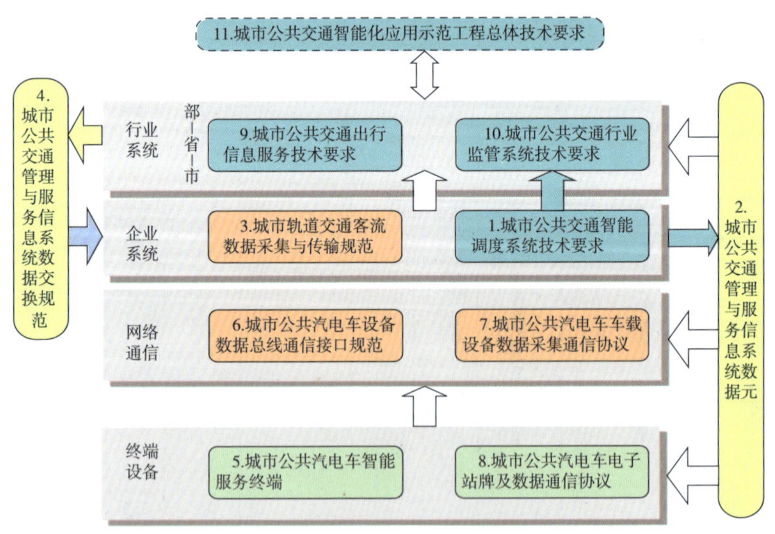

图 8-5　城市公共交通智能化应用示范工程标准体系

第四节 城市公共交通智能化标准工作发展趋势与要求

进入新世纪以来，我国标准化事业蓬勃发展，覆盖一二三产业和社会事业各领域的标准体系基本形成。标准化在保证产品和服务质量、促进经济转型升级、保障和改善民生、服务外交外贸等方面起着越来越重要的作用。但是，现行标准体系和标准化管理体制不完善，政府与市场角色错位，市场主体活力未能充分发挥，阻碍了标准化工作的有效开展，必须切实转变政府标准化管理职能，深化标准化工作改革。

2015 年 3 月 11 日，国务院印发了关于深化标准化工作的改革方案。部署改革标准体系和标准化管理体制，改进标准制定工作机制，强化标准的实施与监督，更好发挥标准化在推进国家治理体系和治理能力现代化中的基础性、战略性作用，促进经济持续健康发展和社会全面进步。改革方案的总体目标是：建立政府主导制定的标准与市场自主制定的标准协同发展、协调配套的新型标准体系，健全统一协调、运行高效、政府与市场共治的标准化管理体制，形成政府引导、市场驱动、社会参与、协同推进的标准化工作格局，有效支撑统一市场体系建设，让标准成为对质量的“硬约束”，推动中国经济迈向中高端水平。

近年来信息技术飞速发展，大数据、云计算技术的应用，互联网 + 的兴起，都给信息技术标准化工作带来了巨大的挑战，基于城市公共交通信息化发展与智能化技术发展，城市公共交通智能化标准呈现以下发展趋势。

（1）公共交通智能化标准体系向综合交通运输延伸。一直以来城市客运行业管理游离于综合交通运输之外，2008 年“大部制”改革后，城市客运行业管理逐渐回归综合交通运输体系。经过“十二五”的发展，城市公共交通信息化与智能化技术逐步成熟，已经开始逐步纳入城市综合交通信息服务平台，并与对外交通开展逐步对接，形成面向公众的公共、综合客运信息服务体系。公共交通智能化标准的内容也必然将与综合交通运输信息标准进一步融合。

（2）智能化技术标准的主导主体更多向企业倾斜。信息化、智能化技术更新周期快，传统的研究院所体制已不能很好地适应。现代科技企业不仅技术条件新、反应快，在信息化创新过程中越来越成为主体，同时也越来越重视通过标准化更新产品，保持竞争力。

（3）强调和发展面向数据资源交换共享要求的标准。数据标准一直是影响共享的关键因素，大数据技术首先要解决拥有数据的问题，然后才能预判需求。底层的信息采集终端、上层的业务应用系统技术功能已经都不是问题。数据标准的统一、共享、开发问题却越来越突出，可以预见，未来的公共交通信息化标准势必更加强调这方面的要求。

（4）信息技术与应用服务类的标准进一步分离。终端技术、云计算技术将信息技术与业务应用进一步剥离，大数据、移动互联又将用户置于应用的顶端。用户有条件更关注应用，而与信息技术、决策技术、服务技术本身保持透明关系。公共交通信息化标准方面，信息技术标准与应用服务类标准也将进一步分离，各自更专注自己的领域。

另外，推行公共交通信息化与智能化标准的过程中，也要处理好标准与创新之间的关系，对于新兴信息技术，在加大顶层设计要求的基础上，应注意为创新和发展留足空间，避免由于标准束缚了新技术的发展，也避免标准化工作滞后对新兴技术形成拖累。

第九章　城市公共交通信息化项目建设与运营管理

城市公共交通信息化项目的建设与运营是工程项目建设程序中的重要环节，实施城市公共交通信息化建设与运营管理的目的是使信息系统立项、建设、运维工作制度化、规范化、流程化和科学化，实现信息化项目的全过程管理。城市公共交通信息化项目属于工程项目范畴，其建设必须遵守工程项目建设程序，且要严格遵守国家、行业相关法律法规。

第一节　城市公共交通信息化项目基本建设程序

通常情况下，工程项目建设程序是建设工程项目科学决策和顺利进行的重要保证。工程项目建设程序是长期工程项目建设实践中得出来的经验总结，是客观规律的反映，各环节的工作必须遵循的先后工作次序，不能任意打乱顺序，但可以合理交叉。因此，在从事基本建设工作时，必须严格按照建设程序办事，才能保证建设程序的顺利进行。

一、工程项目的基本建设程序

工程项目从开始到结束经历一个活动过程，这个过程又划分为若干阶段，这就是项目周期。项目周期的划分受投资体制、投资运营模式和工作程序的约束，不同的组织机构或者地区和国家定义的项目周期有所不同。

联合国工业发展组织从资金投入－产出循环的角度，将项目周期划分为投资前时期、投资时期和生产时期三个阶段，其中投资前时期又细分为选定投资机会研究、初步可行性研究、可行性研究、项目评估和项目决策等环节；投资时期又细分为谈判签约、工程设计、建筑施工和试生产销售等环节；生产时期又细分为扩建革新、设备更新和试车投产等环节。

世界银行从贷款流转、使用与管理的角度，将项目周期分为项目立项、项目准备、项目评估、谈判与董事会批准、项目执行和监督以及项目后评价六个阶段。其中项目立项阶段，项目必须符合借款国和世界银行的共同利益和目标，进入备选项目库，列入借款计划。项目准备阶段，由借款国从技术、经济、财务、社会等多方面进行方案比较，选出最佳方案。项目评估阶段，世界银行对项目进行全面、系统的评估。谈判与董事会批准阶段，项目评估完成后，借款国和世界银行开始贷款谈判，包括进度安排、采购安排等。项目后评价阶段，项目完成贷款后，世界银行一般对项目进行独立的后评价。

欧盟从投资决策机制的角度，将项目周期分为规划、立项、评估、投融资、实施、后评价六个阶段。六个阶段的决策依据分别是发展战略文件、预可行性研究、可行性研究、项目融资建议书、工程进度及监督报告、总结评价报告和专题报告。

我国的工程项目建设周期是在开展建设事业的过程中，随着人们对建设工作认识的不断深化而逐渐建立和发展起来的，经历了各个不同阶段。根据我国投资管理体制和项目建设程序，我国工程项目周期划分为如下阶段。

（1）前期阶段。政府投资项目从项目策划开始，到批准可行性研究报告结束。这个阶段的主要工作有：编制项目建议书（或者初步可行性研究报告）和可行性研究报告、咨询评估、最终决策项目和方案。

（2）准备阶段。从项目可行性研究报告审批或项目申请报告核准起，到项目正式开工建设结束。这个阶段的主要工作有：工程设计、筹资融资、对外谈判，项目招标、签订合同、征地拆迁和施工阶段（包括三通一平等）。

（3）实施阶段。从项目工程的主体工程破土动工开始，到工程竣工交付运营结束。这个阶段的主要工作有：建筑工程施工、设备采购安装、工程监理、合同管理、生产准备、试生产考核和竣工验收等。

（4）运营阶段。从项目竣工验收交付使用开始，到运营一段时间或者回收全部投资结束。这个阶段跨度较长，主要工作有：正常生产运营、项目后评价、偿还贷款、更新改造等。

工程项目建设程序是指有关行政部门或主管单位按投资建设客观规律，项目周期各阶段的内在联系，对工程项目投资建设的步骤、时序和工作深度等提出的管理要求。按照建设程序办事，目的在于确保工程建设循序渐进开展，达到预期效果。政府投资主管部门依据相关法律、法规和规定对不同投资主体建设的工程项目实施分类管理，将工程项目划分为审批制项目、核准制项目和备案制项目。项目类型不同，建设程序也有所不同。根据《国务院关于投资体制改革的决定》要求，对使用政府性资金投资建设的项目，试行审批制管理。各级政府投资主管部门，如发展改革部门，牵头负责政府投资项目的审批工作，其他管理部门会同投资主管部门联合管理。本书重点讲述审批制项目的建设程序：第一步，项目单位向投资主管部门报送项目建议书；第二步，项目单位依据项目建议书批复，分别向城建、国土和环保等部门申请办理规划选址预审、用地预审和环境影响评价审批手续；第三步，项目单位向投资主管部门申报可行性研究报告；第四步，项目单位依据可行性研究报告批复文件，办理规划许可、用地许可等手续；最后，项目单位向建设主管部门申请办理项目开工手续。

二、城市公共交通信息化项目基本建设程序

城市公共交通信息化项目属于审批制类型的工程建设项目，根据《国家电子政务工程建设项目管理暂行办法》（国家发展和改革委员会令第 55 号）相关规定，参照工程项目基本建设程序，城市公共交通信息化项目的建设周期包括前期工作、项目实施、项目验收和项目运行维护四个阶段。

（一）项目前期工作

城市公共交通信息化项目前期工作包括项目建议书、可行性研究报告、初步设计方案和投资概算。对总投资在 3000 万元以下及特殊情况的项目，可简化为审批项目可行性研究报告（代项目建议书）、初步设计方案和投资概算。

首先，项目建设单位应按照《国家电子政务工程建设项目项目建议书编制要求》的规定，组织编制项目建议书，并形成需求分析报告送项目审批部门组织专家进行咨询，作为编制项目建议书的参考，之后将项目建议书报送项目审批部门。项目审批部门再征求相关部门意见，并委托有资格的咨询机构评估后审核批复。项目建设单位应依据项目建议书批复，招标选定或委托具有相关专业咨询资质的机构编制项目可行性研究报告，报送项目审批部门。项目审批部门委托有资格的咨询机构评估后审核批复。

其次，项目建设单位应依据项目审批部门对可行性研究报告的批复，按照《国家电子政务工程建设项目初步设计方案和投资概算报告编制要求》的规定，招标选定或委托具有相关专业咨询资质的机构编制初步设计方案和投资概算报告，初步设计方案中的招标方式、程序、评标、定标等均参照项目审批部门制定的相关规定进行。完成初步设计以后由建设单位提出申请，由项目审批部门进行审查，审查通过后审批部门负责组织相关领导和专家对设计方案进行审核批复。

项目可行性研究报告的编制内容与项目建议书批复内容有重大变更的，应重新报批项目建议书。项目初步设计方案和投资概算报告的编制内容与项目可行性研究报告批复内容有重大变更或变更投资超出已批复总投资额度10%的，应重新报批可行性研究报告。项目初步设计方案和投资概算报告的编制内容与项目可行性研究报告批复内容有少量调整且其调整内容未超出已批复总投资额度10%的，需在提交项目初步设计方案和投资概算报告时以独立章节对调整部分进行定量补充说明。

专栏9-1：城市公共交通智能化应用示范工程

“城市公共交通智能化应用示范工程”是《公路水路交通运输信息化“十二五”发展规划》（交规划发〔2011〕192号）提出的三个重点领域示范试点工程之一，根据《交通运输部办公厅关于规范行业信息化建设项目前期工作管理的通知》（厅规划字〔2014〕41号），交通运输部将对符合条件的项目给予资金补助，申请补助需向交通运输部提交资金申请报告。资金申请报告由项目建设单位组织编制，应包括以下主要内容：

（1）项目单位的基本情况和建设条件。

(2)项目建设的必要性和需求分析。

(3)项目总体方案和建设内容。

(4)项目投资估算和资金来源。

(5)申请投资补助的主要理由及使用方案。

(6)交通运输部要求提供的其他内容。

(7)相关附件。

(二)项目实施

城市公共交通信息化项目实施阶段包括项目招投标、政府采购、工程监理和合同管理等。按照基本建设管理程序，项目建设单位确定项目实施机构和项目责任人，并建立健全项目管理制度。项目责任人应向项目审批部门报告项目建设过程中的设计变更、建设进度、概算控制等情况。项目建设单位主管领导应对项目建设进度、质量、资金管理及运行管理等负总责。

首先，城市公共交通信息化项目采购货物、工程和服务应按照《中华人民共和国招标投标法》和《中华人民共和国政府采购法》的有关规定执行，并遵从优先采购本国货物、工程和服务的原则。项目建设单位需要依法并依据可行性研究报告审批时核准的招标内容和招标方式组织招标采购，确定具有相应资质和能力的中标单位。项目建设单位与中标单位订立合同，并严格履行合同。

其次，实行工程监理制。项目建设单位应按照信息系统工程监理的有关规定，委托具有信息系统工程相应监理资质的工程监理单位，对项目建设进行工程监理。施工监理应由具有相应资质等级的单位承担，而且，按照建设和监理分离的原则，同一单位在同一项目中，不得同时承担施工和监理任务。

最后，项目建设单位对项目全面负责，是项目质量的直接责任者，必须按照合同及国家的有关规定，确保工程质量。项目建设单位应按照批准的设计方案组织施工。因特殊原因确需追加投资的，应按原报批程序办理。涉及国家秘密的项目，应同步设计安全保密方案，报同级保密部门批准。安全与保密系统建设必须采用国家有关部门认定的产品。需通过安全测评认证的信息化项目，未经国家认定的信息系统安全测评机构认证的，不得投入正式使用。

（三）项目验收

城市公共交通信息化项目须在试运行三个月以上方可进行竣工验收。建设单位应委托相关单位对系统进行测试，项目审批部门根据测试情况组织有关部门和专家对项目进行竣工验收，未经验收或验收不合格的项目，不得投入正式使用。项目建设单位申请项目验收时，应提交总结报告、使用报告、测试报告、系统用户使用手册、系统维护手册、财务决算报告等技术文档和商务文档。涉及安全保密的项目，其安全保密部分由审批部门会同保密部门组织验收。

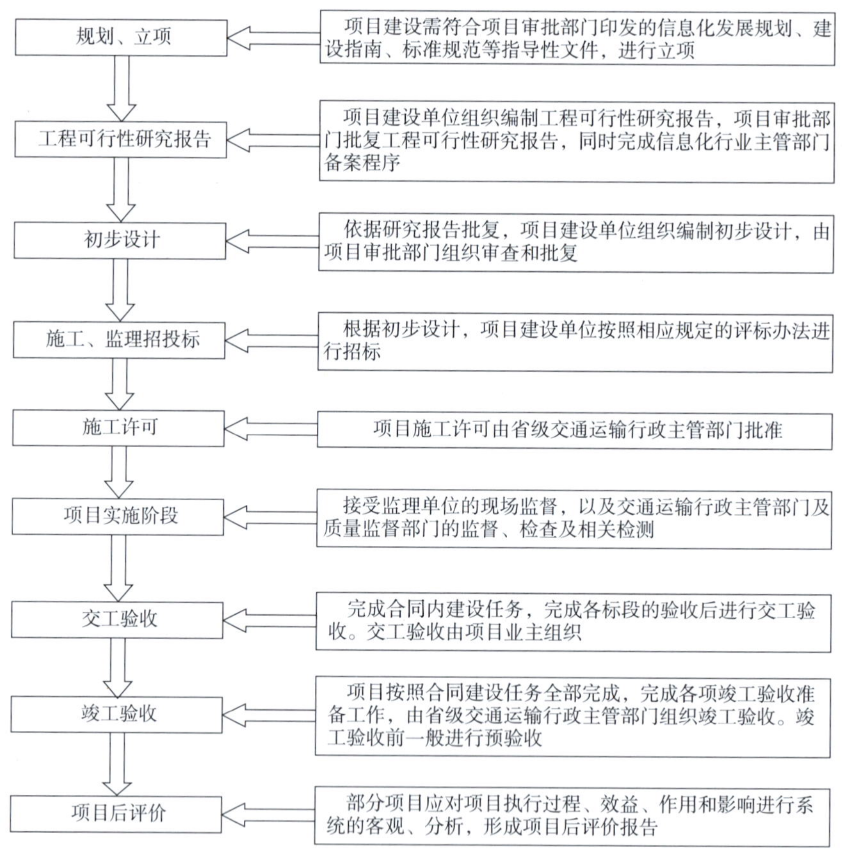

图 9-1　城市公共交通信息化项目基本建设程序

（四）项目运行维护

城市公共交通信息化项目建成后的运行管理由项目建设单位负责。项目建设单位需要确立项目运行机构，制定和完善相应的管理制度，强化日常运行和维护管理，落实运行维护费用。根据需要，项目建设单位也可以选择专业服务机构参与城市公共交通信息化项目的运行和维护。项目建设单位或其委托的专业机构应按照风险评估的相关规定，对建成项目进行信息安全风险评估，检验其网络和信息系统对安全环境变化的适应性及安全措施的有效性，保障信息安全目标的实现。

城市公共交通信息化项目基本建设程序如图 9–1 所示。

第二节　城市公共交通信息化发展规划

随着信息技术的快速发展，构建新一代的智能公交系统，进一步提升城市公共交通管理和服务水平势在必行，因此，迫切需要加快对智能公交系统的顶层设计，全面提升公交企业营运管理水平以及行业监管科学化水平，为社会公众提供安全、便捷、准点、可靠、舒适的公共交通服务。城市公共交通信息化发展规划正是承担着这个顶层设计的职责。

一、城市公共交通信息化发展规划概述

城市公共交通信息化发展规划是城市公共交通信息化建设的基本纲领和总体指向，其目的是在可能的资金和资源条件下，对城市公共交通信息化发展构架、建设、运营和行业管理等方面从整体上做出最佳安排，以适应综合运输和经济社会发展需要，是城市公共交通信息化项目建设的前提与依据。国家和交通运输部十分重视城市公共交通智能化和信息化建设。

2012 年，《国务院关于城市优先发展公共交通的指导意见》（国发〔2012〕64 号）发布，提出按照智能化、综合化、人性化的要求，推进信息技术在城市公共交通运营管理、服务监管和行业管理等方面的应用，重点建设公众出行信息

服务系统、车辆运营调度管理系统、安全监控系统和应急处置系统。加强城市公共交通与其他交通方式、城市道路交通管理系统的信息共享和资源整合，提高服务效率。“十二五”期间，进一步完善城市公共交通移动支付体系建设，全面推广普及城市公共交通“一卡通”，加快其在城市不同交通方式中的应用。加快完善标准体系，逐步实现跨市域公共交通“一卡通”的互联互通。

2013 年，《交通运输部关于贯彻落实〈国务院关于城市优先发展公共交通的指导意见〉的实施意见》（交运发〔2013〕368 号）发布，要求提升公共交通智能化水平。按照智能化、综合化、人性化的要求，推进信息技术在城市公共交通运营管理、服务监管和行业管理等方面的应用，提高城市公共交通智能化水平。统一顶层设计，完善信息采集和分析手段，加快建设完善公众出行信息服务系统、车辆运营调度管理系统、安全监控系统和应急处置系统。促进城市公共交通与其他交通方式，以及与城市道路交通管理系统的信息共享和资源整合，努力向公众提供全方位、跨市域的综合交通“一站式”信息服务。到 2015 年，市区人口 300 万以上的城市基本建成公众出行信息服务系统、车辆运营调度管理系统、安全监控系统和应急处置系统；到 2020 年，市区人口 100 万以上的城市全面建成公众出行信息服务系统、车辆运营调度管理系统、安全监控系统和应急处置系统。同时，文件还提出要完善移动支付体系建设，推广普及城市公共交通“一卡通”，完善技术标准，加快建设城市公共交通“一卡通”互联互通平台，推进城市公共交通“一卡通”跨市域、跨省域互联互通工作，到 2020 年，基本实现跨市域、跨省域的公共交通“一卡通”互联互通。

2014 年，交通运输部印发了《城市公共交通规划编制指南》（交运发〔2014〕236 号），文件明确要求城市公共交通规划编制内容要包括城市公共交通智能化建设，至少要包括城市公共交通智能化建设目标，城市公共交通智能化建设总体方案（包括城市公共交通运营调度平台、乘客出行信息服务平台、行业监管平台），以及城市公共交通运营数据库等方面的建设内容。

近些年来，国家高度重视优先发展城市公共交通，加大了对城市公共交通智能化和信息化建设的扶持，并且明确了发展的重点。同时，也为城市公共交通信息化规划编制指出了方向，明确了规划编制的范围和内容。

二、城市公共交通信息化发展规划目标

城市公共交通信息化规划要充分考虑到定位技术、通信技术、地理信息技术、网络技术、计算机技术、自动控制技术和软件技术等先进技术的应用，发展的目标是要实现公共交通系统运行的信息化、自动化和智能化，改变城市公共交通管理模式，提高服务水平和工作效率。因此，城市公共交通信息化规划既要与城市总体规划的范围和期限一致，又要满足现状和未来发展需要，城市公共交通信息化规划的总体目标要立足长远，提出规划期内城市公共交通信息化发展的总体方案，并且要提出近期建设实施方案。具体目标设定时可以考虑以下方面。

（一）城市公共交通运行监测水平

（1）城市公共交通行业基础信息采集能力。城市公共汽电车系统的基础信息（企业信息、从业人员信息、车辆信息、线路信息、专用道信息、站点信息、场站信息等）采集入库比率。

（2）城市公共交通动态监测体系和安全防控水平。包括城市公共汽电车车载智能服务终端、公共交通一卡通刷卡机、客流统计器及监控终端安装覆盖水平。城市公共汽电车系统的运行信息（包括运营计划、运营服务、车辆运行和安全事故信息等）采集入库情况。

（二）城市公共交通企业智能化调度水平

（1）安装车载智能终端的公共汽电车车辆实现智能调度、车辆动态监控、调度计划的自动生成以及动态排班等能力。

（2）快速公交系统与普通公共汽电车系统的协同调度水平。

（三）出行信息服务水平

（1）能够通过网站、移动终端等渠道，为乘客提供线路、发车时间、票制票价等基础出行信息服务的水平。

（2）向乘客提供车辆位置、车辆到站预报等动态信息服务以及包括其他交通方式等综合出行信息服务的水平。

（四）行业监管水平

（1）行业管理部门对城市公共交通基础信息以及运行状态信息掌握水平，以及运用信息化和智能化手段增强监管能力和进行规范管理的水平。

（2）行业管理部门对城市公共交通数据资源综合利用的水平，包括综合统计分析、服务质量考核、发展水平评价、线网优化调整等方面。

（五）安全保障水平

（1）城市公共汽电车运行状态异常监测与预警能力，以及城市公共交通系统应急反应能力和安全保障水平。

（2）实现城市公共汽电车交通与其他城市客运方式指挥调度与应急处置系统的协调联动水平。

城市公共交通信息化规划可结合城市实际情况和需求，进行适当的调整，提出合理可行的发展目标，确保发展规划的可操作性。

三、城市公共交通信息化发展规划内容

根据国务院和交通运输部关于推进城市公共交通信息化和智能化发展的要求，参照城市总体规划编制的相关要求，城市公共交通信息化发展规划包括概述、现状评估与需求预测、发展战略和目标、总体方案、近期建设计划、规划效果评估和保障措施。

（一）概述

主要包括三个方面，具体情况可以根据需要进行增加。一是明确规划背景，说明开展城市公共交通信息化发展规划的背景和必要性，阐明规划的目的和意义。二是确定规划依据，包括相关城市规划及交通规划，行业、国家标准规范，国家、地方的相关文件等。三是确定规划范围和期限，城市公共交通信息化发展规划范

围和期限应当与城市总体规划相一致。

（二）现状评估与需求预测

在对城市社会经济发展现状评估的基础上，阐述城市公共交通发展水平，归纳总结城市公共交通信息化和智能化发展基础，包括智能终端安装情况，基础数据库建设情况，智能调度系统、行业监管平台和信息服务系统建设与应用情况，并分析存在的问题。

结合城市社会经济发展状况，预测规划特征年城市公共交通系统基本指标数据的规模，在此基础上，预测城市公共交通信息化和智能化发展的整体需求，从管理部门、运营企业和出行者等角度出发，明确城市公共交通在运行、监管、调度等各个业务功能以及基础数据的需求。

（三）发展战略和目标

确定城市公共交通信息化和智能化发展的指导思想、原则，分析城市公共交通信息化和智能化发展环境，归纳总结面临的挑战和机遇，确定城市公共交通信息化和智能化的发展模式、战略目标和发展策略，应给出规划特征年的战略目标和发展策略，并且确定定量指标。

（四）总体方案

面向管理部门、运营企业和出行者，确定城市公共交通信息化和智能化系统的整体架构和功能要求，可根据交通运输部办公厅印发的《城市公共交通智能化应用示范工程建设指南》要求，总体架构可包括“一套体系、一个中心、三大平台”，并给出几大系统和平台的功能设计，考虑到各城市公共交通管理体制机制等因素的不同，可以根据需要增加和删减系统架构或者功能设计。

一套体系是城市公共交通运行状态成套监测体系，给出公共汽电车车载终端以及场站视频监控等终端设备的监控和信息采集架构，以及各组成部分的功能设计。一个中心是城市公共交通数据资源中心，给出中心建设的推进方案，考虑到交通运输发展的趋势为一体化发展，原则上通过整合和汇聚企业公共交通数据资源和行业其他相关信息资源，建成行业统一的公共交通数据资源中心，形成城市公共交通企业和交通运输主管部门两个层级的公共交通数据资源体系。三大平台一是城市公共交通企业运营智能调度平台，实现运营企业运营信息管理、运行动态监控、调度计划与动态排班、智能调度管理等系统功能设计；二是乘客出行信息服务平台，原则上要发挥现有各类信息发布终端的信息服务能力，根据乘客出行需求，设计多种服务方式和模式，保证出行者能够及时快速获得准确的出行信息；三是城市公共交通行业监管平台，根据行业管理职责，实现基础业务管理、安全应急管理、服务质量考核与发展水平评价、统计决策分析等系统功能设计。

各城市可根据工程建设目标和建设任务，匡算建设资金规模。

（五）近期建设计划

基于城市公共交通信息化和智能化发展现状，依据城市公共交通发展目标以及城市财政能力，确定不同时期尤其是近期（5 年内）具体发展计划，提出近期城市公共交通信息化发展规划方案、近期建设安排和实施措施，匡算用地规模和建设资金需求。提出分阶段建设任务和近期分年度的实施内容计划。

（六）规划效果评估

规划方案评价应采用定量与定性相结合的方法，评价内容需包括经济、社会、环境、交通运行与服务效果等方面。

（七）保障措施

根据规划方案，提出确保规划方案付诸实施的组织、政策、资金、机制、人才队伍等方面的保障措施。

四、城市公共交通信息化发展规划要点

城市公共交通信息化发展规划编制时要遵循客观规律，以需求为导向，科学应用各种技术，实现行业管理、运营服务和出行需求等方面的协同共赢，充分体

现可持续发展的理念。具体来说，要注重以下要点。

（1）用户导向。应充分体现“以人为本”，便民、利民的服务理念，优化城市公共交通的运行调度与规范化管理，建设丰富实用、经济便捷的一体化出行信息服务体系，使出行信息服务惠及最广大的乘客。

（2）资源集约。应充分利用各地现有的动态监测设备、数据资源中心、基础通信网络、数据交换平台、机房等信息化基础条件，整合各类数据资源，统筹规划和推进城市公共交通智能化应用示范工程建设，加强与已有、在建、待建系统间的功能接口设计和应用集成，避免重复建设，提高行业信息化的资源整合与规模效益。

（3）业务协同。着眼于构建现代城市综合交通运输体系，加强顶层设计，明确不同城市客运方式间、公共交通企业与行业管理部门间、城市交通与其他行业间的业务协作，保证行业、企业间相关业务的协调联动。

（4）标准统一。严格遵守终端设备、应用系统、信息资源、信息交换、信息服务等方面的相关国家标准、行业标准和本工程标准规范，保证信息高效共享和业务有效联动，形成协调统一的有机整体。

（5）架构开放。以保证系统可靠运行和持续发展为前提，采用开放式架构设计，满足业务功能扩展需要，加强与其他相关信息系统架构统筹协调和有效融合，共建共享相关资源。

第三节　城市公共交通信息化项目建设投融资模式

当前，我国信息化建设模式类型多种多样，其主要模式可分为三类：一是政府主导模式，指政府全额投资建设的项目，整个项目的规划、设计、建设、验收和运维由政府主导，资金由政府财政投入。二是政府引导、市场驱动模式，指由政府引导、企业参与，政府引导社会资本，充分发挥市场机制的一种建设模式。三是市场主导模式，指通过市场手段，完全由社会投资建设、运营的项目，投资者自负盈亏、自担风险。

结合我国信息化建设项目所采用的主要投融资模式，本节重点介绍 BT、

BOT 和 PPP 模式在城市公共交通信息化项目建设与运行管理中的应用。

一、BT 模式

BT 模式是政府利用非政府资金来承建某些基础设施项目的一种投资方式。BT 是 Build（建设）和 Transfer（转让）两个英文单词的缩写，其含义是：政府通过合同约定，将拟建设的某个基础设施项目授予企业法人投资，在规定的时间内，由企业法人负责该项目的投融资和建设，建设期满，政府按照等价有偿的原则向企业法人协议收购的商业活动。该模式显著特点是：

（1）BT 模式仅适用于政府基础设施非经营性项目建设；

（2）政府利用的资金是非政府资金，是通过投资方融资的资金，融资的资金可以是银行的，也可以是其他金融机构或私有的，可以是外资的也可以是内资的；

（3）BT 模式的重点是 B 阶段；

（4）在移交时不存在投资方在建成后进行经营，获取经营收入；

（5）政府按比例分期向投资方支付合同的约定总价。

BT 是由 BOT（建设－经营－转让）演变而来，作为一种投资方式，BT 项目同样具有 BOT 项目的根本特征。作为 BT 项目的投资方，不仅应通过作为项目建设单位这一法律身份加以固定，还应设定有效的担保以确保其投资款的回收及相应投资回报的如期获取。政府在 BT 模式中需要注意以下问题：

（1）核实投资人所融资金的来源，降低资金成本；

（2）合理确定资金的需要量，防止筹资不足或过剩，提高资金的使用效果；

（3）适当维持自有资金的比例，合理安排负债，尽量减少融资前期工作的经济支出；

（4）政府是国家的行政管理机关，在法律上不便与投资方形成经济合同关系，政府可组建一个项目法人或委托下属单位或委托咨询中介公司，代表政府行使业主的权利，履行业主的义务；

（5）政府在招标确定投资方时应严格审查投资方的施工资质，投资方可以为一方也可为联合体，更要严格审查投资方的融资能力与经济实力，例如，投资方的银行信用等级、财务状况等；

（6）采用 FIDIC 合同条款，签订 BT 合同，规范双方的行为，明确双方的权利和义务。

二、BOT 模式

BOT 模式是指政府通过契约授予私营企业（包括外国企业）以一定期限的特许专营权，许可其融资建设和经营特定的公用基础设施，并准许其通过向用户收取费用或出售产品以清偿贷款，回收投资并赚取利润；特许权期限届满时，该基础设施无偿移交给政府。BOT 模式最主要的特点是：

（1）私营企业基于许可取得通常由政府部门承担的建设和经营特定基础设施的专营权（由招标方式进行）；

（2）由获专营权的私营企业在特许权期限内负责项目的建设、经营、管理，并用取得的收益偿还贷款；

（3）特许权期限届满时，项目公司须无偿将该基础设施移交给政府，主要用于动力生产项目、运输项目、机械锅炉行业等。

BOT 模式具有市场机制和政府干预相结合的混合经济的特色。一方面，BOT 模式能够保持市场机制发挥作用。BOT 项目的大部分经济行为都在市场上进行，政府以招标方式确定项目公司的做法本身也包含了竞争机制。作为可靠的市场主体的私人机构是 BOT 模式的行为主体，在特许期内对所建工程项目具有完备的产权。这样，承担 BOT 项目的私人机构在 BOT 项目的实施过程中的行为完全符合经济人假设。另一方面，BOT 模式为政府干预提供了有效的途径，即政府通过和私人机构达成的有关 BOT 的协议进行干预。尽管 BOT 协议的执行全部由项目公司负责，但政府自始至终都拥有对该项目的控制权。在立项、招标、谈判三个阶段，政府的意愿起着决定性的作用。在履约阶段，政府又具有监督检查的权力，项目经营中价格的制定也受到政府的约束，政府还可以通过通用的 BOT 法来约束 BOT 项目公司的行为。

三、PPP 模式

PPP 模式即 Public-Private-Partnership 的缩写，是指政府与私人组织之间，为了合作建设城市基础设施项目，或是为了提供某种公共物品和服务，以特许经营权协议为基础，彼此之间形成一种伙伴式的合作关系，并通过签署合同来明确双方的权利和义务，以确保合作的顺利完成，最终使合作各方达到比预期单独行动更为有利的结果。

PPP 模式以其政府参与全过程经营的特点受到国内外广泛关注。PPP 模式将部分政府责任以特许经营权方式转移给社会主体（企业），政府与社会主体建立起“利益共享、风险共担、全程合作”的共同体关系，政府的财政负担减轻，社会主体的投资风险减小。企业在特许经营期内享受特许经营合同约定的权益，特许经营期满后私有企业将经营权及设施所有权移交给政府。

PPP 模式的一般流程大致分为 5 步：

（1）政府通过招投标方式或其他公平方式选择合作伙伴；

（2）签署特殊合作协议；

（3）组建项目公司；

（4）由项目公司承担投融资；

（5）建设与经营等活动。

第四节　城市公共交通信息化项目运行与维护管理

城市公共交通信息系统运行维护是指已完成建设、正式投入使用的信息系统（包括基础设施、网络、信息系统、信息资源、机房环境等），为保证其生命周期内安全、稳定、高效运行而进行的活动。通常情况下，按照“谁主管，谁负责；谁使用，谁负责”的原则，各系统的使用单位对其运行、维护负总责。城市公共交通信息化项目运行与维护管理应做好以下工作。

（1）运行和维护单位应在现有运行管理体系下，建立健全工程的运行管理机构，明确相关部门在项目运行中的责任，构建合理的运行责任体系和管理机制，保证所建系统协调、可靠运行。

（2）运行和维护单位应完善数据采集与更新管理相关制度，明确各项数据的采集责任部门及业务流程，按规定的采集频率和采集方式要求，加强数据质量管控，确保数据质量。

（3）城市相关部门应建立完善的信息交换共享机制。明确不同部门间、不同业务间信息交换共享双方的责任和义务，对共享内容、共享方式、共享时效、共享范围等做出明确规定。

（4）城市交通运输主管部门应建立完善的信息发布机制。明确相关部门的职责，按照“谁发布、谁负责”的原则，规范信息发布内容、发布方式、发布范围及信息审核流程。

（5）城市交通运输主管部门应按照相关规定，合理配置工程相关单位的运行维护岗位，建立考评制度，保障系统稳定运行。

（6）建立经费保障机制，政府应从社会效益的长远角度考虑，将城市公共交通信息化项目运行与维护管理列入每年的财政预算，作为交通设施、科技投入的专项经费，提供经费保障。

（7）运行和维护单位应培养、引进城市公交信息化需要的专门人才，努力提高队伍的科技素质，挖掘内部人才资源，吸引外来人才，促进管理科技水平整体上台阶。

第十章　城市公共交通智能化应用发展趋势与展望

第一节　城市公共交通智能化应用发展趋势

随着信息技术的发展和应用，计算机技术与应用先后经历了最初的单机、C/S 模式为主的局域网、B/S 模式为主的广域网，再到分布式应用等阶段，至今发展到基于云服务的应用模式，移动互联网技术、大数据技术大行其道。同时，移动通信技术也已从最初的模拟信号、数字信号发展到现在第 4 代（4G）、第 5 代（5G）移动通信技术。以上技术的发展，加之近年来 GIS 领域技术、产品的日臻成熟与完善，我国在卫星导航定位技术方面的突破，使得交通运输领域、公共交通领域的信息化、智能化应用面临新的发展机遇。

一、新技术的广泛应用，将不断丰富和完善智能公交的内涵和外延

智能公交的技术内容以位置、信息、通信为主，随着我国北斗导航技术民用程度的不断提高，交通运输领域的应用标准已经基本明确，可以预见将来围绕北斗导航定位技术在城市公交智能调度中的应用，将带来调度与服务方面新的技术内容。第 4 代（4G）与第 5 代（5G）移动通信技术的发展，以及国家对虚拟运

营商牌照的逐步放开，移动通信网络领域的资费将进一步下降，给图像识别、视频监控等传输带宽要求较高的技术应用带来了广阔的发展空间，基于移动互联网的公交位置信息服务内容将更丰富、更及时。

电子支付领域，随着《城市公共交通 IC 卡技术规范》系列标准的发布，城市公共交通 IC 卡也开始从单一交通方式应用、多种交通方式互通向区域互联互通发展。同时 NFC 近场通信技术与智能手机 APP 应用进一步结合，不仅在支付方式方面带来技术变革，可能也将因为移动互联网的接入带来新的服务模式的变化。应用程序不断增加的功能性能要求，将推动 JAVA 卡技术发展，IC 卡除了向手机应用终端发展以外，也将不断提升自身的智能水平，智能卡技术将在公共交通支付领域得到应用。

二、下一代城市公交智能调度应用将向共享、集约方向发展

我国城市公交调度经历了第一代原始的人工调度，随着信息技术的应用，第二代智能调度主要实现计算机对人工的替代，在这个过程中，根据不同城市的应用需求和管理模式特点，智能调度系统开始以分级分布式、集中式调度等形式开展应用。

随着城市公交运营企业管理水平与管理要求的提高，智能调度业务模型的发展，近年来智能公交系统技术日益成熟，尤其以一、二线城市的应用程度为最高。信息技术的发展为这些技术的推广、共享提供了条件。基于云服务平台的下一代公交智能调度系统已经开始在行业中出现应用案例，以区域主体公交企业为中心建立的公交智能调度云平台可以为中小城市提供成熟的应用服务，一方面可以共享发展成果、节约投资，另一方面也将公交运营企业从复杂的信息技术维护中解放出来，可以更加关注业务与服务。随着交通运输部“公交都市”创建示范工程的推进，“十三五”期间公交智能化调度的云服务应用将得到长足发展。

三、公共交通数据资源体系、城市公共交通运营监管建设将得到重视

长期以来，由于管理体制与上位管理条例的缺失，我国不仅在国家、省级

层面缺少统一的城市公共交通基础数据资源，城市层面也一直没有建设行业级的监管系统，对城市公共交通的线路、车辆、从业人员以及服务缺少最基本的管理手段。

《交通运输“十二五”发展规划》提出“建设以中心城市为节点的国家级城市公共交通运行状态数据中心”，交通运输部启动了“城市公共交通智能化应用示范工程”建设,发布了我国第一部智能公交领域的顶层设计文件——《城市公共交通智能化应用示范工程建设指南》，并立项“公交都市发展监测与考核评价系统”部级平台基本建设项目。旨在推动各级行业管理部门加强城市公共交通基本数据资源管理与提升行业管理服务。近期财政部、工业和信息化部、交通运输部联合发布了《关于完善城市公交车成品油价格补助政策加快新能源汽车推广应用的通知》(财建〔2015〕159号)，对新能源车的使用提出了明确要求，也对城市公交车辆及运营服务管理提出了更高要求，为了做好上述工作，“十三五”期间，各级管理部门将重点开展城市公共交通数据资源体系建设和公共交通运营监管平台建设。

四、大数据技术将在城市公共交通规划、管理决策中得到有效应用

2008年，我国将指导城市客运的职能划归至交通运输部，从体制上实现了城乡客运的统筹，也使城市公交的行业管理回归了其“运输”的本质，如何有效提升城市公交的运输服务效能以及管理决策是行业管理部门的主要任务和责任。近年来，城市规划领域就城市规划、综合交通规划、公共交通专项规划等均建立了较为完善的规划决策模型。这些模型在分析空间形态对交通、交通对土地利用影响的基础上，研究居民出行需求预测及行为分析，主要包括两类分析方法：一类是基于出行(Trip-based)的“四阶段”分析方法，以土地利用和交通系统的相互作用关系为理论基础；另一类是基于活动(Activity-based)的分析方法，以人的出行行为决策过程为理论基础。

两种方法的关键基础和难题是规划分析所需数据的获取，近年来随着数据采集技术、移动互联网技术以及大数据处理技术的发展，该问题已经在很大程

度上得到了有效解决。城市公交车辆实时位置数据、IC 卡收费数据、手机信令数据、智能手机 APP 社交及 LBS 数据的采集为获取大样本公共交通出行提供了很好的数据基础，很大程度上克服了人工调查获取数据难度大、精度低、周期长、样本量低等问题。以手机数据应用为例，近年来在移动网络覆盖与交通网络匹配、基于手机数据的出行链分析、手机用户人口空间分布及人口密度分析、手机用户居住地与工作地识别、通勤出行行为分析等方面都取得了进展，并在北京、上海、深圳、广州等城市的交通规划中得到快速应用。随着数据的不断积累、技术的不断成熟，基于这些大数据的应用将进一步得到推广。

城市公共交通决策模型应用方面，截至目前我国北京、上海、广州、深圳、济南等城市基本都建成了面向规划的公共交通模型，随着公共交通运输决策与管理水平的不断提高，预计到 2020 年，城区常住人口 500 万以上的城市，都将陆续建设公共交通规划决策系统，进一步提高信息资源的深度开发，提高数据资源的利用价值，以提升管理部门和运营企业分析、决策的科学水平。

五、移动互联网应用将进一步提升公交信息服务水平，并催生新的公交服务业态

移动互联网技术的广泛应用改变了传统的公共交通出行习惯，也对城市公交运营服务提出了更高要求。以往基于静态、单一的信息服务已经不能满足乘客对出行信息的实时性、多模式要求，乘客对公交服务准点率、可靠性的要求也越来越高。城市公交位置信息、服务信息将进一步通过移动互联网技术向终端集中，进而促进公交运营企业不断提升服务水平。

同时，继移动互联网“入侵”出租汽车、专车、拼车以及货运物流后，公交这一交通领域也坐上了互联网 + 的“风口”。定制公交、小猪巴士、嗒嗒巴士等催生了新的公交服务业态——互联网巴士，满足了人们对公交服务的个性化、高端定制需求。由于公交服务的公益性、市场性双重特性，显然不会受到过多的冲击，而且由于公交乘客数量众多、层次性差异较大，互联网巴士一定程度上应能弥补公交服务在覆盖性、差异化服务方面的不足。

第二节　城市智能公共交通系统建设展望

信息化建设一直以来以科技项目或者基本建设项目的形式由政府主导，近年来随着信息技术的发展成熟，以及信息服务产业的兴起，社会力量越来越多开始参与项目建设，以信息增值服务的形式换取投资和收益，城市智能公共交通系统建设中往往涉及电子站牌、车载电视、网站等公共信息服务，其建设模式也经历了不同形式的变化。

一、由政府主导向社会投资、企业参与建设投资模式发展

随着信息服务、广告业务在公交领域的应用和投放，公交运营主体开始通过信息服务资源和广告资源与信息服务提供商、广告媒体运营商探索置换建设资金，解决项目建设的投资和运维资金问题，如图 10–1 所示。这种方式在近些年的应用中取得了一些经验，但是也暴露出一些问题：

一是由于投资人与用户方价值目标不同，使得业务系统建设方游离于两者之间；二是由于缺乏全面、系统的行业智能化建设标准，使得系统的功能目标未能

图 10–1　典型“置换”投资城市公交信息系统建设业务关系

达到用户方的要求。投资人在信息服务和广告载体方面得到满足后，委托业务系统建设方向用户方提供开发服务，业务关系、合同关系不一致造成了系统建设中的一些推诿，使得系统建设投资没有达到预期的目标，同时也使得投资人的信息增值和广告收益受到损失。

随着这种建设模式的发展，目前也有一些公交运营企业开始采用拍卖的形式获取直接建设资金，自行投资开发，很大程度上解决了上述问题。

二、由社会投资、企业参与向互联网金融资本主导或参与的投资建设模式发展

移动互联网应用给传统运输行业带来了革命性的变化，以近年来各路资本冲击移动互联网技术背景下的出租汽车行业为例，滴滴、快的、优步等企业平台分别融到巨额资金，以补贴的形式快速吸引了大量的乘客，给乘客带来了巨大的出行便利和实惠，也给传统出租汽车行业带来了巨大冲击，同时也给政府主导建设的行业调度平台沉重的打击，平台使用率直线下降，一些城市虽然努力试图通过整合平台资源，实现与这些租车软件的互通，但收效甚微。

近几年云计算、大数据技术在城市公交领域应用以及互联网巴士服务等新的服务方式出现，也开始改变传统的城市公交智能化建设投资方式。基于云平台的公交智能调度系统进一步整合、集约了系统资源，将改变分散式的建设投资模式，由平台建设方统一投资，提供云服务，减少分散的、小规模系统的建设投资。互联网巴士服务信息平台由于移动互联、支付入口的争夺，也许会给城市公交运营带来新的投资机会。出行信息服务领域，城市公交信息与数据的日益丰富，标准进一步统一，通过移动互联提供的信息服务的价值越来越大，众包等模式的数据采集与应用技术在交通系统分析与信息服务中发挥的作用也越来越大，逐步会有更多的社会资金通过互联网服务开始关注公共交通信息化与智能化的建设投资。

参 考 文 献

[1] 闫学东 . 城市规划 [M]. 北京 : 北京交通大学出版社 , 2011.

[2] 徐吉谦 . 交通工程总论 [M]. 北京 : 人民交通出版社 , 1991.

[3] 杨兆升 . 城市智能公共交通系统理论与方法 [M]. 北京 : 中国铁道出版社 , 2004.

[4] 王静霞，张国华，黎明 . 城市智能公共交通管理系统 [M]. 北京 : 中国建筑工业出版社 , 2008.

[5] 李旭芳 , 夏志杰 . 现代城市公共交通智能化管理概论 [M]. 上海 : 同济大学出版社 , 2013.

[6]《中国智能运输系统体系框架》专题组 . 中国智能运输系统体系框架 [M]. 北京 : 人民交通出版社 , 2003.

[7] 刘冬梅 . 智能交通系统（ITS）体系框架开发方法研究 [D]. 北京 : 北京工业大学 , 2004.

[8] 美国交通运输研究委员会 . 美国公共交通合作研究计划 TCRP 报告 100[M]. 杨晓光，滕靖，等，译 . 北京 : 中国建筑工业出版社 , 2010.

[9] Avishai, Ceder. 公共交通规划与运营——理论、建模及应用 [M]. 关伟 , 等 , 译 . 北京 : 清华大学出版社 , 2010.

[10] 罗伯特 , 瑟夫洛 . 公交都市 [M]. 宇恒可持续交通研究中心译 . 北京 : 中国建筑工业出版社 , 2007.

[11] 交通运输部道路运输司 . 城市公共交通管理概论 [M]. 北京 : 人民交通出版社 , 2011.

[12] 全国注册咨询工程师（投资）资格考试参考教材编写委员会 . 工程咨询概论（2012 年版）[M]. 北京 : 中国计划出版社 , 2012.

[13] 杨兆升，胡坚明 . 中国智能公共交通系统框架与实施方案研究 [J]. 交通运输系统工程与信息 , 2001,（1）.

[14] 雷洪钧 . 统一顶层设计科学高效推动公交信息化建设 [J]. 交通世界 , 2013,（16）.

[15] 刘好德, 滕靖, 潘玉琪. 公共汽车交通监管系统及关键技术研究 [C]. 上海：第三届（2006）中国•同舟交通论坛——公共交通与城市发展论文集, 2006.

[16] 杨晓光, 滕靖, 刘好德, 等. 上海市浦东新区公共汽车交通行业管理信息系统规划与设计研究报告 [R]. 上海: 同济大学交通运输工程学院, 2006.

[17] 刘好德. 公交线网优化设计理论及实现方法研究 [D]. 上海: 同济大学, 2008.

[18] 刘好德, 杨晓光. 基于路线优选的公交线网优化设计方法研究 [J]. 交通与计算机, 2007.

[19] 张抒扬, 杨晓光, 滕靖, 等. 面向监管的公交服务可靠性评价 [C]. 北京: 第七届中国智能交通年会学术委员会, 2012.

[20] 冉斌. 手机数据在交通调查和交通规划中的应用 [J]. 城市交通, 2013,（1）.

[21] 扈中伟, 邓小勇, 郭继孚, 等. 基于手机定位数据的居民出行需求特征分析 [C]. 第八届中国智能交通年会优秀论文集. 北京：电子工业出版社, 2013.

[22] Theodore S. Rappaport. 无线通信原理与应用 [M]. 北京：电子工业出版社, 2009.

[23] 曾宏. 基于 CAN 的公交车况信息采集及 GPRS/3G 的远程监控调度系统 [D]. 广东: 华南理工大学, 2013.

[24] 邓捷. 智能公交信息的采集处理与应用研究 [D]. 重庆: 重庆交通大学, 2015.

[25] 张丽丽. 探讨城市智能公交调度系统 [J]. 科技与创新, 2014,（6）.

[26] 吴凤品, 包信炯, 戴必昌, 等. 基于海量实时数据存储的新能源车监控系统 [J]. 信息技术与标准化, 2013,（8）.

[27] 石琳琦, 赵辛宇, 吴望尘. 公交客车乘客计数技术的研发进展 [J]. 电子世界, 2012,（12）.

[28] 滕靖. 面向公共交通枢纽的公共汽车协调调度理论与方法 [D]. 上海: 同济大学, 2005.

[29] 马万经, 杨晓光. 公交信号优先控制策略研究综述 [J]. 城市交通, 2010,（6）.

[30] 马万经, 杨晓光. 基于时空优化的单点交叉口公交被动优先控制方法 [J]. 中国公路学报, 2007,（3）.

[31] 周瑜. 车队运行与维修管理的几个问题初探 [D]. 长沙: 长沙理工大学, 2010.

[32] 许江军. 公交企业 ERP 的应用 [J]. 城市公共交通, 2008,（11）.

[33] 顾敬岩 . 日本、韩国公众出行交通信息服务系统 [J]. 中国交通信息产业 , 2006,（2）.

[34] 黄磊 . 基于移动互联网的出行信息发布系统的研究和应用 [D]. 北京 : 中国科学院大学 , 2013.

[35] 谢振东 , 方秋水 , 常振廷 , 等 . 城市公共交通一卡通互联互通的理论与实践 [M]. 北京 : 人民交通出版社股份有限公司 , 2014.

[36] 谢振东 , 方秋水 , 徐峰 , 等 . 城市公共交通一卡通技术与应用 [M]. 北京 : 人民交通出版社 , 2014.

[37] Mimi. Hwang, et. al, Advanced Public Transportation Systems : The State of The Art Update 2006[R]. America:Federal Transit Administration, 2006.

[38] Peter. G. Furth, Brendon. Hemily,Theo.H.J.Muller, James. G. Strathman. TCRP report113 : Using Archived AVL-APC Data to Improve Transit Performance and Management[R]. America:Federal Transit Administration, 2006.

[39] John.E.（JAY）. Evans, et. al, TCRP report 95 : Traveler Response to Transportation System Changes Chapter 9—Transit Scheduling and Frequency[R]. America:Transportation Research Board of The National Academies, 2004.

[40] Carol.L.Schweiger, et. al, TCRP synthesis48 : Real-Time Bus Arrival Information Systems[R]. America:Transportation Research Board of The National Academies, 2003.

[41] Guey-Shii, Lin, et. al, Adaptive Control of Transit Operations[R]. America:Federal Transit Administration, 1995.

[42] Harrlet R. Smith, Brendon Hemily, and Miomir Ivanovic. Transit Signal Priority（TSP）: A planning and Implementation Handbook[M]. Amarica, 2005.